해사안전행정론

Maritime Safety & Governance

김인철/조익순 공저

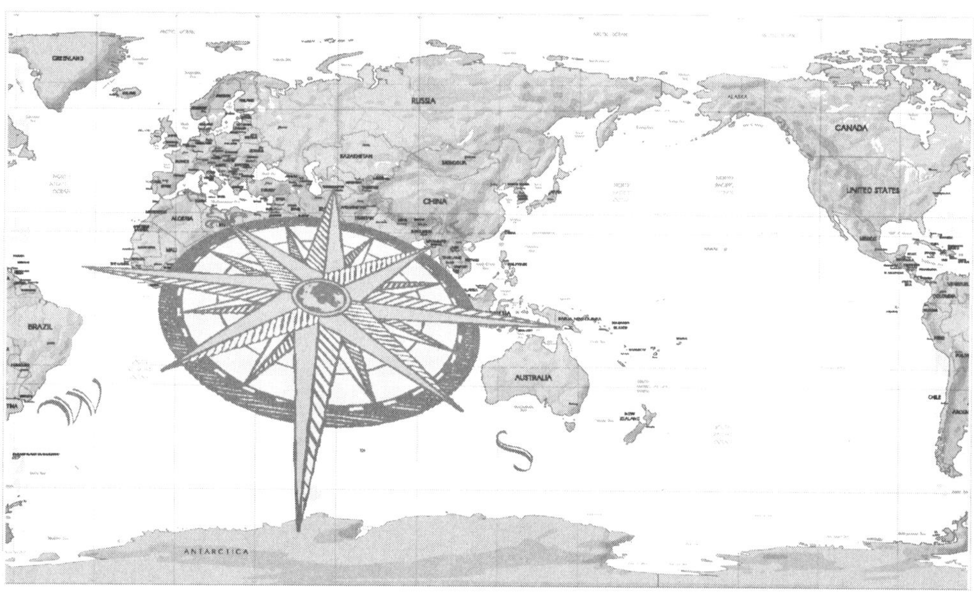

도서출판 두남

머리말

PREFACE

「해사안전법」 제2조 제1호에서 '해사안전관리'란 선원 · 선박소유자 등 인적 요인, 선박 · 화물 등 물적 요인, 항행보조시설 · 안전제도 등 환경적 요인을 종합적 · 체계적으로 관리함으로써 선박의 운용과 관련된 모든 일에서 발생할 수 있는 사고로부터 사람의 생명 · 신체 및 재산의 안전을 확보하기 위한 모든 활동이라고 정의하고 있습니다.

따라서 안전관리란 어느 특정한 사고 위험요인을 제거하는 활동이라기보다는 인적, 물적 및 환경적 요인으로 구성된 종합적인 시스템의 정상적 작동에 위협이 될 수 있는 요인들을 합리적으로 실행가능한 수준에서 가장 낮은 상태로 (As Low As Reasonably Practicable, ALARP) 유지하기 위한 활동으로 보아야 할 것입니다.

이 책은 구체적으로는 선박운용 시스템에서 ALARP를 확보하기 위한 이론과 실무를 소개하고 해설하였으며, 여러 저명한 이론과 방식들 중에서 국제해사기구(IMO)에서 채택하거나 인용한 바 있는 내용을 위주로 전개하였습니다. 그리고 참고할 만한 관련 지식은 각주에 담아 독자의 이해를 돕고자 하였습니다.

또한 법령의 내용을 설명하는 경우에는 되도록 원문을 각주에 실어서 반복적이기는 하나 직접 법령을 찾아보아야 하는 번거로움을 줄일 수 있도록 하였습니다. 그러나 법령은 시대의 요구에 따라 수시로 개정되고 있으므로 학습에 중요한 조문은 법제처 누리집을 검색하여 현행 법령을 확인하는 습관을 가져야 합니다.

이 책에서 다루고자 하는 안전관리 대상과 행정행위의 해설 범위는 해사법규 과목과 중복을 피하기 위하여 해사안전관리 분야의 기본법적인 성격을 갖는 「해사안전법」을 기준으로 하였으며, ISM Code에 포함되는 비상대응절차 중에 필수적인 부분을 추가하였고, 선박의 항법 분야는 대부분 제외하였습니다.

저자들은 1990년대부터 정부 부처와 대학에서 실무와 강의를 위해 수집하고 체득한 자료와 그 동안 연구를 통해 얻은 결과를 이해하기 쉬운 방식으로 수록함으로써 해사계열 학생들과 공직 초년생들에게 해사안전과 해사행정에 관한 개념을 제공하고자 노력하였습니다.

그러나 해사안전 분야의 이론적 측면뿐만 아니라 행정적, 실무적 측면까지 다룬 국내 첫 번째 저술이다 보니 폭넓은 분야에서 자료를 확보해야 하는 어려움이 있었습니다. 고맙게도 해양수산부 해사안전국에서 여러 귀중한 자료를 제공해 주어 많은 도움이 되었기에 지면을 빌려 감사의 말씀을 드립니다.

첫 발행이므로 부족한 것이 많을 것입니다. 널리 퍼져있는 오류를 최대한 바로 잡으려 노력하였으나 발견된다면 독자들의 소중한 제언과 권고를 부탁드리며, 향후 지속적으로 개정하여 새로운 국내외 정책 동향과 실무를 반영하고자 합니다. 독자들의 학습에 큰 발전이 있으시기를 바라며, 모든 항해자들의 안전항해를 기원합니다.

Bon voyage!

2020년 1월

저자 일동

차 례

CONTENTS

제 1 장 안전관리 개요 ········ 1

1. 안전의 개념 ········ 4
   1.1. 국제적 정의 ········ 5
   1.2. 국내 법령의 정의 ········ 6
   1.3. 안전공학 ········ 7
2. 사고의 발생 ········ 9
   2.1. 안전 시스템의 붕괴 ········ 9
   2.2. 인간과실 ········ 11
   2.3. 준사고 ········ 23
3. 안전할 권리 ········ 25
   3.1. 헌법상 안전권 ········ 25
   3.2. 국가 해사안전 기본계획 ········ 26

제 2 장 안전성 평가 및 진단 ········ 31

1. 위험도 공식 ········ 34
2. 공식안전성평가(FSA) ········ 36
   2.1 구성 ········ 36
   2.2 활용 ········ 45

3. 위험성 평가 모델 ···· 46

3.1 IALA의 수로 위험성 평가 프로그램(IWRAP) ···· 46
3.2 미국의 항만 및 수로 안전성 평가 기법(PAWSA) ···· 50
3.3 평가 ···· 57

4. 해상교통 안전진단 ···· 59

4.1 제도의 개요 ···· 59
4.2 안전진단의 개념 ···· 65
4.3 안전진단의 수행 ···· 73
4.4 평가 ···· 80

제3장 비상대응 ···· 83

1. 일반적 주의사항 ···· 86

1.1 공법상 의무 ···· 88
1.2 사법상 의무 ···· 90
1.3 조난신호(Distress signals) ···· 92

2. 사고 대응절차 ···· 94

2.1 사고의 법률상 정의 ···· 96
2.2 해양사고 신고 및 처리 ···· 97
2.3 사고처리 주관기관 ···· 107

3. 사고종류별 대응실무(Emergency Preparedness) ···· 109

3.1 화재 및 폭발(Fire and Explosion) ···· 110
3.2 충돌(Collision) ···· 122
3.3 좌초(Grounding) ···· 126
3.4 침수(Flooding) ···· 130
3.5 인명 구조(Rescue) ···· 132
3.6 기름 유출(Oil pollution) ···· 139

3.7 타기 고장(Steering failure) ········· 144
3.8 주기관 전원 상실(Blackout) ········· 146
3.9 퇴선(Abandon ship) ········· 147

제4장 해사안전관리 조직 ········· 157

1. 국제해사기구(IMO) ········· 160
1.1 설립 목적 ········· 161
1.2 설립 배경 ········· 162
1.3 IMO 구성 ········· 167
1.4 평가 ········· 190
1.5 요약 ········· 191

2. 해양 관련 국제기구 ········· 195
2.1 UN무역개발회의(UNCTAD) ········· 196
2.2 세계노동기구(ILO) ········· 200
2.3 국제표준화기구(ISO) ········· 203
2.4 정부간 국제기구(IGO), 비정부간 국제기구(NGO) ········· 205

제5장 해사안전 행정실무 ········· 209

1. 국제 행정실무 ········· 212
1.1 IMO 회원국 감사제도(IMSAS) ········· 212
1.2 항만국통제(PSC) ········· 230
1.3 국제안전관리규약(ISM Code) ········· 264
1.4 선박교통관제(VTS) ········· 279
1.5 항행장애물 제거(Wreck removal) ········· 293

2. 국내 행정실무 ········· 303
2.1 해사안전감독관 ········· 306

2.2 해양시설 보호수역 ········· 309
2.3 교통안전 특정해역 ········· 312
2.4 유조선 통항금지해역 ········· 319
2.5 시운전 금지해역 ········· 322
2.6 항로의 지정 ········· 324

3. 이의신청 ········· 330
3.1 이의신청과 행정심판의 의의 ········· 330
3.2 이의신청 실무 ········· 331

표목차

〈표 1-1〉 안전공학의 특징 ··· 7
〈표 1-2〉 Fail safe 3단계 ··· 8
〈표 2-1〉 Difference between FSA and general regulatory safety assessment approach ··· 38
〈표 2-2〉 Example of Risk Matrix Ⅰ ··· 40
〈표 2-3〉 Example of Risk Matrix Ⅱ ··· 41
〈표 2-4〉 Example of Risk Matrix Ⅲ ··· 42
〈표 2-5〉 Example of a logarithmic severity index ··· 42
〈표 2-6〉 Example of a logarithmic probability/frequency index ··· 43
〈표 2-7〉 Example of a risk matrix based on the table 2-5, 2-6 ··· 43
〈표 2-8〉 IALA Default Causation Factor ··· 48
〈표 2-9〉 수로의 위험요소 색인 및 분류 ··· 51
〈표 2-10〉 Waterway Risk Model ··· 52
〈표 2-11〉 Book 1. Team Expertise ··· 53
〈표 2-12〉 Book 2. Risk Factor Rating Scales ··· 54
〈표 2-13〉 Mitigation Effectiveness ··· 56
〈표 2-14〉 허베이 스피리트호 사고 후속 안전대책 요약 ··· 60
〈표 3-1〉 화재 분류 기준 ··· 115
〈표 3-2〉 소화 원리와 방식 ··· 119
〈표 4-1〉 ISO TC8 구성 ··· 205
〈표 5-1〉 Example of Non-Exhaustive List of Obligations ··· 219
〈표 5-2〉 Regional PSC MOUs ··· 234
〈표 5-3〉 지방해양항만청의 인증심사 종류 ··· 278
〈표 5-4〉 교통안전특정해역 현황 ··· 313
〈표 5-5〉 지방해양수산청 고시항로 현황 ··· 326

그림목차

[그림 1-1] Accident Provoking Mechanism 9
[그림 1-2] Accident Preventing Mechanism 10
[그림 1-3] Framework of Generic Error Modeling System (GEMS) 12
[그림 1-4] Rasmussen's Pyramid 17
[그림 1-5] Swiss Cheese Model 18
[그림 1-6] Reason's Accident Realization Process 19
[그림 1-7] Examples of SHEL Model 21
[그림 1-8] SHEL models in a system 21
[그림 1-9] SHEL and Reason Hybrid Model 22
[그림 1-10] Heinrich 300-29-1 Model 24
[그림 2-1] Flow Chart of the FSA Methodology 37
[그림 2-2] FSA Flowchart 39
[그림 2-3] Risks according to traffic distribution 47
[그림 2-4] 횡단 상태의 위험도 47
[그림 2-5] PAWSA 진행 단계 50
[그림 2-6] 해상교통안전관리 62
[그림 2-7] 교통사고 형성단계 모델 64
[그림 2-8] 진단시기별 안전성 향상 70
[그림 2-9] 안전진단 업무절차 75
[그림 2-10] 진단항목별 내용 77
[그림 2-11] 표준진단 적용기술 79
[그림 2-12] 3차원 전기능 선박조종시뮬레이터(FMSS) 79
[그림 2-13] 인천항 인근 교량배치 80
[그림 3-1] International Distress Signals 93
[그림 3-2] 화재의 3요소 111

[그림 3-3] 화재의 4요소 ······ 112
[그림 3-4] 윌리엄슨 턴 조선법 ······ 136
[그림 3-5] 원 턴 조선법 ······ 137
[그림 3-6] 샤르노브 턴 조선법 ······ 138
[그림 3-7] 유흡착제 ······ 142
[그림 3-8] 유회수기 ······ 143
[그림 3-9] 타기 고장 국제신호기 ······ 145
[그림 3-10] 구명정 의장품 ······ 155
[그림 4-1] United Nations System ······ 160
[그림 4-2] 1959년 IMO 창립총회 전경 ······ 166
[그림 4-3] IMO 조직도 ······ 167
[그림 4-4] IMO 회의장 입구의 조형물 ······ 168
[그림 4-5] IMO에 소장된 토래캐년호 사고조사 보고서 표지 ······ 178
[그림 4-6] IMO 전문위원회 개편 ······ 183
[그림 5-1] Example of Audit Process ······ 228
[그림 5-2] Regional PSC regimes ······ 234
[그림 5-3] 항만국통제관의 서류점검 ······ 263
[그림 5-4] 항만국통제 소화기기 작동 점검 ······ 264
[그림 5-5] 전국 VTS 센터 및 관할해역 ······ 292
[그림 5-6] 난파물제거협약(WRC)에 따른 난파물 처리절차 ······ 300
[그림 5-7] 고립장해표지 형상 ······ 302
[그림 5-8] 신 위험물 표지 형상 ······ 302
[그림 5-9] 해양과학기지 위치 ······ 311
[그림 5-10] 부산구역 교통안전 특정해역 ······ 314
[그림 5-11] 교통안전 특정해역의 위치 ······ 316
[그림 5-12] 유조선 통항금지해역도 ······ 321
[그림 5-13] 시운전 금지해역도 ······ 323
[그림 5-14] 지정항로 등 위치 ······ 329

제 1 장

안전관리 개요

제1장 안전관리 개요

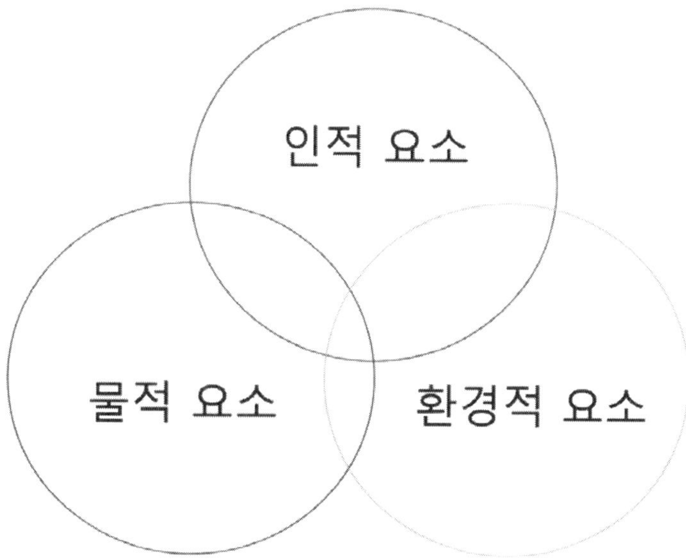

안전관리 3요소는 기본적으로 선원의 능력, 선주의 관심 등과 같은 인적 요소, 선박의 복원성, 화물의 특성과 같은 물적 요소, 해양기상이나 통항분리제도와 같은 환경적 요소로 구분할 수 있으며, 각각의 요소는 안전관리 대상이자 분석해야 할 위험요소이다.

안전관리 대상을 세분하는 경우에는 인적 요소, 선박 요소, 자연적 요소, 교통 환경적 요소, 관리 요소 등 추가적 요소로 나누어 살펴볼 수도 있다.

이 장에서는 안전의 개념부터 사고의 발생에 관한 이론을 해설하고 해양에서 국민의 안전권 보장을 위한 정부의 시책을 소개한다.

1. 안전의 개념

안전이란 안전한 생태에 있는 것이며, 일반적으로 안전한 상태란 사고가 없는 상태이다.[1] 따라서 사고가 발생하였다면 안전하지 않은 상태였다고 볼 수 있다.

그러나 사고가 발생하지 않은 상태에서도 사고가 발생할 가능성이 상존할 수 있는데 이 때 내재된 위험의 정도를 위험도라고 한다. 따라서 안전 관리는 위험도 관리와 같다.

위협(Threat),[2] 위험(Danger),[3] 위해(Hazard)[4] 등의 용어는 연구 분야별로 개별적인 의미가 있으나 이 책에서는 이를 구분하지 않고 위험도(Risk)라는 표현을 사용하고자 한다.

현실적으로나 잠재적으로 위험이 전혀 없는 상태, 즉 위험도가 '0'인 상태를 완성할 수 없다면 어느 정도까지 위험도를 낮추어야 안전한 상태인가에 관해서는 위험 요소의 특성이나 사회적 기대 등에 따라 달라지므로 절대 수치를 제공하기 어렵다.

실무적으로 채택할 수 있는 위험도에 대해서 국제해사기구(IMO)는 합리적으로 실행가능한 수준에서 가장 작은 값(As Low As Reasonably Practicable, ALARP)으로[5] 정의하고 있다.

---

1) 사전적으로는 '위험이 생기거나 사고가 날 염려가 없는 상태'이다.
- 편안할 안(安)은 집안에 여자가 있어 편안함을, 온전할 전(全)의 入자 아래 王자는 본래 구슬 옥(玉)인데 구슬이 흠집 없이 보관된 상태를 뜻한다.
- 집에 여자가 있으면 가족들이 편안하다는 뜻과 잘 싸인 구슬을 상자에 넣어 두어 온전하다는 뜻을 더한 것으로 풀이하기도 한다.

2) (Threat) 발현될 경우 데이터, 인간, 조직, 국가, 인류 등과 같은 다른 존재에게 해(harm)나 손상(damage)을 끼치는 잠재적인 현상이나 활동

3) (Danger) 강도나 음주 차량이 접근한다거나, 작은 불이 진화하기 어려운 큰 불로 커지는 경우와 같이 위협이 발생할 가능성이나 위협의 영향이 커진 것

4) Hazardous substances는 장단기를 불문하고 건강에 영향을 미치는 위험이며, Dangerous goods라고 하면 화재, 폭발, 부식이나 독성 등 물리적 또는 화학적으로 재산, 환경 또는 인체에 영향을 미치는 위험

5) ALARP (As Low As Reasonably Practicable) refers to a level of risk for which further investment of resources for risk reduction is not justified. When risk is reduced to ALARP, it is acceptable. (출처 : IMO, 2013, MSC.1/Circ.1455)

1.1. 국제적 정의

국제해사기구(IMO)는 안전을 '의도하지 않은 일에 따른 인명, 신체 및 건강에 대한 수용할 수 없는 수준의 위험이 존재하지 않는 상태'로 보고 있다.[6)]

안전은 수용할 수 없는 수준의 위험에 따른 종속변수로 정의되어 있기 때문에 위험도에 대한 판단을 필요로 하며, 위험도(Risk) 계산은 바람직하지 않은 사건이 일어날 가능성과 일어난 경우의 결과를 조합한 값으로 본다.[7)]

국제표준화기구(ISO)는[8)] 안전을 '허용 불가능한 위험도가 없는 것(Freedom from risk which is not tolerable)'으로 정의하고,[9)] 위험도(Risk) 측정은 해(害, Harm)가 일어날 가능성과 그 해의 심각성의 조합으로 정의한다.[10)] 여기서 '일어날 가능성'이란 위험한 상황에 노출되거나 위험한 일이 발생하거나, 해를 피하거나 제한할 수 있는 가능성을 포함한다.

---

6) Safety is the absence of unacceptable levels of risk to life, limb and health (from non-wilful acts). (출처 : IMO, 2013, MSC.1/Circ.1455)

7) Risk is "a measure of the likelihood that an undesirable event will occur together with a measure of the resulting consequence within a specified time i.e. the combination of the frequency and the severity of the consequence." (출처 : MSC 76/Inf. 3)

8) ISO: International Organization for Standardization

9) (출처) ISO/IEC GUIDE 51:2014 SAFETY ASPECTS - GUIDELINES FOR THEIR INCLUSION IN STANDARDS
- 1999년 판에서는 'freedom from unacceptable risk'라고 하였으나 2014년 판에서 변경되었다. 'intolerable risk'와 'unacceptable risk'의 의미는 동일하다.

10) (Risk) combination of the probability of occurrence of harm and the severity of that harm.
- The probability of occurrence includes the exposure to a hazardous situation, the occurrence of a hazardous event and the possibility to avoid or limit the harm. (출처 : ISO/IEC GUIDE 51:2014)

1.2. 국내 법령의 정의

안전관리에 관한 기본법인 「재난 및 안전관리 기본법」이나[11] 해사안전에 관한 기본법적 성격을 갖는 「해사안전법」에서는 '안전'에 관한 정의가 없다. 대신에 '안전관리' 또는 '해사안전관리'라는 정의를 두고 있다.

- ㅇ 「재난 및 안전관리 기본법」 제3조 제4호에서 "안전관리"란 재난이나 그 밖의 각종 사고로부터 사람의 생명·신체 및 재산의 안전을 확보하기 위하여 하는 모든 활동을 말한다.
  같은 법 제3조 제3호에서 "재난관리"란 재난의 예방·대비·대응 및 복구를 위하여 하는 모든 활동을 말한다.
- ㅇ 「해사안전법」 제2조 제1호에서 "해사안전관리"란 선원·선박소유자 등 인적 요인, 선박·화물 등 물적 요인, 항행보조시설·안전제도 등 환경적 요인을 종합적·체계적으로 관리함으로써 선박의 운용과 관련된 모든 일에서 발생할 수 있는 사고로부터 사람의 생명·신체 및 재산의 안전을 확보하기 위한 모든 활동을 말한다.

따라서 '안전'이란 어느 하나의 사고 위험요소를 제거하여 확보되는 것이라기보다는 인적, 물적 및 환경적 요인으로 구성된 시스템을 관리함으로써 확보된다는 개념으로부터 정의된 용어로 보아야 한다.

---

11) 법령 명칭이 긴 경우에는 약칭을 둔다. 「재난 및 안전관리 기본법」의 약칭은 「재난안전법」이다.

1.3. 안전공학

안전공학이란 일상생활이나 산업활동 중에 있을 수 있는 여러 가지 위험을 과학적인 방법으로 찾아내어 이 위험의 원인이 무엇이며, 어떻게 사고로 이어지고, 사고가 일어나면 얼마나 큰 인적피해, 재산피해를 끼치는지를 알아내어 이 위험을 제거 또는 제어하여 안전하게 생활할 수 있도록 하는 모든 활동과 방법에 대하여 연구하는 학문 분야이다.

〈표 1-1〉 안전공학의 특징

구분	안전공학	일반공학
대상 상태	이상(異常) 상태	정상(定常) 상태
평가 대상	위험도, 안전도	효율, 성능, 수량
발생 빈도	낮음, 드문 현상	높음, 다발 현상
취급 범위	제어 불능, 반대적 목적	제어 가능, 합리적 목적
효과 발생	부의 효과 (−)	정의 효과 (+)
연구 범위	안전성(위험성) 공학	신뢰성 공학
취급 범위	고장부터 취급	고장까지 취급

기계장치는 노후화 등 기능저하로 고장 날 수 있으며, 사람은 악의가 없어도 실수를 하는 것이 심리적으로 정상적인 현상이며, 어떤 조직의 규정도 완벽할 수는 없다. 따라서 절대적인 안전, 위험도 '0'은 불가능하기에 동화나 신화에 불과하다.

이러한 개념에 따라 안전공학에서는 크게 나누어 'Fool proof'와 'Fail safe'를 통해 안전을 구현하고자 한다.

'Fool proof'의 개념은 근로자가 기계 · 설비 등을 잘 못 취급해도 그것이 바로 사고나 재해와 연결되는 일이 없게 하는 것으로써 과실 방지장치, 실수 예방장치, 안전 설계라고 할 수 있다. 즉, 인간이 누구인지와 상관없이 바보라 할지라도 실수하지 않고 기계나 설비를 조작할 수 있어야 한다는 의미이다.12)

일례로 신체의 일부가 위험영역에 접근하면 경보가 울리거나 기계가 정지되도록 하는 등의 시스템을 말한다.

반면 'Fail safe'는 기계나 그 부품에 고장이나 기능불량이 생겨도 항상 안전을 유지하는 구조와 기능을 말하며, 인간의 과오나 기계의 오작동이 있어도 사고 또는 재해가 발생하지 않도록 이중, 삼중으로 안전장치를 한 시스템이다.

가령 석유난로가 일정 각도 이상 기울어지면 자동적으로 불이 꺼지도록 장치한 것과 같이 작업자가 기계나 설비 조작을 실수하거나 작업방법을 잘못했을 때에도 안전이 확보되도록 기계설비, 장치 등에 대해서 그것이 안전하도록 하는 것이다.

〈표 1-2〉 Fail safe 3단계

(1단계) Fail passive	(2단계) Fail operational	(3단계) Fail active
(자동감지) 부품이 고장 나면 기계 · 설비는 정지 상태로 옮겨 간다.	(자동제어) 부품이 고장나면 기계는 경보를 울리는 가운데 짧은 시간동안 운전이 가능하다.	(차단 및 조정) 부품의 고장이 있어도 기계는 추후 보수가 될 때까지 안전한 기능을 유지한다.

12) 정밀 가공 산업에 있어서 기능 숙련도가 낮은 작업자라도 가공 설비를 적절히 사용할 수 있고 인간과 기계적 요소에 의한 잘못이 자동으로 방지되어 품질, 능률의 향상, 안전도 제고를 이룩하는 생산 관리 체계를 말한다. (출처 : 기계공학용어사전, 기계공학사전편찬위원회, 1995. 3. 1. 한국사전연구사)

2. 사고의 발생

시스템이란 인과관계, 논리관계, 자연법칙 등의 상호관계를 지닌 요소들로 구성된 집합이 일정한 기능을 수행하는 것이며, 일반적으로는 특정한 목적을 달성하기 위하여 여러 관련된 구성요소들이 상호작용하는 유기적 집합체라고 한다. 구성요소란 전체 시스템의 일부분인 하위 시스템이나 성분을 나타낸다.

사고는 특정 시스템을 구성하는 여러 요소 중에서 안전과 관련된 구성요소들의 결함이나 손상에 따라 발생하기 때문에 안전 시스템의 붕괴(System Failure)에 따른 결과이다.

2.1. 안전 시스템의 붕괴

사고는 어떠한 위험이 현실화된 것으로서 그 과정에는 사고 방지를 위한 여러 단계의 시스템 구성요소(이하 '방어막')에 결함이 발생한 결과로 아래 그림과 같이 표현된다.13)

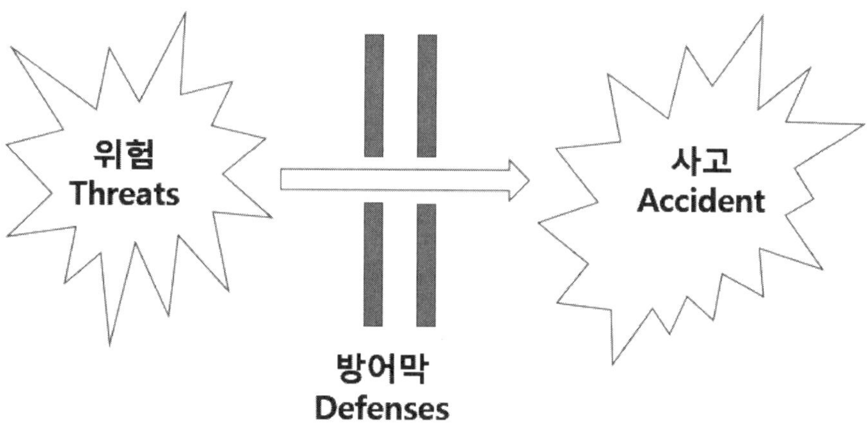

[그림 1-1] Accident Provoking Mechanism

13) United States Coast Guard(USCG), 2008. 4, MARINE SAFETY MANUAL Volume V, pp. B4-2 ~ B4-23

그러나 여러 겹으로 구성된 방어막들(Defences) 즉 안전 시스템은 일부 방어막(Defence)에 결함이나 손상이 있더라도 다른 방어막(Defence)의 작용에 따라 사고가 발생하지 않을 수 있다. 따라서 방어막을 다중화 할수록 사고의 발생위험은 줄어든다고 볼 수 있다.

일부 안전 요소의 결함이 있더라고 사고와 연결되지 않도록 다중화 된 방어막을 구성할 때 이를 안전망(Safety net)이라고 한다.[14]

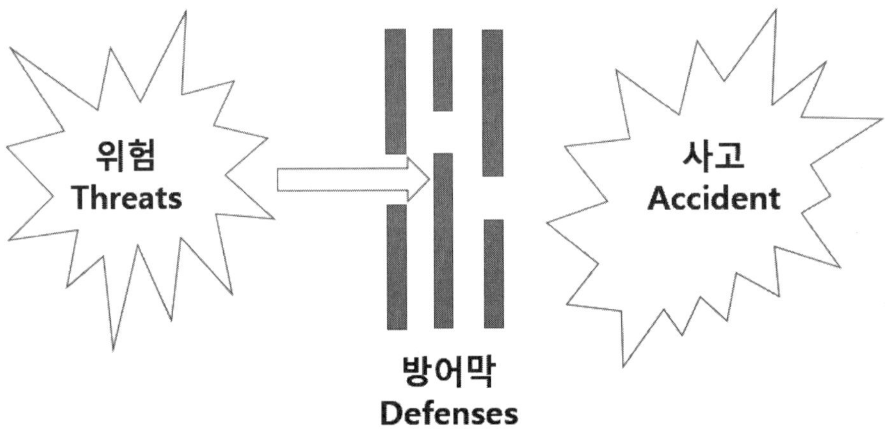

[그림 1-2] Accident Preventing Mechanism

---

14) 안전망이란 용어가 사용된 대표적인 경우로 '사회 안전망'은 브레튼우즈협정 기관들(세계은행, 국제통화기금)에 의해 사용된 용어이다. 기존 사회보장제도하에서는 적절한 보호를 받지 못한 채 여전히 위험에 노출된 사람들을 보호하기 위한 대책을 의미한다.
- 우리나라는 크게 1, 2, 3차로 사회 안전망을 구축하고 있다. 1차 안전망은 일반 국민들을 대상으로 하는 4대 사회보험(공적연금, 의료보험, 산재보험, 고용보험)으로 구성된다. 1차 안전망에 의해 보호받지 못하는 저소득층을 위한 2차 안전망으로 공공부조인 기초생활보장제도와 보완적 장치인 공공근로사업을 운용하고 있다. 마지막 3차 안전망으로는 재난을 당한 사람에게 최소한 생계와 건강을 지원해주는 각종 긴급구호제도가 있다.

2.2. 인간과실

인간과실(Human Error)이란[15] 개인이나 집단의 측면에서 볼 때 수용할 수 있거나 바람직한 관행으로부터 이탈하여, 수용할 수 없거나 바람직하지 못한 결과를 초래하는 행위를 말하다.[16]

통계적으로 볼 때 해양사고를 포함한 교통사고의 대부분은 인간과실에 기인한다고 밝혀져 있다. 따라서 교통안전을 향상시키기 위해 인간과실을 줄이는 다양한 방법이 연구되고 있다.

인간이 부주의하거나 능력 밖의 일로 사고를 야기하는 경우를 방지하기 위해 미리 위험을 알려주는 사전 경보 시스템이 대표적이다. 일례로 현재 선박에 사용되고 있는 통합선교시스템(INS: Integrated Navigation System)은 여러 개별적인 장비의 신호를 종합적으로 평가하여 잠재적인 위험이나 구성 시스템의 성능저하 정보를 적시에 당직 항해사에게 경보함으로써 당직 항해사의 능력 안에서 당직이 이루어지도록 지원하는 것이다.[17]

또한 사람이 기계나 장비를 다룰 때 발생할 수 있는 인적요인에 의한 사고를 줄이기 위한 방안으로 인간중심설계(Human Centered Design)에[18] 대한 다양한 연구도 진행되고 있다.

---

15) '인적과실'이란 용어도 흔히 사용되고 있으나 '인적'이란 사람에 관한 것이란 뜻이므로 '인적' 보다는 사람이 저지른 과오라는 의미로 '인간과실'이 적절한 표현으로 보아 이를 사용한다.

16) IMO MSC Circular 829, 1997, Interim guidelines for the application of formal safety assessment to the IMO rule-making process, p. 5
   - Human error: A departure from acceptable or desirable practice on the part of an individual or a group of individuals that can result in unacceptable or undesirable results

17) IMO MSC.86(70), 1998, Annex 3: RECOMMENDATION ON PERFORMANCE STANDARDS FOR AN INTEGRATED NAVIGATION SYSTEM (INS)

18) ISO 9241-210, 2019, Ergonomics of human-system interaction - Part 210: Human-centred design for interactive systems

궁극적으로 인간과실을 없애는 유일한 방법은 인간이 교통수단을 조작하지 못하도록 하는 것이다. 그러나 인간이 배제된 믿을 만한 시스템은 차세대의 몫일 것이므로 국제사회는 인간이 어떻게 잘 못하였는지 파악하여 교육·훈련 방안을 마련하고, 인간과실이 불가피하게 발생하더라도 사고로 이어지지 않도록 대응책을 마련하기 위한 다양한 실험과 연구를 진행하고 있다.

2.2.1 인간과실 모델링 시스템

국제해사기구(IMO)는 해양사고 조사코드에서 사고를 야기하는 인간과실을 다음 그림과 같이 네 가지로 분류하고 그러한 행동을 하게 된 심리적 배경을 세 가지로 분류한다.19)

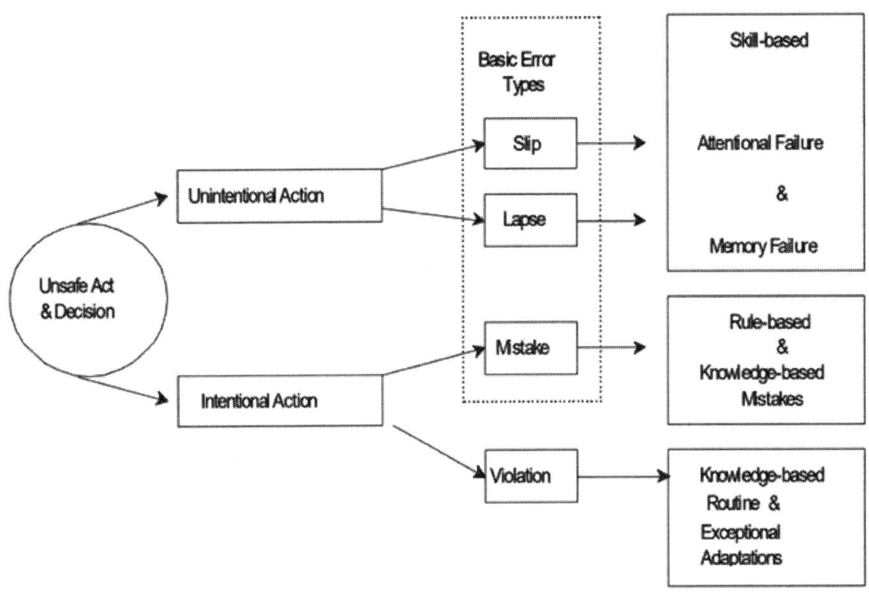

[그림 1-3] Framework of Generic Error Modeling System (GEMS)

19) IMO, 1999, Amendments to the Code for the Investigation of Marine Casualties and Incidents, Appendix 2: Guidelines for the Investigation of Human Elements in Marine Casualties and Incidents. IMO A.884(21), p.11, 20

사람은 해야 할 일을 깜빡 잊고 못하거나(Slip), 착오를 일으킬 수 있으며(Lapse), 아는데도 실수하거나(Mistake), 의도적으로 규정을 위반할 수도 있다(Violation).[20)]

의도적인 위반을 제외하고 다른 세 가지 경우가 기본적인 인간과실의 유형이며 주요 관리대상이다.

(1) 행동심리

'사람들은 어떻게 문제를 해결하는가?'라는 심리학적 문제에 대하여 1981년에 라우즈(Rouse) 박사는 '사람은 적극적으로 패턴에 따라 행동한다.'고 간명하게 요약하였다. 사람은 각각의 상황을 분석하고 최적의 해답을 계산해 내기 보다는 이미 준비되어 있는 패턴(pre-packaged patterns) 중에서 답을 고르려 한다는 것이다.

---

20) 'Slip'과 'lapse'는 절차를 바르게 실행하지 못한 것이며(Failure to correctly execute a procedure), 'Slip'은 실행실패(failure of execution), 'lapse'는 기억실패(failure of memory)로 구분된다. 일반적으로 기술기반(SB)의 행동에서 나타난다. 'Mistake'는 목적에 맞지 않는 잘못된 절차를 이행한 것이며(Using wrong procedure for the goal), 전형적으로 규정기반(RB)의 행동이나 문제를 해결하려는 과정에서 나타난다.
(출처 : http://web.mit.edu/6.813/www/sp17/classes/04-safety/)
- USCG는 'Mistake'를 강조하여 아래와 같이 표현하고 있다.

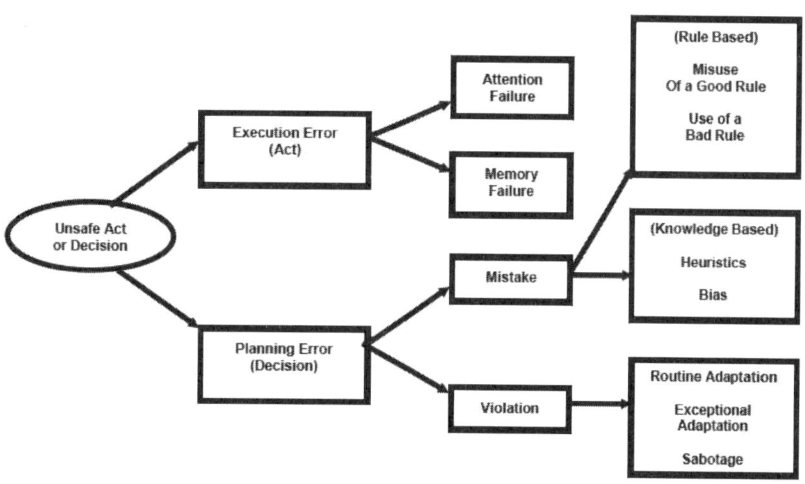

1986년에 라스무센(Rasmussen) 박사는 이러한 관찰로부터 인간의 행위를 ① 기술기반 행동(SB: skill-based performance), ② 규정기반 행동(RB: rule-based performance)과, ③ 지식기반 행동(KB: knowledge-based performance)으로 구분하였다.

제임스 리즌(James Reason) 박사는 자신의 스승인 라스무센 박사의 작업에 기초하여 그림 1-3과 같은 '포괄적 과실 모델링 시스템(GEMS)'을 제시하였다.[21]

(2) 기술기반 단계

가장 낮은 단계인 기술기반단계(SB)에서 사람은 자신을 둘러싸고 있는 환경에 익숙하기 때문에 어떻게 해야 하는지 생각할 필요도 없이 자동적으로 행동한다. 의식적인 관찰 없이도 일을 해내는 단계이므로 자신의 행동이 얼마나 잘 진척되는지에 대한 주의를 필요로 한다. 즉 제 때 행동하거나, 지나치게 행동하지 않도록 주의하여야 한다.

복잡한 상황에서는 자동적인 행동만으로 문제를 해결할 수 없다. 사람은 대개 기술기반단계(SB)에서 문제를 해결하기 시작하더라도 이미 준비된 패턴이 없는 상황이면 다음 단계로 전환한다. 어긋난 상황이 경미하고 대안이 쉽게 발견되면 보통 사람은 다시 기술기반단계(SB)로 돌아온다. 우리 일상의 대부분이 기술기반단계(SB)에서 이루어지며 간헐적으로 다음 단계인 규정기반단계(RB)를 오간다.

21) 리즌 박사는 1990년 저서인 인간과실(Human Error)에서 인간과실에 대한 두 가지 학설을 하나의 프레임으로 묶어 GEMS를 제시했다. GEMS는 이전의 과실분석기법과는 달랐는데, 모든 행위수준에서 일어나는 과실을 집약하였고, IMO의 해양사고조사코드에 부속서로 첨부되어 사람의 행동을 조사하는 우선적 기법으로 도입되었다.

(3) 규정기반 단계

대다수의 사람들은 인식하지 못하지만 자신이 생활하면서 필요한 문제를 해결하기 위한 거대한 규정집을 갖추고 있다. 대다수 규정은 말로 설명하기 어렵더라도 방대한 도서관과 같이 자리 잡고 있다. 이러한 규정은 정규 교육과정을 통해 얻기도 하지만 대다수는 경험을 통해서 얻는다.

사람이 기술기반단계(SB)에서는 답을 찾을 수 없다고 파악하면 문제해결을 위한 표식이나 지표 같은 것을 찾게 된다. 이 상태가 규정기반단계(RB)이다.

규정기반단계(RB)는 두 부분으로 나뉜다. 첫째는 인식규정으로서 'X'라는 표식을 보게 되면 'Y'라는 세계를 인식하는 것과 같은 규정에 대한 인식이다. 둘째는 행동규정으로서 'Y'라는 세계를 인식하면 'Z'라는 행동이 적절하다고 파악하는 것이다. 바른 규정을 선택하고 문제를 해결하기 위하여 사람은 규정기반단계(RB)에서 바른 인식규정과 행동규정을 선택하고 사용해야 한다.

사람이 적극적으로 패턴에 따라 행동한다는 것은 어떤 표식을 보면 미리 준비되어 있는 규정 중에 적합한 규정을 찾아낸다는 것이다. 상황이 복잡하거나 약간 다른 상황이라면 그에 맞는 다른 해답을 찾아내야 한다.

문제 해결과정은 전형적으로 적합한 규정이 무엇인지 대입해 보는 것이다. 그리고 그 적용된 규정이 어떻게 작동하는지 살펴본다. 어떤 규정을 적용했으나 문제가 해결되지 않아 보이면 가장 연관 있는 다른 규정을 찾게 된다. 상황이 복잡하고 상황에 대한 규정이 약간 다르면 이에 맞춰 다른 해답을 찾아가게 된다. 규정이 적합하면 이미 준비된 그 규정을 답으로 활용한다. 즉 'X'라는 표식을 보면 'Y'라는 세계를 인식한다. 'Y'라는 세계를 인식하면 'Z'라는 행동을 하는 것이다. 행동 'Z'는 종종 단순한 기술이다.

예를 들어 욕조의 온도를 조절하려 할 때 받아 놓은 물에 김이 올라오면 뜨거울 것 같다는 표식 'X'를 무의식적으로 느낀다. 이 표식 'X'에 따라 물은 매우 뜨겁다는 인식 'Y'를 갖게 된다. 그러면 인식 'Y'에 따라 수도꼭지를 돌려 찬물을 트는 'Z'라는 행동을 하게 된다. 이러한 행동 자체는 기술기반의 행동이다.

사람들은 대부분의 시간을 기술기반단계(SB)에서 보내지만 그러한 행동에 대한 인식은 거의 하지 못한다. 규정기반단계(RB)에서는 행동을 인식하고 있지만, 많은 실습과 경험이 쌓이게 되면 규정기반단계(RB) 또한 의식의 경계를 넘어 무의식적인 기술기반단계(SB)로 전환된다.

(4) 지식기반 단계

문제를 해결하기 위해 미리 준비된 패턴을 찾아 무수한 규정을 대입하여도 해결되지 않는 매우 복잡한 상황과 맞닥트릴 수 있다. 이렇게 미리 준비된 규정이 없다면 지식기반단계(KB)에서 답을 찾게 된다. 최적의 행동을 계산해 내야 하는데 이런 활동은 최대한으로 주의를 기울이고 의식을 동원해야 한다.

어떤 새로운 상황이 경험한 바 없는 경우라면 사람은 적극적으로 미래와 현실의 관계를 이해하기 위해 분석하고 계산하여 최적의 답을 찾으려 한다. 새로운 문제와 알고 있는 어떤 다른 문제 사이에 감춰진 유사성을 발견해 내면 사람들의 의식은 규정기반단계(RB)나 기술기반단계(SB)로 전환될 수 있다. 기술기반단계(SB)와 규정기반단계(RB) 사이에 전환이 일어나는 것처럼 사람들은 잠시 지식기반단계(KB)에 있다가 바로 규정기반단계(RB)로 돌아가기도 한다.

라스무센의 이론에 따르면 사람은 대부분 시간을 기술기반단계(SB)에서 활동하며, 규정기반단계(RB)의 업무와 결정을 수행하기 위해 약간의 시간을 사용하며, 지식기반단계(KB)에 사용하는 시간은 거의 없다고 한다.

개략적인 경험에 따르면 사람들은 기술기반단계(SB)에서 가장 잘 행동하며, 규정기반단계(RB)에서도 매우 잘 행동한다. 그러나 지식기반단계(KB)에서는 제대로 행동하지 못한다. 따라서 초보자나 전문가를 불문하고 전혀 새로운 문제에 부딪히면 공히 해결책을 잘 찾아 내지 못하는 것을 이상하게 볼 일이 아니다. 어떤 업무에 새로이 투입된 사람이라면 모든 상황이 새로울 수 있다. 그래서 '좋은 판단은 경험에서 나오고, 경험은 나쁜 판단에서 나온다.'는 속담이 적용될 수 있다.[22]

---

22) Good judgment comes from experience. Experience comes from bad judgment.

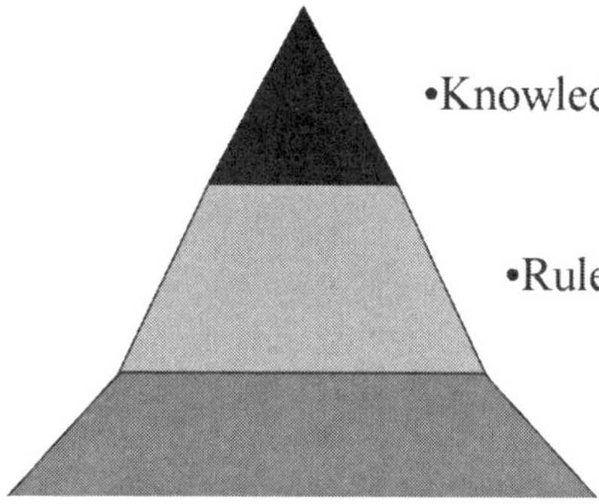

[그림 1-4] Rasmussen's Pyramid

2.2.2 스위스 치즈 모델

스위스의 대표적인 치즈인 에멘탈 치즈와 같이 크고 작은 불규칙한 구멍이 뚫린 치즈 조각을 여러 장 겹쳐 놓았을 때 각 조각의 구멍을 일렬로 관통하는 경우는 사고가 일어나고, 어느 한 조각에서라도 막히면 사고가 일어나지 않는다는 사고 발생에 관한 이론이 스위스 치즈 모델이다.

국제해사기구(IMO)는 인간과실(Human error)에 의한 해양사고의 발생과정을 스위스 치즈 모델로 설명하고 있으며,[23] 다른 산업계에서도 널리 쓰이고 있는 모델이다.

각 치즈 조각을 작업방법이라 할 때 치즈 구멍은 위험요인이며, 구멍의 수는 위험요인의 수, 구멍의 크기는 발생 가능성 또는 발생 빈도의 크기라고 할 수 있다.

---

23) IMO A.884(21), 1999, Amendments to the Code for the Investigation of Marine Casualties and Incidents, Appendix 2: Guidelines for the Investigation of Human Elements in Marine Casualties and Incidents, p. 11, 20

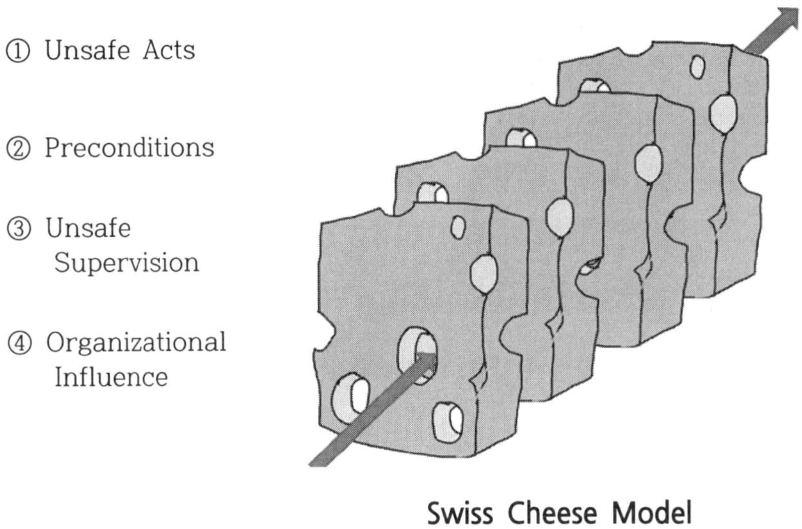

[그림 1-5] Swiss Cheese Model

사고의 직접적인 원인으로는 사고를 낸 당사자나 같이 있던 사람들의 불안한 행위(Unsafe Acts)를 꼽을 수 있으나 사고 야기자를 징계하거나 비난하는 것만으로는 사고 재발을 막을 수 없다고 보아 그 이면을 조사하여 잠재적 조건이 어떻게 인간과실과 결합되어 사고가 발현되었는지를 조사해야 한다.

조사대상이 되는 대표적인 잠재 요인으로는 불안한 행위를 유발한 선행조건(Preconditions for Unsafe Acts), 불안한 관리감독(Unsafe Supervision), 그리고 잘못된 조직문화의 영향(Organization Influences) 등을 들 수 있다.

스위스 치즈 모델에 따른 사고조사에서는 잠재적인 요인이 어떻게 실제 사고로 구현되어 해를 끼치는지를 밝혀낸다. 이 모델에 따르면 사고가 어느 요인 하나로 발생하는 것이 아니라 여러 요소로 구성된 시스템에서 연속된 결함에 따라 발생하는 것으로 파악해야 한다는 것과, 비록 사고로 이어지지 않았어도 각각의 요소인 방어막에는 결함이 내재되어 있을 수 있다는 것을 보여준다.

또한 방어막의 수를 많게 하거나 각 방어막의 결함을 줄일수록 사고발생을 억제할 수 있다는 이론적 근거가 된다.

2.2.3 사고의 발현과정

국제해사기구(IMO)는 스위스 치즈의 각 슬라이스를 다섯 단계의 인적 조건 방어막으로 설명하고 있으며, 잘못된 의사 결정에서부터 비롯되어 이를 수행 과정에서 바로잡지 못한 결함들(Deficiencies)이 단계별로 방어되지 못해 사고의 선행조건이 만들어지고 실행으로 이어지는 경우에 결국 사고가 발생하는 과정을 아래와 같이 도식화 하고 있다.

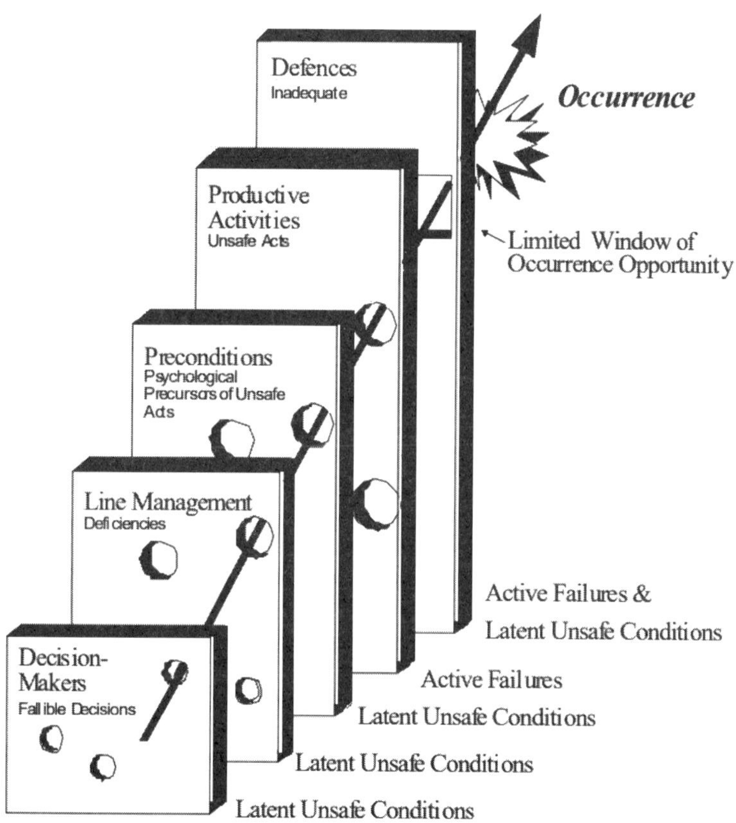

[그림 1-6] Reason's Accident Realization Process

2.2.4 SHEL 모델

인간의 업무는 조직문화의 영향을 받기 때문에 사고를 야기한 인간을 비난하는 것만으로는 유사한 사고의 재발을 막을 수 없다. 따라서 사고를 일으키는 인간에게 미치는 조직의 영향을 확인하고 구분하기 위한 여러 시도가 있었다.

SHEL 모델은 항공업계에서 먼저 도입한 인적요인 조사기법이며 국제해사기구(IMO)에서도 해양사고의 원인 조사를 위해 도입하였다.[24)]

사고를 야기한 인간은 작업자라는 요소로서 다른 여러 요소들과 상호 연관을 갖는다. 작업자에게 영향을 미치는 요소를 크게 구분하면 ① 작업자 자신(Liveware), ② 관리담당이나 감독, 팀원과 같은 다른 작업자(Liveware), ③ 사용하는 장비나 장치뿐만 아니라 장비의 디자인이나 작동 방식 등을 포함한 기계·장비류(Hardware), ④ 작업 절차서와 규정(Software), ⑤ 온도, 습도, 가시거리와 같은 작업환경(Environment)이 있다.[25)]

---

24) 1972년 미국의 심리학 교수인 Elwyn Edward는 승무원과 항공기 기기(器機)사이에 상호작용 관계를 종합적이고 체계적으로 표시하는 도표인 SHEL(Software, Hardware, Environment, Liveware) 모델을 고안하였는데 인간의 인체기관 능력 및 한계에 대한 인식과 함께 인간과 기기 및 주변 환경과의 부조화를 해소하는 것이 필수적이라는 점을 주장하였으나 주목받지 못했다.

1975년 네덜란드 KLM 항공의 기장 출신인 Frank H. Hawkins 박사는 Elwyn Edward가 고안한 SHEL 모델을 수정하여 'Building Block' 모형인 새로운 SHEL모델을 사용하였는데 이는 항공기 승무원의 업무와 관련하여 적용해보면 중앙에 있는 "L"은 인간 즉 운항승무원을 뜻하고(관제부문에서는 항공관제사, 정비부문에서는 항공정비사 등 각 부문에서 업무를 주도적으로 수행하는 사람을 의미함) 주변의 "L"도 인간을 의미하는데 업무에 직접 관여하면서 업무를 주도적으로 수행하는 인간과 관계된 바를 나타낸다.

또한 "H"는 항공기운항과 관련하여 승무원이 조작하는 모든 장비 장치류를 나타내는 것이며 "S"는 항공기운항과 관련한 법규나 비행절차, Checklist, 기호, 최근 점차 늘어나는 컴퓨터 프로그램 등이 해당된다. "E"는 주변 환경과 조종실내 조명, 습도, 온도, 기압, 산소농도, 소음, 시차 등을 나타낸다. 이러한 각각의 요소는 직무 수행과정에서 제 기능과 역할을 발휘할 수 있도록 항시 최적의 상태와 조화가 이루어져야 한다고 보았다.
(출처 : http://www.airportal.go.kr/life/history/acc/LkPerLe001.html)

25) (출처) Kim I. C., 2012, A study on ship's routeing and port zoning audit scheme for eradicating or reducing circumstantial factors of marine casualties and incidents, World Maritime University, Msc Dissertations, p.25

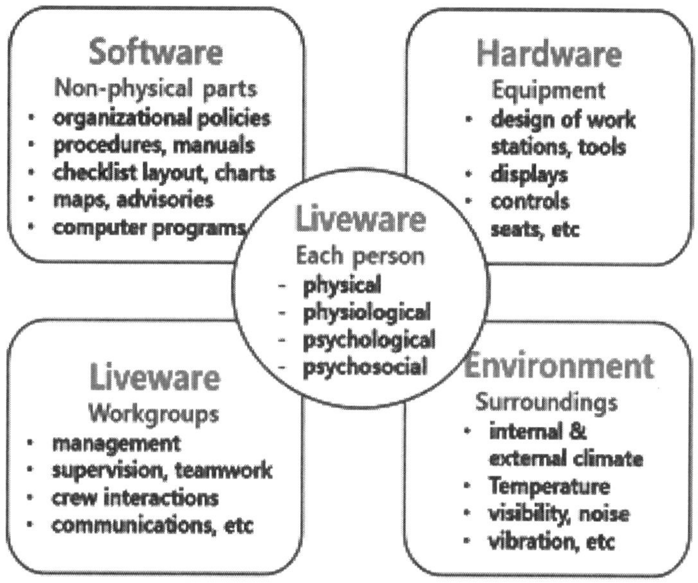

[그림 1-7] Examples of SHEL Model

작업자가 속한 시스템이 다른 시스템의 일부라면 다른 시스템의 작업자와도 아래 그림과 같이 상호작용이 이루어진다.

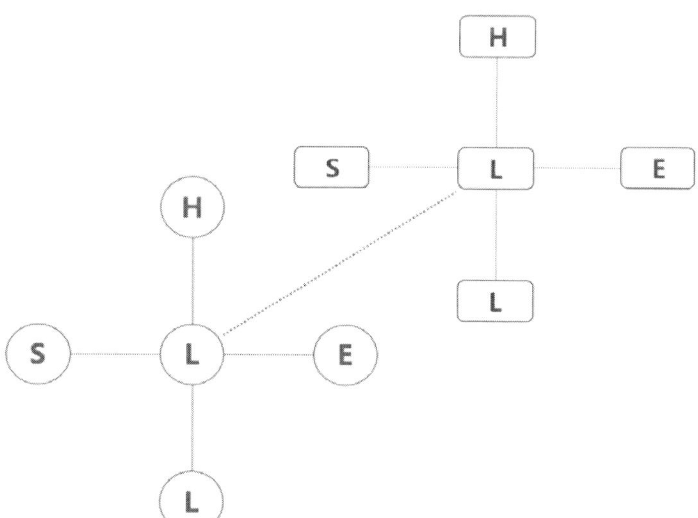

[그림 1-8] SHEL models in a system

2.2.5 Hybrid 모델

사고발생 절차와 인간을 연결한 도식이 그림 1-9와 같은 하이브리드 모델이며, 각 단계별로 개입된 인간과실을 식별하기 위하여 사용된다.

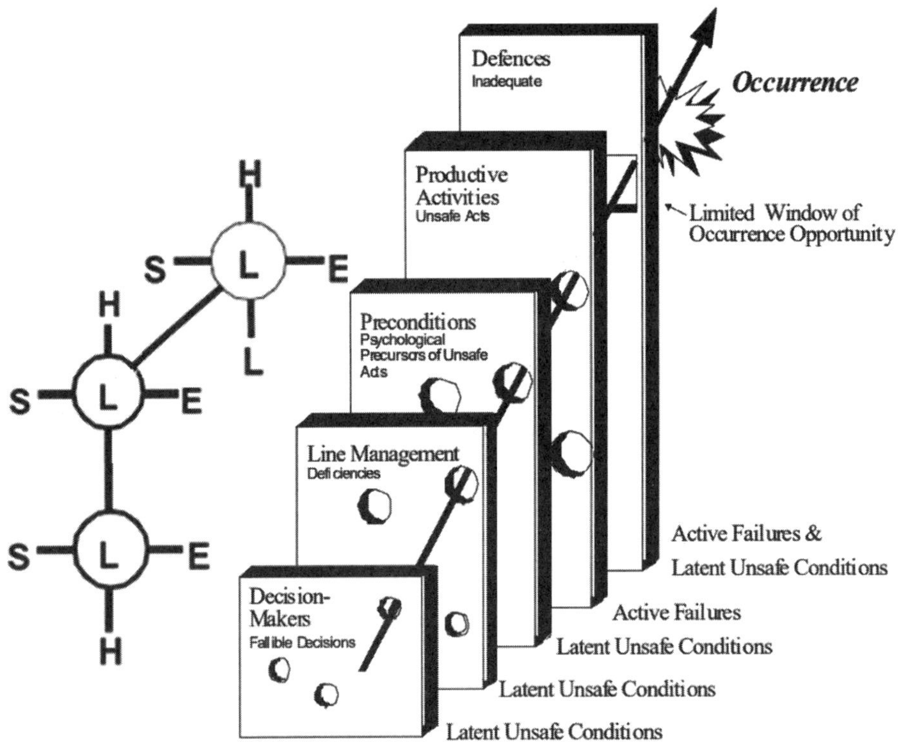

[그림 1-9] SHEL and Reason Hybrid Model

2.3. 준사고

「해양사고의 조사 및 심판에 관한 법률」 제2조 제1의2호에서 "준해양사고"란 선박의 구조·설비 또는 운용과 관련하여 시정 또는 개선되지 아니하면 선박과 사람의 안전 및 해양환경 등에 위해를 끼칠 수 있는 사태로서 해양수산부령으로[26] 정하는 사고를 말한다.

준사고라는 개념은 하인리히(H. W. Heinrich)가[27] 75,000건의 사고 데이터를 통계분석하여 개발한 '1 : 29 : 300' 원리에서 유래하였다. 한 번의 중상재해(Major injury)가 발생한다면 29개의 경상재해(Minor injury)가 발생했고, 무재해

---

26) 해양사고심판법 시행규칙 제2조(준해양사고) 「해양사고의 조사 및 심판에 관한 법률」(이하 "법"이라 한다) 제2조제1호의2에서 "해양수산부령으로 정하는 사고"란 다음 각 호의 어느 하나에 해당하는 것을 말한다.

1. 항해 중 운항 부주의로 다른 선박에 근접하여 충돌할 상황이 발생하였으나 가까스로 피한 사태
2. 항로 내에서의 정박 중 다른 선박에 근접하여 충돌할 상황이 발생하였으나 가까스로 피한 사태
3. 입·출항 중 항로를 이탈하거나 예정된 항로를 이탈하여 좌초될 상황이 발생하였으나 가까스로 안전한 수역으로 피한 사태
4. 화물을 싣거나 묶고 고정시킨 상태가 불량한 사유 등으로 선체가 기울어져 뒤집히거나 침몰할 상황이 발생하였으나 가까스로 피한 사태
5. 전기설비의 상태 불량 등으로 화재가 발생할 상황이었으나 가까스로 화재가 나지 아니하도록 조치한 사태
6. 해양오염설비의 조작 부주의 등으로 오염물질이 해양에 배출될 상황이 발생하였으나 가까스로 배출되지 아니하도록 조치한 사태
7. 그 밖에 제1호부터 제6호까지의 사태와 유사한 사태로서 해양수산부장관이 정하여 고시하는 사태

27) 하인리히는 직업안전에 관한 선구적인 연구자이다. 여행자 보험회사에 근무하면서 12,000건의 보험 기록과 공장 관리자들로부터 63,000 건의 사고를 수집하고 분석하여 1931년에 '산업계 사고 예방에 관한 과학적 접근(Industrial Accident Prevention: A Scientific Approach)'이라는 저술을 발표하였다. 하인리히는 88%의 사고가 사람들의 불안전한 행동(unsafe acts of persons) 때문에 일어난다고 보았으며, 10%는 불안전한 기계(unsafe machines) 때문이며, 2%는 피할 수 없는 사고로 보았기 때문에 대부분의 사고를 예방할 수 있다고 보았다. 하인리히가 주장한 사고원인 5단계 도미노 모델(Five domino model of accident causation)에서 사고는 일련의 일들이 연쇄적으로 영향을 미쳐 발생하는 선형적 결과라고 보았다. 따라서 도미노의 블록 하나를 제거하면 연속된 과정이 중단된다고 하여 대부분의 사고가 예방 가능함을 주장하였다.

사고(Near miss)가 300회 발생했다는 것으로 여기서 말하는 무재해 사고가 준사고, 위기일발 또는 아차사고로 번역된다.

하인리히 원리는 여러 비판에도[28] 불구하고 인간의 반복적인 불안한 행동(unsafe behavior)이 결국은 중대 사고로 이어진다는 점을 드러낸 성과가 있다.

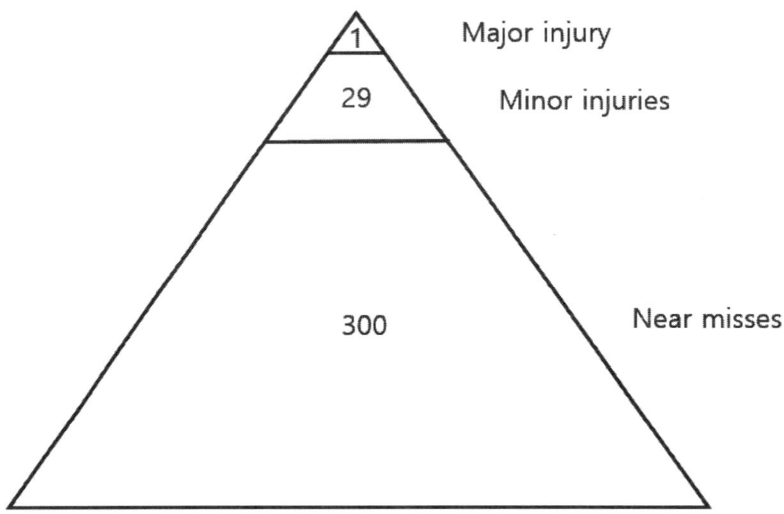

[그림 1-10] Heinrich 300-29-1 Model

이와 유사한 연구로는 직업안전 분야의 선구자 중 한 명으로 꼽히는 프랭크(Frank E. Bird Jr.) 박사가 1969년에 175만여 건의 사고보고서를 분석하여 주장한 ‘1 : 10 : 30 : 600’ 원리가 있다.[29]

---

28) 현재 하인리히의 안전 피라미드(Safety pyramid)는 사고분석 데이터가 남아 있지 않아 근거에 대한 검증이 불가능하고, 도미노 모델은 사고과정을 지나치게 단순화하여 사고 분석에 유용하지 못하다는 비판이 있다. 그리고 사고 예방대책으로 작업자의 교육・훈련에만 집중함에 따라 시스템 설계나 작업량 및 인센티브 등에 관한 관심을 저해한다는 단점이 지적되고 있다. (출처 : https://www.safetyandhealthmagazine.com/articles/print/6368-examining-the-foundation)

29) 1969년 297개 사업장에서 1,753,498건의 사고를 분석한 결과, 중대한 사고 한 건당, 경미한 사고 10건, 재산상 손실사고 30건, 인명손상 및 재산상 손실이 발생하지 않은 사건 600건의 비율을 보였다고 분석하였다.

3. 안전할 권리

3.1. 헌법상 안전권

국가의 통치조직과 통치작용의 기본원리에 관한 근본 법규인 헌법상 국민의 기본권은 자유권, 평등권, 참정권, 사회권, 청구권이 있다. 그러나 헌법 전문에 '우리들과 우리들의 자손의 안전과 자유와 행복을 영원히 확보할 것을 다짐하면서'라는 표현 이외에 국민의 안전권에 대한 명시적 조항은 없고 사고예방에 관한 일부 규정만 있다.[30]

국민의 안전에 관한 헌법적 성격에 대해 국가 목표, 국가 과제, 기본권이라는 등의 학설이 있다. 국가의 기본권 보호의무가 재주관화를[31] 거쳐 국민은 안전권이라는 기본권을 지니게 된다고 보는 견해에 따르면 안전권은 헌법상 인간의 존엄과 가치를 보장하는 제10조와 열거되지 아니한 기본권도 존중하라는 제37조 제1항에[32] 의해 보장되는 기본권으로 본다.[33]

따라서 안전권은 법률상 권리가 아니라 헌법상 권리라고 이해할 수 있으며, 향후 개헌에서는 명문화될 것으로 기대된다.

---

30) 헌법 제34조 제6항에서 '국가는 재해를 예방하고 그 위험으로부터 국민을 보호하기 위하여 노력하여야 한다.'라는 규정은 자연재해, 산업재해 또는 환경재해로부터 국민을 보호해야 할 국가의 의무를 부과한 것이 통설이므로 포괄적인 안전권으로 해석되지는 않는다. 대한민국 헌법에는 '안전'이라는 단어가 여러 차례 등장하고 있으나 헌법 전문의 "우리들과 우리들의 자손의 안전"을 제외하고는 국가의 안전보장이라는 의미로 사용되고 있다. 이는 기본권으로서 개인의 안전권에 관련된 개념이라기보다는 국가의 영토 및 주권의 보장과 관련된 개념으로서 안전이라는 단어를 사용하고 있는 것이다. (출처 : 윤인숙, 2018, 안전권, 한국법제연구원, pp. 7-8)

31) 재주관화(Resubjektivierung) : 성문 주관헌법 규범으로부터 도출된 불문 객관헌법 규범으로부터 다시 불문 주관헌법 규범을 도출

32) 「대한민국 헌법」제37조 ① 국민의 자유와 권리는 헌법에 열거되지 아니한 이유로 경시되지 아니한다.

33) 이부하, 2016, 보장국가에서 국민의 안전보호와 관련한 헌법이론, 한국헌법학회, 헌법학연구 22(1), pp. 217-246

3.2. 국가 해사안전 기본계획

정부는 분야별로 국민의 안전권 제고를 위한 중장기 계획을 수립하는데, 해양수산부에서는 해사안전 증진을 위한 '국가 해사안전 기본계획'을 수립하고 있다.34)

국내외의 주요 해양안전 시책은 주로 대형 해양사고의 조사 결과를 기반으로 유사사고의 재발을 방지하기 위한 차원에서 수립되어왔다. 그러나 「해사안전법」은 해양사고를 예방함으로써 국민의 안전한 해양이용을 촉진하기 위한 선제적인 중장기 시책을 추진토록 규정하고 있다.35)

'국가 해사안전 기본계획'은 계속적으로 수립하는 법정계획이며, 해사안전의 모든 분야를 다루는 종합계획이고, 관계기관이 참여하는 실천적이고 체계적인 환류계획이다.36)

---

34) 해사안전법 제6조(국가해사안전기본계획) ① 해양수산부장관은 해사안전 증진을 위한 국가해사안전기본계획(이하 "기본계획"이라 한다)을 5년 단위로 수립하여야 한다. 다만, 기본계획 중 항행환경개선에 관한 계획은 10년 단위로 수립할 수 있다.
② 해양수산부장관은 제1항에 따른 기본계획을 수립하는 경우 관계 행정기관의 장과 협의하여야 한다.
③ 해양수산부장관은 기본계획을 수립하거나 변경하기 위하여 필요하다고 인정하는 경우에는 관계 중앙행정기관의 장, 특별시장·광역시장·특별자치시장·도지사·특별자치도지사(이하 "시·도지사"라 한다), 시장·군수·구청장(자치구의 구청장을 말한다. 이하 같다), 「공공기관의 운영에 관한 법률」 제4조에 따른 공공기관의 장(이하 "공공기관의 장"이라 한다), 해사안전과 관련된 기관·단체 또는 개인에 대하여 관련 자료의 제출, 의견의 진술 또는 그 밖에 필요한 협력을 요청할 수 있다. 이 경우 요청을 받은 자는 특별한 사유가 없으면 이에 따라야 한다.
④ 제1항에 따른 기본계획의 수립 및 시행에 필요한 사항은 대통령령으로 정한다.

35) 해사안전법 제4조(국가 등의 책무) ②국가는 국민의 안전한 해양이용을 촉진하기 위하여 국민에 대한 해사안전 지식·정보의 제공, 해사안전 교육 및 해사안전 문화의 홍보에 노력하여야 한다.

36) (출처) 김수엽, 2011, 국가해사안전기본계획의 의의와 기대, 계간 해양수산 3호 pp. 20-25

우선, 기본계획은 5년 단위로[37] 수립하는 계속적인 법정계획이다. 계획의 수립을 위하여 관계행정기관의 장과 협의하게 되며, 또한 매년 단위의 시행계획을 수립할 때도 관계행정기관의 장, 공공기관의 장 및 그 밖의 관계인에게 협력을 요청할 수 있다. 즉 기본계획은 법률에 기반을 두어 관계 행정기관 및 공공기관과 협의하고 협력하여 마련하며, 5년 단위로 수립해야 하는 계속적인 법정계획이다.

둘째, 기본계획은 해사안전의 모든 분야를 다루는 종합계획이다.[38] 해사안전에 관계된 주체들이 참여하여 수립하고 시행하기 위한 정책들이 모두 포함되어 구체적이고 광범위한 영역을 다루게 된다. 기본계획에는 인적 안전관리, 물적 안전관리, 환경적 안전관리에 대한 시책이 모두 포함되어 해사안전에 대한 제반 내용을 담는 종합계획이다.

셋째, 기본계획은 실천적이고 체계적인 환류계획이다. '실천적'이라는 것은 계획이 구체적으로 실현될 수 있도록 매년 시행계획을 수립하기 때문이며,[39] '체계적'이라는 것은 시책과 집행이 연계되어 진행되기 때문이다. 또한 집행결과는 환류되어 차기 계획 수립에 반영된다.

---

37) 기본계획 중 항행환경개 선에 관한 계획은 10년 단위로 할 수 있음. 이는 항행환경개선을 위한 항로표지의 개발에 관한 사항이 「항로표지법」에 따라 10년 단위로 수립되어 진행되고 있는 현황을 반영한 것이다.

38) 해사안전법 제7조의2(기본계획 및 시행계획의 국회 제출 등) ① 해양수산부장관은 기본계획 및 시행계획을 수립하거나 변경한 때에는 관계 중앙행정기관의 장 및 시·도지사에게 통보하고 지체 없이 국회 소관 상임위원회에 제출하여야 한다.
② 해양수산부장관은 기본계획 및 시행계획을 수립하거나 변경한 때에는 대통령령으로 정하는 바에 따라 이를 공표하여야 한다.

39) 해사안전법 제7조(해사안전시행계획) ① 해양수산부장관은 기본계획을 시행하기 위하여 매년 해사안전시행계획(이하 "시행계획"이라 한다)을 수립·시행하고 이에 필요한 재원을 확보하기 위하여 노력하여야 한다.
② 해양수산부장관은 시행계획의 수립을 위하여 필요하다고 인정하는 경우에는 관계 중앙행정기관의 장, 시·도지사, 시장·군수·구청장, 공공기관의 장, 해사안전과 관련된 기관·단체 또는 개인에 대하여 관련 자료의 제출, 의견의 진술 또는 그 밖에 필요한 협력을 요청할 수 있다. 이 경우 요청을 받은 자는 특별한 사유가 없으면 이에 따라야 한다.
③ 제1항에 따른 시행계획에 포함할 내용과 수립 절차·방법 등에 필요한 사항은 대통령령으로 정한다.

즉 해양수산부는 시행계획 수립지침을 관계기관에 통보한다. 관계기관은 지침에 따라 매년 10월 말까지 해양수산부에 다음 년도 시행계획안을 제출하며, 해양수산부는 제출받은 시행계획안을 기본계획에 따라 종합·조정하여 확정하고 이를 관보에 고시한다.[40] 이렇게 수립된 기본계획과 시행계획을 국회에 제출한다. 기관별 작성권자에게는 매년 2월 말일까지 전년도 시행계획의 추진실적을 해양수산부장관에게 제출하도록 하고 있다.

---

40) 해사안전법 시행령 제4조(해사안전시행계획) ① 해양수산부장관은 법 제7조제1항에 따른 해사안전시행계획(이하 "시행계획"이라 한다)을 수립하려는 경우에는 시행계획의 수립지침을 작성하여 관계 중앙행정기관의 장, 특별시장·광역시장·특별자치시장·도지사·특별자치도지사(이하 "시·도지사"라 한다), 시장·군수·구청장(자치구의 구청장을 말한다. 이하 같다),「공공기관의 운영에 관한 법률」제4조에 따른 공공기관의 장(이하 "공공기관의 장"이라 한다)에게 통보하여야 한다.
② 관계 중앙행정기관의 장, 시·도지사, 시장·군수·구청장 및 공공기관의 장(이하 이 조에서 "기관별 작성권자"라 한다)은 제1항에 따라 수립지침을 통보받은 경우에는 매년 10월 31일까지 다음 연도의 기관별 해사안전시행계획(이하 이 조에서 "기관별 시행계획"이라 한다)을 작성하여 해양수산부장관에게 제출하여야 한다.
③ 해양수산부장관은 제2항에 따라 제출받은 기관별 시행계획이 기본계획에 위반되거나 그 보완이 필요하다고 인정하는 경우에는 해당 시행계획의 수정이나 보완 등을 요청할 수 있다. 이 경우 기관별 작성권자는 특별한 사유가 없으면 그 수정이나 보완 등에 관한 사항을 반영하여 지체 없이 해양수산부장관에게 제출하여야 한다.
④ 해양수산부장관은 제2항 및 제3항에 따라 제출받은 기관별 시행계획을 종합·조정하여 시행계획을 확정한 후 법 제7조의2제2항에 따라 관보에 고시하는 방법으로 공표해야 한다.
⑤ 기관별 작성권자는 매년 2월 말일까지 전년도 시행계획의 추진실적을 해양수산부장관에게 제출하여야 한다.

쉬어가기 1

□ IMO 문서에 쓰인 약자를 살펴보자

INTERNATIONAL MARITIME ORGANIZATION

IMO

E

ASSEMBLY
21st session
Agenda item 5

A 21/Res.884
4 February 2000
Original: ENGLISH

RESOLUTION A.884(21)
adopted on 25 November 1999

AMENDMENTS TO THE CODE FOR THE INVESTIGATION OF MARINE CASUALTIES AND INCIDENTS (RESOLUTION A.849(20))

- 왼쪽 표기 중에 **ASSEMBLY**는 조직(회의체) 명칭, **21st session**은 제21차 회의, **Agenda item 5**는 다섯 번째 의제라는 뜻이다.
- 오른쪽 위에 *E*는 전자문서라는 뜻이며, 종이문서로 배포하는 경우에는 *E* 표시가 없다.
- 우측에 **A 21/Res.884**에서 A는 총회, 21은 제21차 총회, Res.884는 제884번째 결의서라는 뜻이다.
- **4 February 2000**은 문서가 배포된 날이며, 결의서가 채택된 날과는 별개이다.
- 중간에 **RESOLUTION A.884(21)**은 제21차 총회에서 이루어진 결의서 884번이란 뜻이며, 아래 줄의 날짜는 결의서가 채택된 날이다.
  - 일반적으로 결의서(Res.)라는 표시 없이 **A**.884(21)라고만 표기되어 있어도 제21차 총회 결의서 제884호를 뜻한다.
  - **MSC**.884(21)은 제21차 해사안전위원회 결의서 제884호, **MEPC**.884(21)는 제21차 해양환경보호위원회 결의서 제884호를 뜻한다.

제2장

안전성 평가 및 진단

제2장 안전성 평가 및 진단

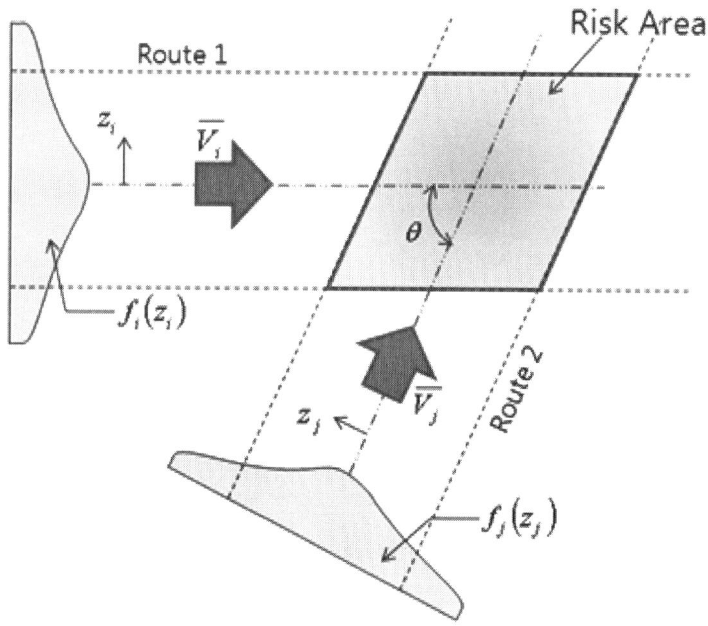

위험을 제거하기 위하여(Free of risk) 모든 자원을 무한정 투입할 수 없기 때문에 안심할 수 있는 수준까지(feeling secure from danger and its consequences) 위험도를 낮추는데 드는 비용에 대한 고려가 필요하다.

IMO는 정책결정 과정에서 위험도에 따른 합리적 선택을 위해 2002년에 FSA를 도입하였다. IALA는 항로의 안전성 평가를 위해 2006년에 IWRAP과 PAWSA을 IMO에 소개하였다. 우리나라는 항행환경 전반에 걸친 종합적 평가를 위해 해상교통 안전진단제도를 시행하고 있다.

이 장에서는 위험도 공식부터 국내외의 안전성 평가 모델에 대해 소개한다.

1. 위험도 공식

국제해사기구(IMO)는 위험도(Risk)를 사고 빈도(Frequency)와 사고로 인한 영향(Severity)의 조합으로 표현하고 있다.[1)]

사고 빈도(Frequency)는 사고 가능성(Probability)으로 바꿔 쓸 수 있으며 단위 시간당 바람직하지 않은 사건이 일어나는 수이다.[2)] 영향(Severity)이란 사람·재산·환경 등에 대해 부정적인 영향을 끼치는 바람직하지 않은 사건의 규모를 말한다.

IMO가 채택한 '공식 안전성 평가 기법(FSA: Formal Safety Assessment)'에서[3)] 사용하는 위험도 공식은 아래 식(1)과 같다.

$$Risk = Probability \times Consequence \qquad 식(1)$$

식(1)은 사고발생 가능성(Probability) 또는 사고 빈도(Frequency)와 사고의 영향(Consequence)을 곱하여 나타낸 값이다. 위험도를 낮추기 위한 여러 방안 중에서

---

1) Risk is the combination of the frequency and the severity of the consequence. (출처 : IMO, 2002, MSC/Circ.1023, MEPC/Circ392)

2) 일정기간 발생한 사고의 수를 선박의 수로 나눈 과거의 값들 활용하는 경우에는 주로 사고 빈도(Frequency)라는 용어가 적합하며, 미래 요소를 고려하는 경우에는 사고 가능성(Probability)이 적절하다. 위험도(Risk)에 대한 정의에는 실종이나 부상의 실현 가능성(Possibility of loss or injury) 또는 실종이나 부상에 노출 가능성(Exposure to the chance of injury or loss; a hazard or dangerous chance)을 포함하고 있기 때문에 실현된 위험(actual danger)보다 폭넓은 의미이다. 그러나 실무에서는 혼재되어 사용되는 경우도 빈번하다.

- 위험도(risk)라는 용어의 그리스어 어원은 rizikon (ριζικόν)이며 운명이나 행운을 뜻한다. riza (ριζα)는 뿌리, 근원, 기초, 근원 등을 뜻하고 있어 장래에 발생 가능한 위험(probable danger)이라는 개념을 포함하고 있다.

3) FSA is a structured and systematic methodology, aimed at enhancing maritime safety, including protection of life, health, the marine environment and property, by using risk analysis and cost benefit assessment. (출처 : IMO, 2002, MSC/Circ.1023, MEPC/Circ392, p.3)

어느 하나를 선택해야 하는 경우에 위험도가 낮은 쪽을 확인할 때 유용하다.[4)]

세 가지 위험요소가 있는 경우에는 식(2)과 같이 표현하며, 여러 위험요소를 모두 표현할 때는 식(3)과 같다.

$$Risk = (P_1 \times C_1) + (P_2 \times C_2) + (P_3 \times C_3) \quad \text{식(2)}$$

$$Risk = \sum_{i=1}^{n} P_i \cdot C_i \quad \text{식(3)}$$

수치로 표현하기 어려운 비정량적 요소를 정량화하기 위하여 지수를 활용할 수 있다. 상용로그를[5)] 사용하여 식(1)을 지수(Index)로 나타내면 아래 식(4), 식(5)와 같이 표현할 수 있다.

$$log(Risk) = log(Probability) + log(Consequence) \quad \text{식(4)}$$

$$RI(Risk\ Index) = PI(Probability\ Index) + CI(Consequence\ Index) \quad \text{식(5)}$$

---

4) 이러한 산식은 전통적으로 보험업계나 투자기업에서 사용해온 방식으로 두 가지 이상의 조건이 있을 때 위험도가 낮은 경우를 선택하기 위한 것이다. 아래의 경우에는 첫 번째 조건이 위험도가 낮다.

- 첫 번째는 투자에 실패할 확률이 0.01이고 관련된 예상 피해가 10,000 단위일 때 위험도는 Risk(option 1) = 0.01 × 10,000 = 100
- 두 번째는 실패 확률이 두 배로 높으나 관련된 피해가 7,000 단위라 할 때 계산식은 Risk(option 2) = 0.02 × 7,000 = 140이다.

5) 10 × 10 = 100이다. 이를 A × B = A · B라고 할 때, 곱하기 공식을 log를 취하여 더하기로 바꾸어 logA · B = logA + logB로 표현함으로써 위험의 정도를 비교하는데 활용되고 있다.

2. 공식안전성평가(FSA)

위험도를 낮추는데 어느 정도의 자원을 투입하는 것이 합리적인지 균형 잡힌 해결책을 마련하기 위해서 위험 분석과 관리를 위한 여러 공학적인 기법이 동원되고 있다.

공식안전성평가(FSA) 또한 안전 확보를 위해 지불하여야 하는 비용이 어느 정도일 때 적정한지를 파악하기 위한 절차로서 국제해사기구(IMO)가 채택한 기법이다.

공식안전성평가(FSA)는 영국에서 1993년에 국제해사기구(IMO)에 제안하여[6] 1997년에 잠정 승인되었으며[7], 시범운영을 거쳐 2002년에 최종 승인되었다.[8] 이후로 두 차례 개정되어 현재에 이르고 있다.[9]

2.1 구성

공식안전성평가(FSA)는 합리적이고 체계적으로 위험을 평가하기 위한 절차와 이런 위험을 줄이기 위한 여러 방안의 비용과 편익(Costs and benefits)을 비교 · 평가하기 위한 절차로 구성된다.

---

6) UK's Marine Coastguard Agency (MCA)

7) 1993년 IMO 해사안전위원회(MSC) 제62차 회의에서 논의되기 시작하여 1995년 MSC 제65차 회의에서 우선 의제로 채택되었다. MSC 제66차 회의부터 회기간 작업반(FSA Working Group)이 구성되어 제68차 회의까지 논의를 거쳐 지침 안을 완성되었다. 그리고 1997년 MSC 제68차 회의와 해양환경보호위원회(MEPC) 제40차 회의에서 잠정적으로 승인되었다. (Interim Guidelines for the application of Formal Safety Assessment to the IMO rule-making process)

8) 시범운영 기간을 거쳐 2002년 MSC 제74차 회의와 MEPC 제47차 회의에서 MSC 회람문 제1023호 및 MEPC 회람문 제392호로 최종 지침(Guideline)이 채택되어 잠정승인을 대체하게 되었다. (Guidelines for Formal Safety Assessment for use in the IMO Rule-Making Process, MSC Circ. 1023 and MEPC Circ. 392, 5 April 2002)

9) 2006년 MSC 회람문 제1180호, MEPC 회람문 제474호와 합동회람문 MSC-MEPC.2 회람문 제5호로 개정되었다. 현재는 2018년 MSC-MEPC.2 합동회람문 제12호제2개정판으로 대체되었다

영국, 덴마크 등은 공식안전성평가(FSA) 기법을 기반으로 자체적인 위험도 평가 모델을 운용하고 있는 것으로 알려져 있다.10)

그러나 공식안전성평가(FSA)는 기본적으로 국제해사기구(IMO)의 의사결정 절차를 지원하기 위한 것으로 위험의 발생 가능성(Hazard's probabilities)에 따른 사회의 수용 가능성(Society's acceptable risk levels)을 계량화하기 위하여 아래 그림과 같이 다섯 단계로 구성된다.

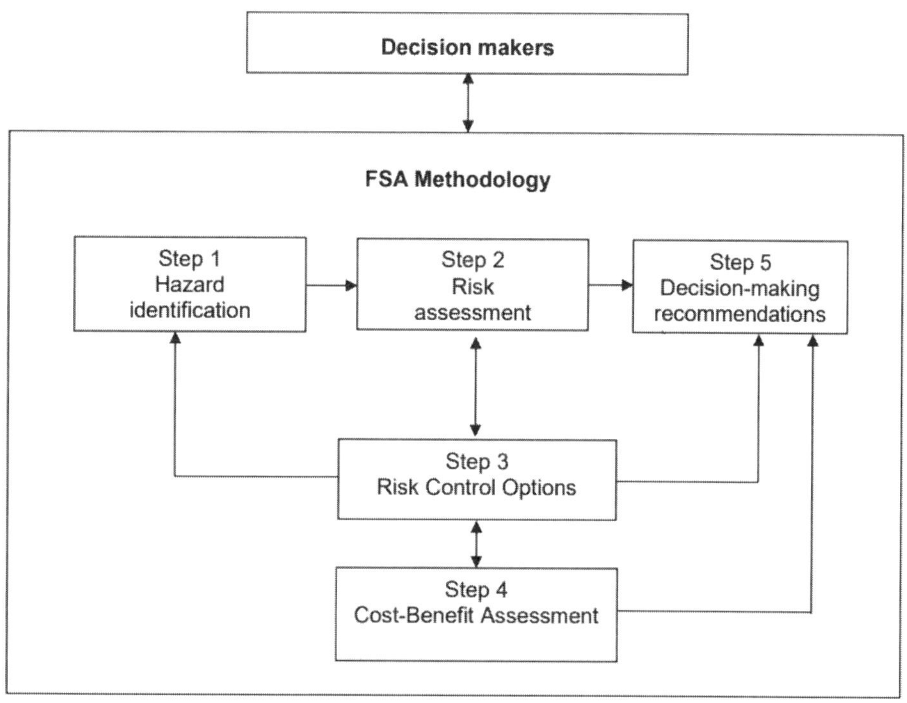

[그림 2-1] Flow Chart of the FSA Methodology

10) 영국은 항만당국을 중심으로 사용자와 이해관계자가 참여하는 항만위원회(Harbour board)를 구성하고 FSA 기법으로 안전대책을 검토하고 있다. (출처 : 국토해양부, 2009, 해상교통안전진단 기술기준 연구보고서, pp. 2-34 ~ 2-35)

① 위험요소 색인(Identification of Hazard)
② 위험도 분석(Risk Analysis)
③ 위험관리 방안(Risk Control Options)
④ 비용 편익 평가(Cost Benefit Assessment)
⑤ 의사결정 권고(Recommendations for Decision-Making)

일반적인 정책결정 과정에서는 ① 무엇인 문제인가, ② 어떻게 개선할 수 있을까, ③ 어떤 조치를 취할 것일까에 대한 분석이 이루어진다고 볼 때 공식안전성평가(FSA)의 제1단계, 제3단계, 제5단계에 해당한다. 각 단계를 요약하면 아래 표와 같다.

〈표 2-1〉 Difference between FSA and general regulatory safety assessment approach

FSA		General approach
Step 1	What might go wrong? ⇒ Scenario	What did go wrong
Step 2	How often, how likely? ⇒ Frequency How bad? ⇒ Consequence	
Step 3	How can matters be improved?	How can matters be improved?
Step 4	How much? How much better?	
Step 5	What actions are worthwhile to take?	What actions are worthwhile to take?

세계선급연합회(IACS)는[11] FSA절차를 그림 2-2와 같이 제시하였다.[12]

11) (IACS) International Association of Classification Societies

12) 2002. 3. IMO MSC 제75차 회의에서 IACS가 발표한 자료(FSA overview and IACS experience)

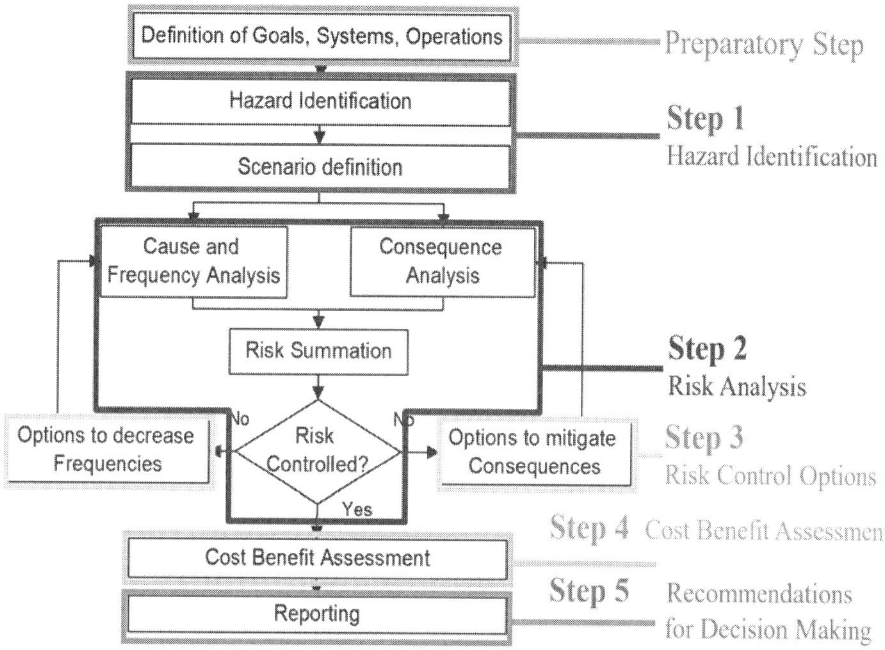

[그림 2-2] FSA Flowchart

2.1.1 위험요소 색인

제1단계는 위험요소(Hazards)를[13] 찾아내고 이와 관련되어 잘못된 사건(Associated scenarios)이 무엇인지 식별하는 것이다.

예상할 수 있는 모든 위험요소를 찾아내야 하기 때문에 과거의 사고자료, 여러 예측공식(modeling)에 의한 자료뿐만 아니라 여러 전문분야에 걸친 전문가팀을 활용한 자료도 확보한다.

그리고 식별한 위험요소별로 발현될 수 있는 사건(Scenarios)을 나열하고, 위험요소의 발생원인, 예방하거나 저감할 수 있는 방안, 위험요소나 사건의 발생가능성과 발생했을 때의 영향력을 개략적으로라도 분석한다. 그리고 관련된 위험요소별로 우선순위를 부여한다.

13) 일반적으로 위험요소(Hazards)란 인명, 재산 및 환경에 손상을 끼칠 가능성이 있는 물리적 상태이다. 선박이 대상일 경우에 위험은 사고(Accident)라고 할 수 있으며, 선박의 상태가 인명, 선박 및 환경에 중요한 피해를 일으킬 단계로 전개될 가능성이 있는 사건으로 본다.

2.1.2 위험도 분석

제2단계에서는 전 단계에서 식별한 위험요소와 예상사건의 우선순위, 개략적으로 분석한 위험요소별 발생원인과 예상 영향력에 대한 심층분석을 수행한다.

결함의 원인과 빈도를 분석하고 영향력을 분석하는데 있어서 영향력 분석이란 결함에 의해 사건이 진행됨에 따라 발생하는 영향을 분석하는 것이다. 기름유출이 있는 경우에는 유출 규모와 유출량 등을 계산하거나, 화재가 났을 때 전파구역이나 열에 의한 영향력 등을 계산하는 것들이 여기에 해당된다.

분석기법은 '결함수해석법(Fault Tree Analysis)'[14) 등을 사용한다.[15)

〈표 2-2〉 Example of Risk Matrix Ⅰ

Frequency				
Frequent				High Risk
Reasonably Probable				
Remote				
Extremely Remote	Low Risk			
	Minor	Significant	Severe	Catastrophic

Consequences

14) FTA(缺陷樹解析)는 장애 원인을 식별하는 데 사용되는 분석기법으로 1960년대 초에 미국의 벨 연구소에 의해 인공위성 발사 시스템의 안전성 평가를 위해 개발되었다. 정상사상(頂上事象)이라 부르는 어떤 고장의 원인요소를 결함 트리의 가장 상위 부분에서 배열하고, 다음 단계에서 어떤 원치 않는 동작이 시스템 오작동에 관여하는지 그 사이의 이론적 관계를 AND 게이트, OR게이트를 사용하여 명백하게 하는 동시에 각 요소의 발생 확률을 근거로 정상사상의 발생을 정량적으로 예측하는 기법을 말한다.

15) 이외에도 'Hazard and Operability Studies (HAZOP)', 'Failure Mode and Effect Analysis (FMEA)', 'Event Tree Analysis (ETA)' 등이 활용될 수 있다.

식별된 위험요소의 빈도와 영향력으로 위험도를 확인하여 우선순위를 부여하는 방법으로 표 2-2와 같은 매트릭스를 활용할 수 있다.

사고가 일어날 가능성이 매우 낮고(Extremely Remote), 발생했을 때 그 영향력도 미미하다면(Minor) 위험도는 낮다고 볼 수 있다. 이러한 결정은 전문가 집단의 정량적 판단에 맡길 수 있다.

표 2-3은 위험도를 수용가능(A: Acceptable), 한계상황(M: Marginal), 수용불가(U: Unacceptable)로 구분한 예시이다.

<표 2-3> Example of Risk Matrix Ⅱ

Frequency				
Frequent	M	U	U	High Risk (U)
Reasonably Probable	A	M	U	U
Remote	A	A	M	U
Extremely Remote	Low Risk(A)	A	A	M
	Minor	Significant	Severe	Catastrophic

Consequences

정량적 선택을 위해서는 지수를 사용할 수 있다. 빈도와 영향력이 순차적으로 높아진다고 보면 결과는 표 2-4와 같다.[16)]

16) 각 지수는 예시에 불과하며, 위험도(RI)가 빈도지수(FI)와 영향력지수(CI)의 합이 6이면 수용불가, 중간 값인 5일 때는 한계상황, 4 이하인 경우 수용가능으로 구분한 것이다.

〈표 2-4〉 Example of Risk Matrix Ⅲ

FI (Frequency Index)

FI \ CI	1	2	3	4
4	5	6	7	8
3	4	5	6	7
2	3	4	5	6
1	2	3	4	5

CI (Consequence Index)

빈도나 영향력 지수(Index)를 정의한 사례는 표 2-5, 표 2-6과 같다.

〈표 2-5〉 Example of a logarithmic severity index

Severity Index (SI)				
SI	Severity	Effects on human safety	Effects on ship	Equivalent fatalities (S)
1	Minor	Single or minor injuries	Local equipment damage	0.01
2	Significant	Multiple or severe injuries	Non-severe ship damage	0.1
3	Severe	Single fatality or multiple severe injuries	Severe damage	1
4	Catastrophic	Multiple fatalities	Total loss	10

〈표 2-6〉 Example of a logarithmic probability/frequency index

Frequency Index (FI)			
FI	Frequency	Definition	Per ship year (F)
7	Frequent	Likely to occur once per month on one ship	10
5	Reasonably probable	Likely to occur once per year in a fleet of 10 ships, i.e. likely to occur a few times during the ship's life	0.1
3	Remote	Likely to occur once per year in a fleet of 1,000 ships, I.e. likely to occur in the total life of several similar ships	10^{-3}
1	Extremely remote	Likely to occur once in the lifetime (20 years) of a world fleet of 5,000 ships	10^{-5}

상기 영향력 지수(CI)와 빈도 지수(FI)에 따라 위험도 지수(RI)를 계산하면 표 2-7과 같다.

〈표 2-7〉 Example of a risk matrix based on the table 2-5, 2-6

Risk Index (RI)					
Frequency Index (FI)		Severity Index (SI)			
		(Minor) 1	(Significant) 2	(Severe) 3	(Catastrophic) 4
(Frequent)	7	8	9	10	11
	6	7	8	9	10
(Reasonably probable)	5	6	7	8	9
	4	5	6	7	8
(Remote)	3	4	5	6	7
	2	3	4	5	6
(Extremely remote)	1	2	3	4	5

이러한 위험도에서 합리적으로 수용할 수 있는 수준(ALARP)을 넘어서는 부분에는 위험관리 방안이 필요하게 된다.

2.1.3 위험 관리 방안(Risk Control Options)

전 단계에서 식별한 수용할 수 있는 수준을 넘어서는 고위험군에 대하여 저감조치를 제시하여야 한다. 이러한 저감조치는 발생 빈도를 줄이거나 발생했을 때의 영향력을 줄이는 방법이 포함된다.

어떻게 위험을 관리해야할지를 파악하기 위해 사건의 발생원인과 전개과정에 대입할 수 있는 조치를 하나하나 파악해 나가거나 제2단계의 위험요소에 대한 재평가를 통해 효과적인 조치들을 찾아내고 분류하여 위험도 관리방안(RCOs: Risk Control Options)으로 제시한다.

2.1.4 비용 편익 평가(Cost Benefit Assessment)

비용은 전 단계에서 제시한 위험도 관리방안을 채택함으로써 발생하는 투자비, 운영비, 훈련비, 검사비, 유지보수비 등이다.

편익은 손해를 방지함으로써 얻어지는 것으로 사망자 감소, 부상자 감소, 사고 빈도 감소, 선박의 수명 연장, 환경손해 감소, 방제비용 감소 등으로 다양하다.

이러한 비용과 편익을 비교하기 위해 지수를17) 활용하여 크기 순서대로 나열하여야 한다.18)

---

17) FSA Guideline에 인명 안전에 대해서 사망회피비용(CAF: Cost of Averting a Fatality)과 같은 관한 비용·편익 비교 지수들을 예시하여 설명하고 있다.

18) $\frac{\triangle Cost_1}{\triangle Risk_1}, \frac{\triangle Cost_2}{\triangle Risk_2}, \frac{\triangle Cost_3}{\triangle Risk_3}$

2.1.5 의사결정 권고(Recommendations for Decision-Making)

마지막으로 보고서 작성단계이다.

위험도 관리방안별(RCOs)로 비용·편익 분석 결과와 함께 합리적으로 실행 가능한 방안인지를 제시한다. 보고서에는 분석 범위, 분석상 한계와 가정에 의한 부분, 분석 결과, 결론에 이르게 된 명백한 사유가 포함되어야 하며, 의사결정자가 추후 고려하여야 할 사항에 대한 권고가 포함된다.

2.2 활용

공식안전성평가(FSA)는 ① 투명한 의사결정 절차를 제공하며, ② 제안한 조치를 명확히 정당화하며, ③ 선택 가능한 다른 조치와 비교하기 위한 기법으로 도입되었다.

그러나 국제해사기구(IMO)에 공식안전성평가(FSA) 기법이 소개되었을 당시부터 복잡하고 시간이 많이 걸린다는 단점과 함께 목적한 바와 달리 투명하지도 명확하지도 않다는 비판이 있었다.[19] 게다가 회원국들이 기존 제도보다 효율적인 대안이라며 공식안전성평가(FSA)를 거쳐 국제해사기구(IMO)에 제안하더라도 다른 회원국의 동의를 받지 못하거나 평가 자체에 문제가 있다는 주장도 있었기에 대안 제안시 필수적인 부분이라 할 수도 없다.

그럼에도 불구하고 국내외의 주요한 안전제도가 사고 후에 교훈(Lessons learned)을 통해 위험성이 알려짐에 따라 도입되었지만, 사고가 일어나지 않은 분야에서도 공식안전성평가(FSA)를 통해 사고의 위험성을 계량할 수 있다는 측면에서 유용하게 사용될 수 있는 기법이라 할 수 있다.

---

19) Kontovas, Christos & Psaraftis, Harilaos, 2009, Formal Safety Assessment: A Critical Review. Marine Technology. 46. 45-59.

3. 위험성 평가 모델

해상인명안전협약(SOLAS)[20] 제5장 제12규칙, 제13규칙은 협약 가입국에게 해상교통량과 위험도에 따라 선박교통관제(VTS)를 시행하고 항로표지(AtoN)를 설치하도록 규정하고 있다.

이를 위해 위험도 평가가 필요하므로 국제항로표지협회(IALA)는[21] '수로 위험성 평가 프로그램(IWRAP)'을[22] 개발하였으며 2010년에 IMO로부터 승인받았다. 최신 프로그램은 IWRAP MkII이며, IALA는 미국 해안경비대(USCG)에서 활용하고 있는 '항만 및 수로 안전성 평가 기법(PAWSA)'을[23] 같이 사용토록 권고하고 있다.

3.1 IALA의 수로 위험성 평가 프로그램(IWRAP)

IWRAP은 국제항로표지협회(IALA)가 2010년 제88차 해사안전위원회(MSC)에서 항만과 제한 수역에서 충돌이나 좌초 위험도 관리를 위해 제안한 컴퓨터 프로그램이며 정량적 위험도 평가 모델이다.[24]

특정한 수로에서 교통량과 구성, 수로의 지리적 형태와 깊이를 근거로 하여 충돌이나 좌초의 빈도를 구할 수 있다.

두 선박이 마주 치는 경우에 항로의 중심선은 가장 충돌의 위험이 높고 그 주위로 갈수록 위험도가 줄어든다는 기본 산식을 근거로 하고 있다. 충돌은 같은 항로상에서 마주치거나 추월할 때와 두 항로가 교차할 때 발생하는데 같은 항로를 사용할 때 충돌위험은 그림 2-3과 같이 측방교통의 분포에 종속된다.

---

20) (SOLAS) International Convention for the Safety of Life at Sea

21) (IALA) International Association of Marine Aids to Navigation and Lighthouse Authorities

22) (IWRAP) IALA Waterway Risk Assessment Program

23) (PAWSA) Port and Waterways Safety Assessment

24) IMO SN.1/Circ.296, 2010, DEGREE OF RISK EVALUATION

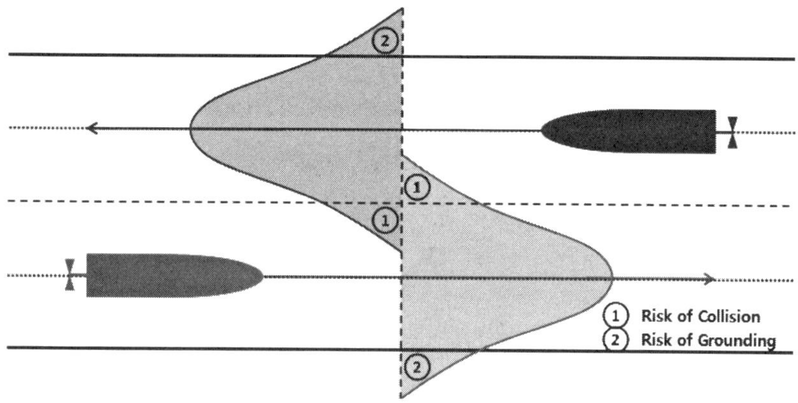

[그림 2-3] Risks according to traffic distribution

이를 횡단관계에 응용하면 아래 그림과 같다.

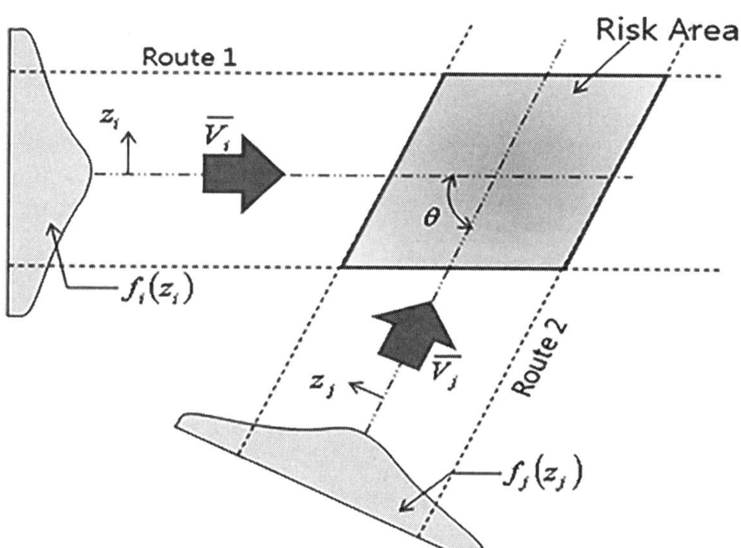

[그림 2-4] 횡단 상태의 위험도

IWRAP에서 선박간 충돌 및 좌초 확률은 다음 식에 의해 산출한다.

$$P = N_G \times P_C$$ 식(6)[25]

여기서, P = 연간 해양사고 빈도

N_G = 기하학적 사고 위험도

P_C = 인과 요소[26]

위험성 평가의 기준 값인 인과 요소(Causation factor)는 IALA의 면밀한 연구·조사를 근거로 표 2-8과 같이 선정되었다. 전 세계 대부분의 해역에서 적용하는 데 문제가 없는 값으로 인정받고 있으나 필요에 따라 사용자가 합리적으로 수정하여 사용할 수 있다.

〈표 2-8〉 IALA Default Causation Factor

Condition	Causation Factor
Head-on Collisions	0.5×10^{-4}
Overtaking Collisions	1.1×10^{-4}
Crossing Collisions	1.3×10^{-4}
Collisions in a Bend Situation	1.3×10^{-4}
Collisions in a Merging Situation	1.3×10^{-4}
Grounding - Forgot to Turn	1.6×10^{-4}

25) 다른 표현으로는 아래와 같다.

$\lambda_{Col} = N_G \times P_C$, $\lambda_{Gnd} = N_G \times P_C$

여기서, λ = 연간 해양사고 빈도

(λ_{Col} : 연간충돌빈도, λ_{Gnd} : 연간좌초빈도)

N_G = 기하학적 사고 위험도(Geometric Number of Collision or Grounding Candidates)

P_C = 인과 요소(Causation Factor)

26) 사고가 일어날 확률을 뜻하여, 용인되는 한계로 사용되기도 한다.

마주치는 상태에서 충돌할 경우의(Head-on Collisions) 인과요소 값은 2만 번 조우할 때마다 한 번(0.5×10^{-4}) 충돌할 위험을 뜻하며, 용인 가능한 충돌 한계를 뜻하기도 한다. 다시 말하면 충돌 침로로 항해할 경우 충돌 회피에 실패할 확률을 뜻한다.

이 프로그램은 도버(Dover) 해협, 지브롤터(Gibraltar) 해협 등 국제항해에 사용되는 여러 수역에 적용되어 실용성이 입증되었다.

그러나 IWRAP은 수로의 기하학적 형태와 교통량 등을 기반으로 해당 수로에서 정량적인 충돌과 좌초 확률 계산에 역점을 두고 있기 때문에 해당 수로에서 인간이 느끼는 주관적 위험도에 대한 반영이 미흡하고 사고로 인한 영향은 고려하지 않는다는 한계를 갖고 있다.

따라서 사고의 영향 또는 항해자가 느끼는 주관적 위험도에 대한 평가가 필요한 경우에 대비하여 IALA는 미국 해안경비대(USCG)에서 개발한 '항만 및 수로 안전성 평가기법(PAWSA)'을 함께 활용하도록 권고하고 있다.

3.2 미국의 항만 및 수로 안전성 평가 기법(PAWSA)

'항만 및 수로 안전성 평가기법(PAWSA)'은 1997년에 미국 의회가 선박교통관제 시설 설치와 운영에 관해 전반적인 개편을 요구한데서 비롯되어 활용되었다.

미 해안경비대(USCG)는 VTS 등 항로표지를 최적으로 배치하고자 대상 수로별로 도선사, 선박운항자, 항만관계자, 관계 공무원 등 해양안전 전문가와 이해관계자 약 30명을 초청하여 2명씩 15개 팀으로 나누고 이틀간 다섯 단계로 구성된 워크숍을 진행하였다.27)

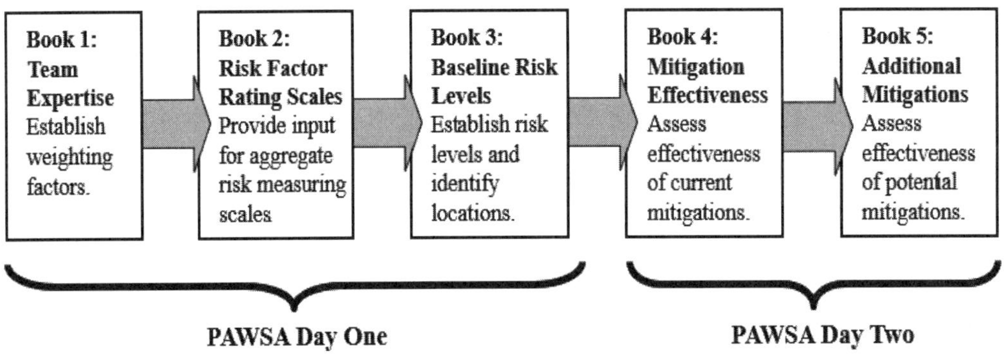

[그림 2-5] PAWSA 진행 단계

27) The United States Coast Guard Navigation Center(NC), 2005. *Ports and Waterways Safety Assessment Workshop Guide*, Washington D.C, pp. 1~4
- 워크숍은 아래와 같이 다섯 단계로 진행된다.
① (팀별 전문성 구분) 15개 참가팀의 전문성이 서로 다르므로 각 팀별로 전문성을 평가하여 가중치를 부여한다.
② (위험요소 평가) 최악 및 최선의 상황을 9점 척도로 구분하여 위험요소별 위험도 값을 측정한다.
③ (기본위험도 평가) 위험요소별 위험도 값에 전문성 가중치를 반영하여 기본적인 위험도를 결정한다.
④ (완화조치 평가) 기본위험도 값이 높게나온 위험요소에 대해 위험 완화조치를 취하고 그 효과가 균형을 이루고 있는지 검토한다.
⑤ (추가적 완화조치 평가) 위험도 값이 계속 높은 특정한 위험요소에 대해 추가로 완화조치를 취하고 향후 위험수준의 완화 효과를 예측한다.

PAWSA는 기본적으로 계층분석법(AHP)을[28] 활용하는데, 관련 있는 위험요소들을 계층별로 분류하고 평가자의 지식, 경험 및 직관에 따라 요소들을 서로 비교(Pairwise comparison)하여 상대적 중요도 또는 선호도에 따라 가중치를 부여하는 방식이다. 따라서 올바른 답이라기보다 최선의 답을 찾아가는 방식이다.

〈표 2-9〉 수로의 위험요소 색인 및 분류

위험 항목	선박 조건	교통 조건	항해 조건	수로 조건	단기영향	장기영향
위험 요소 (6×4)	심흘수선 상태	상선 통항량	바람	시야 장애물	인명 손상	보건 및 안전
	천흘수선 상태	소형선 통항량	수류	형상	유류 유출	환경
	어선의 상태	교통류 혼재	시정제한	해저의 종류	위험물 방출	수생 자원
	소형선의 상태	혼잡도	장애물	배치	이동성	경제

참석자들의 주요 임무는 표 2-9와 같이 여섯 개 분야에서 네 가지씩 분류된 총 24개 항목에 대한 위험성을 주관적으로 평가하고, 위험도가 높게 나오면 완화조치를 적용하고 다시 위험도를 측정하는 역할에 있다. 위험요소의 원명은 표 2-10과 같다.

---

28) (AHP) Analytical Hierarchy Process : 쌍대 비교를 통한 계층 분석법
- 일례로 바람과 파도라는 세부요소는 자연조건이라는 주요 요소를 구성하고, 상선과 어선이라는 세부요소는 선박조건이라는 주요요소를 구성할 때, 바람과 파도 중에 어느 요소가 더 중요한지 쌍대비교하여 선택하고, 상선과 어선 중에 어느 요소가 더 중요한 지를 쌍대비교하여 선택한다. 상위 단계에서는 자연조건과 선박조건 중에 어느 것이 더 중요한지는 쌍대비교하여 선택하는 방식으로 각 요소별 가중치를 구한다.

이러한 과정을 통해서 전문가와 이해관계자로 구성된 참석자들은 어떤 자원을 어느 정도 투자해야 한다거나 또는 감내해야 하는지에 대한 자연스러운 합의가 도출된다는 장점이 있다.

〈표 2-10〉 Waterway Risk Model

위험 항목	Vessel Conditions	Traffic Conditions	Navigational Conditions	Waterway Conditions	Immediate Consequences	Subsequent Consequences
위험 요소 (6×4)	Deep Draft Vessel Quality	Volume of Commercial Traffic	Winds	Visibility Impediments	Personnel Injuries	Health and Safety
	Shallow Draft Vessel Quality	Volume of Small Craft Traffic	Water Movement	Dimensions	Petroleum Discharge	Environmental
	Commercial Fishing Vessel Quality	Traffic Mix	Visibility Restrictions	Bottom Type	Hazardous Materials Release	Aquatic Resources
	Small Craft Quality	Congestion	Obstructions	Configuration	Mobility	Economic

워크숍 첫 날은 3단계로 구성되며(Book 1~3), 참가자의 전문성이 각자 다름에 따라 누가 어느 분야에 전문가인지를 확인하는 전문성 평가(Expertise Evaluation)를 먼저 수행하고, 위험도를 측정한다.

① (Book 1: Team Expertise) 6개의 위험항목별 전문성을 평가하는 절차로 15개의 팀은 각자 자기 팀이 다른 14개 팀들과 비교할 때 전문성이 어느 수준인지를 자체 평가하여 표 2-11에 기재한다. 한 팀은 ‘선박조건’ 분야에서는 상위 1/3이지만 ‘수로조건’ 분야에서는 하위 1/3일 수도 있다.

〈표 2-11〉 Book 1. Team Expertise

Team Number: _______

Book 1: Team Expertise

Compare each team's knowledge (level of expertise) about the factors that affect the probability and consequences of marine accidents with that of the other participant teams in this workshop. Please enter in each block the number which best describes each team, where:

1 = The team is probably in the UPPER THIRD of all the teams.
2 = The team is probably in the MIDDLE THIRD of all the teams.
3 = The team is probably in the LOWER THIRD of all the teams.

Team / Risk Category	**1**	**2**	**3**	**4**	**5**	**6**	**7**	**8**	**9**	**10**	**11**	**12**	**13**	**14**	**15**
Vessel Conditions															
Traffic Conditions															
Navigational Conditions															
Waterway Conditions															
Immediate Consequences															
Subsequent Consequences															

그렇게 자체 평가한 전문성에 대해 위험요소별 가중치를 부여받는데 이 가중치가 특정항목에 대한 평가팀의 의견을 반영하는 정도를 결정하게 된다. 두 팀의 전문분야가 다를 때 한 팀이 8점을 준 것과 다른 팀의 8점을 각각 달리 반영하는데 전문성이 높은 팀은 8점의 100%($\frac{3}{3}$), 중간팀은 67%($\frac{2}{3}$), 낮은 팀은 33%($\frac{1}{3}$)를 반영하는 방식이다.

② (Book 2: Risk Factor Rating Scales) 24개의 각 위험요소에 대하여 9점 척도로 위험도 값을 찾는다. 최상의 상황이라서 가장 위험도가 낮은 수준을 1.0으로 하고, 최악의 상황이라서 가장 위험도가 높은 수준을 9.0으로 하여 표 2-12의 설문에 1.0과 9.0 사이에서 선택하여 표시한다.

〈표 2-12〉 Book 2. Risk Factor Rating Scales

Team Number:__________

Book 2: Risk Factor Rating Scales

How much riskier is the condition on the right than the condition on the left?

Vessel Conditions:
Deep Draft Vessel Quality

(Circle one number on each line)

Nearly **100%** of deep draft vessels using the waterway operate safely	1	2	3	4	5	6	7	8	9	**90%** of deep draft vessels using the waterway operate safely
90% of deep draft vessels using the waterway operate safely	1	2	3	4	5	6	7	8	9	**80%** of deep draft vessels using the waterway operate safely
80% of deep draft vessels using the waterway operate safely	1	2	3	4	5	6	7	8	9	**70%** of deep draft vessels using the waterway operate safely

Equally Risky → Somewhat More Risky → Much More Risky → Extremely More Risky

③ (Book 3: Baseline Risk Levels) 제2단계에서 팀별로 도출한 위험요소별 값에 제1단계에서 도출한 팀별 전문성 가중치를 반영해서 위험도 값을 찾아낸다. 9점 척도에서 위험도 값이 5점이 넘으면 수용할 수 없는 위험으로 분류된다. 그러면 이 위험을 경감하기 위한 조치가 필요하게 된다.

이 단계의 결과물은 대상 수로에서 위험도를 완화하기 위한 어떠한 조치들도 반영하지 않은 기본적인 위험도 수준을 나타낸다.

PAWSA에서는 위험도를 손해(Harm)의 총합으로 계산하며, 위험도를 낮추는 활동과 사고를 예방하고 대응하기 위한 비용 또한 손해의 총합에 포함시키고 있다. 따라서 손해가 높으면 위험이 높게 평가되도록 식(1)과 같이 정의하고 있다.

$$\sum_1^n H = \sum_1^n TC_{RR} + \sum_1^n IC_{All} + \sum_1^n \$_{P,P,RP} \quad \text{식(1)}$$

여기서, H: *Harm*

TC_{RR}: *Tangible Consequences of Risks Realized*

IC_{All}: *Intangible Consequences of All Risks, Real and Perceived*

$\$_{P,P,RP}$: *Costs of Prevention, Protection, Response Preparedness*

둘째 날은 2단계로 구성되며(Book 4~5), 선택적으로 위험도 완화조치를 시행하고 다시 위험도를 측정하는 과정이다.

④ (Book 4: Mitigation Effectiveness) 첫 날 검토한 24개 위험요소 중에 기본 위험도 값이 5점을 초과하여 수용하기 어렵게 나온 위험요소에 대해 다시 평가하는 단계이다.

대상 수로에 기존에 알려진 일반적인 안전조치를 시행하였다고 가정한 이후에 어느 정도 위험이 경감되었는지 다시 평가하여 현재 위험도를 측정한다. 참가자들은 위험도 완화조치가 위험도 수준과 적절하게 균형을 이루고 있는지 검토하며 그렇다는 합의에 이르면 이 위험요소는 다음 단계의 논의에서 제외되게 된다.

〈표 2-13〉 Mitigation Effectiveness

Vessel Conditions	Traffic Conditions	Navigational Conditions	Waterway Conditions	Immediate Consequences	Subsequent Consequences
Deep Draft Vessel Quality	Volume of Commercial Traffic	Winds	Visibility Impediments	Personnel Injuries	Health and Safety
4.0 2.6	8.7 4.6	3.1 2.1	7.5 5.0	7.3 4.6	8.7 5.6
Balanced	Balanced	Balanced	NO	Balanced	Balanced
Shallow Draft Vessel Quality	Volume of Small Craft Traffic	Water Movement	Dimensions	Petroleum Discharge	Environmental
5.0 3.2	4.3 2.9	4.2 3.1	8.3 5.6	9.0 5.4	5.3 3.3
Maybe	Balanced	Balanced	Balanced	Balanced	Balanced
Commercial Fishing Vessel Quality	Traffic Mix	Visibility Restrictions	Bottom Type	Hazardous Materials Release	Aquatic Resources
8.4 6.7	7.0 5.1	3.4 2.4	2.7 1.9	8.7 5.6	6.9 3.8
NO	Maybe	Balanced	Balanced	Balanced	Balanced
Small Craft Quality	Congestion	Obstructions	Configuration	Mobility	Economic
4.6 2.9	6.9 4.9	5.0 2.7	8.4 5.6	8.5 5.8	9.0 6.4
Balanced	Maybe	Balanced	Maybe	Maybe	NO

표 2-13에서 각 위험요소별로 아래 좌측 숫자는 첫날 작성한 Book 3의 기본 위험도를, 우측 숫자는 둘째 날 작성한 Book 4의 현재 위험도를 나타낸다. 숫자 하단은 참가자들의 의견을 'Balanced, No, Maybe, Rising'으로 표시한다.

⑤ (Book 5: Additional Mitigations) 위험도 완화조치 후에도 'No, Maybe, Rising'이라 표시된 위험요소만을 대상으로 논의하며, 각 위험요소에 대하여 새로운 안전조치가 시행될 경우에 현재 위험도 수준이 어느 정도로 완화될 지를 전 단계와 같이 9점 척도로 표시한다.

다시 평가한 위험도 역시 5점을 초과하면 PAWSA 워크숍 참가자에게 다시 의견을 요청하여 기존에 적용되지 않은 새로운 안전조치를 적용한다. 그리고 위험도를 수용할 수 있는 수준까지 완화해 나간다.

3.3 평가

새로운 항만이나 항로를 설치할 때는 최적의 항로 배치와 항로 폭 결정 등을 위한 여러 기술기준을 적용하게 되며, 대표적인 설계기준으로는 우리나라의 항만 및 어항설계기준, 유럽의 국제상설항해협회(PIANC) 기준,[29] 미국의 항로설계지침,[30] 일본의 항로설계지침[31] 등이 있다.

각종 기술기준에 따라 설계된 항로에서 충돌과 좌초 등 사고 위험도 평가를 위하여 여러 평가기법이 사용되며, 국제해사기구(IMO)는 국제항로표지협회(IALA)의 제안을 받아들여 IWRAP과 PAWSA를 소개하고 있다. 여러 위험도 평가 모델을 활용함으로써 우리가 직관적으로 알고 있는 사안에 대해서 이론적으로 검증하거나 의미 있는 결과를 도출할 수 있다.

---

29) PIANC(Permanent International Association of Navigation Congresses) Rule : 주로 유럽 지역의 항만 및 항로 설계 전문가, 선체 운동에 관한 연구자 및 항해전문가들로 구성된 PIANC에서 1980년도에 발표한 설계지침이며, 항로의 배치, 수심 및 폭, 선회수역의 크기 및 배치 등을 다루고 있다.

30) 미국 육군 공병대에서 1983년에 발표한 항로 설계지침을 말하며, 항로의 수심, 폭 및 배치와 선회수역의 크기 및 수심 등에 관한 다루고 있다.

31) 일본의 항로설계지침은 항로와 정박지 두 부분으로 나누어져 있으며 항로편에서는 항로 만곡부의 배치, 항로의 폭 및 수심을 다루고 있고, 정박지편에서는 정박지의 면적, 돌제와 돌제 사이의 정박지 폭과 수심, 선회수역의 크기 등에 대해 다루고 있다.

IWRAP은 수심, 만곡부의 각도 등의 정량적 자료를 위험요소로 이용하여 위험도를 계산하는 소프트웨어 프로그램인 반면에 PAWSA는 사고의 영향력까지 포함된 여러 위험요소들 중에 어떤 요소가 더 위험한지 정성적으로 비교·분석하는 확률론적 방법이므로 IALA는 두 기법을 상호 보완적으로 사용하도록 권장하고 있다.

같은 항로를 놓고 IWRAP에서는 수용 가능하다고 나온 결과가 PAWSA에서는 수용 불가로 나올 수 있는데 이는 두 기법이 대상으로 하는 위험요소가 다르기 때문이다.

예를 들어 어떤 수로에서 초대형 유조선이 간헐적으로 통항한다면 IWRAP으로 계산한 좌초위험도 값은 낮게 나올 수 있다. 그러나 PAWSA에서는 좌초로 인한 결과(Consequences)까지 고려하기 때문에 위험도가 크게 나올 수 있다.

실제로 좌초사고에서 중대 유류 유출이 발생할 개연성은 아주 낮다고 하더라도 한 번의 사고가 환경과 경제에 미치는 영향은 매우 크기 때문에 그러한 대재앙의 발생 가능성을 최소화하기 위하여 매년 막대한 재정을 투입할 수 있는 이론적 근거가 될 수 있다.

4. 해상교통 안전진단

4.1 제도의 개요

우리나라는 선박의 통항에 지장을 주는 해양시설이나 수역이 증가함에 따라 선박의 안전한 통항로를 확보하기 위하여 구조물 설치나 수역 지정 이전에 해상교통 안전진단을 실시하도록 2009. 5. 27일 일부 개정된 「해상교통안전법(現 해사안전법)」으로 제도화하였다.

해상교통 안전진단은 객관적·정량적 평가기법과 주관적·정성적 평가기법을 함께 활용하도록 구성되어 있다.

4.1.1 도입 배경

2007. 12. 7일 07시 06분경 거친 풍랑에 예인줄이 끊어져 떠밀린 크레인 부선 '삼성1호'가 대산항에 입항하기 위해 닻을 놓고 대기 중이던 총톤수 146,848톤의 홍콩 선적 초대형 유조선 '허베이 스피리트호'에 부딪혀 유조선의 선체가 파공되어 화물유가 유출되는 사고가 발생하였다.

이 사고는 1995. 7. 23일 14시 20분경 전라남도 여수 소리도 앞에서 발생한 총톤수 144,567톤의 키프로스 선적 초대형 유조선으로 '씨 프린스호' 좌초사고와 더불어 사상 최악의 해양오염사고로 기록되어 있다.

해양수산부는 '허베이 스피리트호' 사고 후속대책으로 해양안전 3요소에 대응하는 안전대책을 수립하고 국무회의에 제출하였으며, '해상교통 안전진단제도'가 포함된 관련 입법으로 「해상교통안전법(現 해사안전법)」을 개정하였다.

간접적인 배경으로는 해양개발과 항행안전에 대한 조화로운 진행의 필요성이 지속적으로 높아진데 있다.

〈표 2-14〉 허베이 스피리트호 사고 후속 안전대책 요약

안전대책 요지
① (인적 안전관리) 선사의 자율적인 안전관리 유인을 강화하고자 선사 안전관리 상태에 대한 시장 감시제도 도입
② (선박 안전관리) 유조선 · 예부선 · 국제여객선 등 사고시 대형피해가 초래되는 선박에 대한 집중 관리체제 확립
③ (교통환경 관리) 연안선박 교통관제시스템 확충, 해상교통 안전진단제도 등을 도입하여 연안선박 및 시설에 대한 이중 관리체제 확립

그동안 우리나라는 국가 경제발전과 경쟁력 향상을 위해 도로, 항만, 해상 횡단 교량 등과 같은 사회기반시설 확충사업을 적극 추진하였다. 그러나 해상교통 측면에서 보면 해상구조물 등의 건설에 따라 항행 위험성이 증가할 뿐만 아니라, 선박의 대형화 · 고속화에 의해 상대적인 선박 통항로 협소, 정박지 부족 등으로 허베이 스피리트호 유류오염사고와 같은 중대 해양사고의 개연성도 높아져 왔다.

2009년 10월 준공된 인천대교는 주경간장을 놓고 구 건설교통부와 구 해양수산부의 의견이 좁혀지지 않아 부총리 주재 경제장관회의에 안건으로 상정된 바 있다. 결국 외국 기업에 의한 안전진단을 통해 선박통항을 위한 주경간장을 800미터로 결정하고 항로준설 등을 위하여 2,200억을 추가 투입하기로 결정하여 공사가 진척될 수 있었다.

항로상 주탑을 설치할 때 발생하는 항행 제약성으로 인해 교량형식을 사장교에서 현수교로 변경하여 완공된 울산대교는 선박통항의 안전성 논란으로 사업진행이 지연되었으며 막대한 공사비를 증가시켰던 대표적인 사례들이다.

이외에도 해상교량 등 시설물의 건설이 선박의 통항에 미치는 영향을 충분히 고려하지 않고 추진됨으로써 선박 통항안전성 논란으로 사업이 지연 또는 설계 변경된 사례는 어렵지 않게 찾아 볼 수 있다.

이런 갈등의 근본적 원인은 해상교량 설계시 선박의 통항안전성을 고려한 설계기준이 없었을 뿐 아니라, 법적 근거 없이 임의로 수행된 선박조종 시뮬레이션 등의 안전성 평가에 대한 신뢰성에 해상교통 이용자들이 이의를 제기했기 때문이기도 하다.

건설측면에서 선박통항과 관련된 민감한 시설사업의 설계자들은 건설비를 줄이는 노력도 해야 하지만 지리적 여건, 해상교통환경적 제약사항, 사회경제적 영향 및 예산상의 제약을 비롯해 수많은 사항을 고려해서 설계해야 한다. 따라서 설계자들은 이러한 어려운 사항들을 조화롭게 풀어야 할 책임이 있으나 경제성을 우선시하는 발주기업의 속성에 따라 가끔은 안전성을 뒤로 하고 타협하는 일도 발생해 왔던 실정이다.

따라서 신설하는 항만이나 해상횡단 교량의 기능을 저해하지 않으면서도 해양사고를 야기하지 않는 근본적 대책을 세울 수 있는 제도적 장치가 지속적으로 요구되어 왔다.

이에 따라 당시 국토해양부(現 해양수산부)에서는 허베이 스피리트호 사고를 계기로 선박의 안전한 통항로를 확보하기 위해 항만 등 각종 시설의 설치 및 보수공사 등이 선박의 안전항해에 미치는 정도를 사전에 평가하여 잠재적 위험을 미연에 제거하기 위해 해상교통 안전진단제도를 도입하였다.

4.1.2 해상교통 안전관리

해상교통안전이란 교통수단인 선박을 이용하여 여객, 화물 등을 장소적으로 이동시키는 과정에 위험이 없는 상태를 뜻한다.

해상교통의 안전은 선박(Ship) 자체의 성능을 보장하고, 선박운항자(Mariner)의 능력 향상을 도모하며, 항행환경(Environment)의 개선을 통해 안전 위해요소를 제거함으로써 달성할 수 있다.

[그림 2-6] 해상교통안전관리

그동안 인적 안전관리는 '선원의 훈련, 자격증명 및 당직근무 기준에 관한 협약(STCW)'[32], 선원법, 선박직원법 등으로 규율되고 있었으며, 선박 등 물적 안전관리는 '선박톤수측정협약(TONNAGE)'[33], '해상인명안전협약(SOLAS)', 선박법, 선박안전법 등이 시행해 왔으나 해상교통환경의 위해요소를 평가하여 개선하는 교통환경 관리는 제도적으로 사각지대에 있었다.

해상교통의 안전을 향상시키기 위해 과거에는 선박 1척을 안전하게 조종하기 위해 필요한 선박운항자의 지식·기술의 향상 및 강화에 관해 관심을 두었다. 하지만 해상교통안전은 선박의 기능개선과 선박운항자이 교육만으로 달성할 수 없기 때문에 선박과 운항자를 둘러싸고 있는 항행환경 개선에 관심을 갖게 되는 것은 당연한 것이다.

---

32) (STCW) International Convention on Standards of Training, Certification and Watchkeeping for Seafarer

33) (TONNAGE) International Convention on Tonnage Measurement of Ships, 1969

해상교통안전은 교통폭주를 완화하거나 항로·항만에 있어서 하드웨어 및 소프트웨어적인 환경 인프라의 개선이라는 안전시책을 통해 '사고 수습'의 개념이 아닌 '예방 안전'을 실현하지 않으면 안 된다.

특히 교량의 주경간장을 두고 논란이 되었던 인천대교 및 최악의 유류유출 사고인 허베이 스피리트호 사고에서 공통적으로 내포하고 있었던 불안전 요소로는 '항행환경'을 꼽을 수 있다. 대상선박의 통항을 위해 교량 주탑의 폭을 놓고 벌어진 정부 부처간 이견의 핵심은 '항행여건'이었으며, 허베이 스피리트호가 항로 부근인 사고해역에서 닻을 놓고 정박하고 있었던 것도 '항행여건'이 그러했기 때문이었다고 볼 수 있다.

하지만 해양개발과 항행안전을 함께 고려한 제도는 존재하지 않았다. 교량을 건설하는 주체는 선박교통의 안전을 고려해야 할 법적인 의무가 없었기 때문에 관련기관에 협의를 하는 수준이었고, 협의를 하지 않고 진행하더라도 절차상 하자가 생기는 것은 아니었다.

이에 따라 해상공사에서 발생할 수 있는 이해관계자와 논란을 잠재우고, 사전에 안전성을 평가할 수 있도록 절차 및 방법 등을 정형화하여 해상교통 안전진단 제도가 도입되었다.[34)]

4.1.3 안전진단의 필요성

해상교통 안전진단 과정의 핵심은 안전문제의 예방이 단순한 사후보강 이상으로 효과적이라는 점이다.

총체적이고 다목적인 방식으로 진행되는 안전진단을 통해 항로와 같은 수역시설을 개념화하고, 설계하고, 건설하여 사용할 때 발생하는 항행안전 문제를 선제적으로 처리함으로써 해양사고를 미연에 줄일 수 있는 것이다.

---

34) 김인철, 2009, 해상교통 안전진단제도의 도입, 해양한국 431호

특히 다음 그림의 교통사고 형성단계 모델에서 알 수 있는 바와 같이 오류 및 갈등상태가 해상교통 안전진단의 출발점이 되며, 이러한 상태가 지속되면 해양사고 발생빈도가 높아질 것으로 예상된다. 이러한 오류상태 등이 발생하지 않도록 사전에 '설계결함' 및 '안전결함' 등이 존재하는지 진단하여 해양사고를 미연에 방지하기 위해 안전진단이 필요하다.

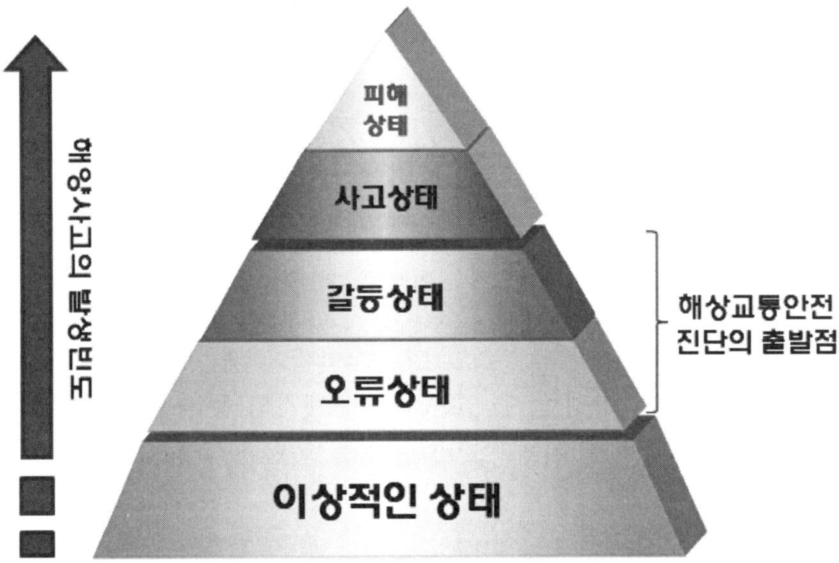

[그림 2-7] 교통사고 형성단계 모델

4.2 안전진단의 개념

4.2.1 진단의 정의

「해사안전법」에서 해상교통 안전진단에 대해 정의하고 있다.

○ 「해사안전법」 제2조(정의) 16. "해상교통안전진단"이란 해상교통안전에 영향을 미치는 다음 각 목의 사업으로 발생할 수 있는 항행안전 위험 요소를 전문적으로 조사·측정하고 평가하는 것을 말한다.

가. 항로 또는 정박지의 지정·고시 또는 변경
나. 선박의 통항을 금지하거나 제한하는 수역(水域)의 설정 또는 변경
다. 수역에 설치되는 교량·터널·케이블 등 시설물의 건설·부설 또는 보수
라. 항만 또는 부두의 개발·재개발
마. 그 밖에 해상교통안전에 영향을 미치는 사업으로서 대통령령으로 정하는 사업

○ 해사안전법 시행령 제1조의2(해상교통안전에 영향을 미치는 사업) 「해사안전법」 제2조 제16호마목에서 "대통령령으로 정하는 사업"이란 다음 각 호의 어느 하나에 해당하는 사업으로서 최고 속력이 시속 60노트 이상인 선박을 사용하는 사업을 말한다.

1. 「해운법」 제2조 제2호에 따른 해상여객운송사업
2. 「해운법」 제2조 제3호에 따른 해상화물운송사업

4.2.2 진단의 범위

안전진단 대상사업의 구체적인 범위는「해사안전법 시행령」별표 2의3에 명시되어 있으며, 사업의 구분에 따라 세부 진단사업의 범위를 상세히 규정하고 있다.

이는 해상교통에 영향을 미치는 사업이라는 포괄적 정의를 구체화하여 누구나 진단대상사업의 범위를 예측 가능하도록 세부적으로 정의한 것으로 이해할 수 있다.

- ○ 첫째, 대상선박의 길이를 통한 선박 규모의 제한이다. 즉, 진단대상사업의 범위를 길이 100미터 이상의 선박이 통항하는 수역으로 한정하는 것이다. 또한, 길이 200미터 이상의 거대선과 거대선 이외의 선박이 이용하는 경우로 구분하고 있다.
- ○ 둘째, 대상선박이 통항하는 해역의 특성을 고려하는 것이다. 즉, 길이 100미터 이상의 선박이 1일 평균 4회 이상 통항하는 수역의 개념 도입을 통해 해상교통에 미치는 영향이 중대한 사업을 진단대상사업의 범위로 정하고 있다. 또한 해당 해역의 수심이 4미터 미만인 경우는 진단대상사업의 범위에서 제외시키고 있다.

해양시설 등이 해상교통에 미치는 영향은 복잡・다양하고 정량화하기 어려우므로 해역의 특성을 고려한 진단대상 사업범위 설정과 대상 선박의 규모 지정을 위해 꾸준히 검토하고 그 결과를 법령에 반영해 나갈 필요가 있다.

■ 해사안전법 시행령 [별표 2의3]

안전진단대상사업의 범위(제7조의3 관련)

구분	안전진단대상사업의 범위
1. 항로 또는 정박지의 지정 · 고시 또는 변경	가. 길이 100미터 이상의 선박이 통항하는 수역에 다음의 어느 하나에 해당하는 항로를 지정 · 고시하려는 경우 1) 법 제31조제1항에 따른 항로 2) 「선박의 입항 및 출항 등에 관한 법률」제10조에 따른 항로 3) 「항만법」 제2조제5호가목(1)에 따른 항로 나. 가목에 따른 항로를 다음의 범위 이상으로 변경하려는 경우 1) 거대선이 이용하는 항로: 항로의 길이, 중심선의 교각(交角) 또는 폭을 10퍼센트 이상 변경하려는 경우 2) 그 밖의 항로: 항로의 길이, 중심선의 교각 또는 폭을 20퍼센트 이상 변경하려는 경우 다. 길이 100미터 이상의 선박이 통항하는 수역에 다음의 어느 하나에 해당하는 정박지를 지정 · 고시하려는 경우 1) 「선박의 입항 및 출항 등에 관한 법률」 제5조에 따른 정박구역 또는 정박지 2) 「항만법」 제2조제5호가목(1)에 따른 정박지 라. 다목에 따른 정박지(정박구역을 포함한다)를 다음의 범위 이상으로 변경하려는 경우 1) 거대선이 이용하는 정박지: 정박지의 면적을 10퍼센트 이상 변경하려는 경우 2) 그 밖의 정박지: 정박지의 면적을 20퍼센트 이상 변경하려는 경우
2. 선박의 통항을 금지하거나 제한하는 수역의 설정 또는 변경	가. 길이 100미터 이상의 선박이 통항하는 수역에 다음의 어느 하나에 해당하는 구역 등을 설정 · 지정하는 사업을 실시하려는 경우. 다만, 해당 수역의 해도에 표시된 수심이 4미터 미만인 경우는 제외한다. 1) 「광업법」 제3조제3호의3에 따른 채굴권을 설정하여 광물을 채취하려는 경우 2) 「골재채취법」 제21조의2 또는 같은 법 제34조에 따라 골

구분	안전진단대상사업의 범위
	재채취 예정지 또는 골재채취단지를 지정하거나 같은 법 제22조에 따른 골재채취 허가를 받아 골재를 채취하려는 경우 나. 가목에 해당하는 구역 등의 면적을 10퍼센트 이상 확장하려는 경우
3. 수역에 설치되는 교량·터널·케이블 등 시설물의 건설·부설 또는 보수	가. 길이 100미터 이상의 선박이 통항하는 수역에 「도로법」 등에 따른 교량을 건설하거나 터널(수심이 변경되거나 해상공사가 이루어지는 경우에 한정한다)을 부설하려는 경우. 다만, 해당 수역의 수심이 4미터 미만인 경우는 제외한다. 나. 가목에 해당하는 교량(교각을 포함한다)이나 터널의 위치, 교량의 수면상 높이 또는 터널의 수면하 깊이를 변경하려는 보수 다. 이 법, 「선박의 입항 및 출항 등에 관한 법률」 또는 「항만법」에 따라 지정·고시된 항로 또는 정박지(정박구역을 포함한다)를 횡단하는 해월(海越)케이블을 설치하려는 경우. 다만, 해당 수역의 수심이 4미터 미만인 경우는 제외한다. 라. 다목에 해당하는 해월케이블의 위치 또는 수면상 높이 또는 터널의 수면하 깊이를 변경하려는 보수 마. 그 밖에 다음의 어느 하나에 해당하는 시설물[교량, 교각, 터널, 해월케이블, 선박 계류시설, 방파제·파제제(波除堤)·방조제, 「마리나항만의 조성 및 관리 등에 관한 법률」 제2조제1호에 따른 마리나항만에 설치되는 시설물 및 「어촌·어항법」 제2조제3호가목에 따른 국가어항에 설치되는 시설물은 제외한다]을 설치하는 사업으로서 공유수면의 점용·사용 또는 공유수면 매립 수역의 길이가 200미터 이상이거나 면적이 2만 제곱미터 이상인 경우. 다만, 해당 수역의 수심이 4미터 미만인 경우는 제외한다. 1) 「공유수면 관리 및 매립에 관한 법률」 제8조에 따른 공유수면 점용·사용의 허가를 받아야 하는 시설물을 설치하는 사업 2) 「공유수면 관리 및 매립에 관한 법률」 제10조에 따른 공

구분	안전진단대상사업의 범위
	유수면의 점용 · 사용 협의 또는 승인을 받아야 하는 시설물을 설치하는 사업 3) 「공유수면 관리 및 매립에 관한 법률」 제28조에 따른 공유수면 매립면허를 받아야 하는 시설물을 설치하는 사업 4) 「공유수면 관리 및 매립에 관한 법률」 제35조에 따른 공유수면 매립협의 또는 승인을 받아야 하는 시설물을 설치하는 사업 바. 마목에 해당하는 시설물의 점용 · 사용 수역 면적 또는 매립 수역 면적을 10퍼센트 이상 확장하려는 경우
4. 항만 또는 부두의 개발 · 재개발	가. 「항만법」 제3조제1항에 따른 무역항 또는 연안항을 새로 지정하려는 경우 나. 「항만법」 제3조제1항제1호에 따른 무역항의 항만구역 또는 무역항의 항만구역으로부터 10킬로미터 이내의 수역에 다음의 어느 하나에 해당하는 항만을 지정하려는 경우 1) 「마리나항만의 조성 및 관리 등에 관한 법률」 제2조제1호에 따른 마리나항만 2) 「어촌 · 어항법」 제2조제3호가목에 따른 국가어항 다. 길이 100미터 이상 선박이 이용하는 계류시설의 건설 라. 다목에 해당하는 계류시설의 변경 1) 거대선이 이용하는 계류시설: 해당 계류시설의 길이 또는 접안능력을 10퍼센트 이상 연장하거나 상향하려는 경우 2) 그 밖의 계류시설: 해당 계류시설의 길이 또는 접안능력을 20퍼센트 이상 연장하거나 상향하려는 경우 마. 이 표에 따라 안전진단대상사업의 범위에 포함되는 항로, 정박지, 계류시설로부터 해당 항로, 정박지, 계류시설을 이용하는 최대 선박의 길이의 3배 안의 수역에 방파제 · 파제제 · 방조제를 건설하려는 경우. 다만, 사업을 하려는 수역의 해도에 표시된 수심이 4미터 미만인 경우는 제외한다. 바. 마목에 해당하는 방파제 · 파제제 · 방조제의 길이 또는 면적을 10퍼센트 이상 확장하려는 경우

4.2.3 안전진단의 시기

일반적으로 안전진단의 수행시기가 빠르면 빠를수록 안전성을 확보하고 비용도 줄일 수 있다.

다음 그림과 같이 건설단계보다 타당성 조사나 기본설계 단계에서 진단을 통해 보완하는 것이 안전성 및 비용측면에서 유리한 것으로 알려져 있다.

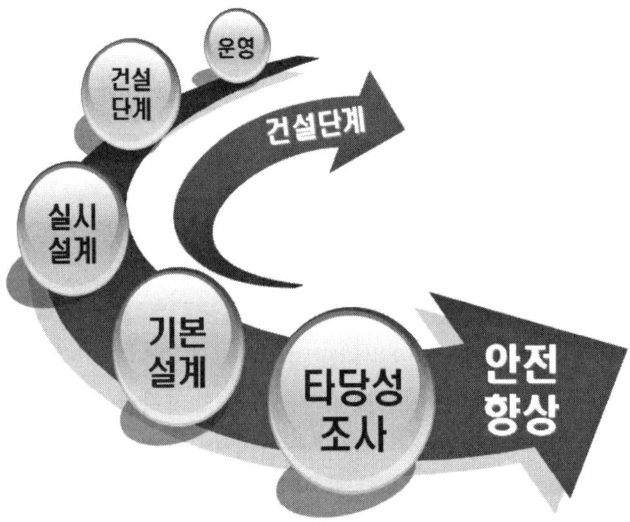

[그림 2-8] 진단시기별 안전성 향상

「해사안전법 시행규칙」 제11조(안전진단서의 작성 및 제출 등)에서 안전진단서 제출시기를 정하고 있는데, 기본적으로 각종 인허가 등을 받기 전에 수행하도록 하고 있다.

해상교통에 미치는 영향으로 인해 당초 의도한 사업의 규모 및 구역 등이 변경될 수 있기 때문에 인허가 전으로 규정하고 있다는 점에 유의해야 한다.

■ 해사안전법 시행규칙 [별표 6의2]

안전진단서의 제출시기(제11조제2항 관련)

구 분	안전진단서 제출시기
가. 항로 또는 정박지의 지정·고시 또는 변경	항로나 정박지의 지정·고시 또는 변경 전
나. 선박의 통항을 금지하거나 제한하는 수역의 설정 또는 변경	1) 「광업법」 제42조에 따른 채굴계획의 인가 전 - 변경의 경우 채굴계획 변경에 대한 인가 전 2) 「골재채취법」 제21조의2에 따른 골재채취 예정지의 지정 전, 같은 법 제34조에 따른 골재채취단지의 지정 전 또는 같은 법 제22조에 따른 골재채취 허가 전 - 변경의 경우 변경사항의 지정 전 또는 골재채취 허가의 변경 승인 전
다. 수역에 설치되는 교량·터널·케이블 등 시설물의 건설·부설 또는 보수	1) 교량 또는 터널의 건설·보수의 경우 「도로법」 제25조 등에 따른 도로구역의 결정 또는 이에 해당하는 처분 전 - 그 밖의 변경 또는 보수의 경우 실시계획의 인가 또는 승인 등에 해당하는 처뷰이나 결정 전 2) 해월케이블을 설치·부설하거나 변경하려는 경우 「전원개발촉진법」 제5조에 따른 전원개발사업 실시계획의 승인 등 그 밖의 공사 계획의 인가 전 3) 그 밖에 「공유수면 관리 및 매립에 관한 법률」 제8조 또는 제28조에 따른 공유수면의 점용·사용 또는 매립의 허가 신청 전, 협의 또는 승인 대상이 되는 시설물을 설치하거나 변경하려는 경우에는 공유수면의 점용·사용 또는 매립의 허가, 협의 또는 승인 전 - 변경의 경우 변경허가의 신청 또는 변경사항의 협의·승인 전
라. 항만 또는 부두의 개발·재개발	1) 무역항 또는 연안항을 신규 지정하려는 경우 「항만법」 제8조에 따른 항만기본계획의 고시 전

구 분	안전진단서 제출시기
	2) 「마리나항만의 조성 및 관리 등에 관한 법률」 제10조에 따른 마리나항만의 지정 · 고시 전 3) 「어촌 · 어항법」 제17조에 따른 국가어항의 지정 · 고시 전 4) 길이 100미터 이상의 선박이 이용하는 계류시설의 건설 또는 변경 -「항만법」 제10조에 따른 항만공사실시계획의 수립 · 공고 전(관리청이 아닌 자가 항만공사를 실시하는 경우에는 항만공사실시계획 승인 전) - 항만공사실시계획의 수립 · 공고 또는 승인을 받지 아니하고 「공유수면 관리 및 매립에 관한 법률」 제8조 또는 제28조 등에 따른 공유수면의 점용 · 사용 또는 매립의 허가신청, 협의 또는 승인 대상이 되는 경우에는 허가, 협의 또는 승인 전 - 계류시설에 대한 증축 · 개축 없이 접안능력을 상향하려는 경우 시설능력의 변경 지정 전 5) 방파제 · 파제제 및 방조제의 건설 또는 변경 -「항만법」 제10조에 따른 항만공사실시계획의 수립 · 공고 전(관리청이 아닌 자가 항만공사를 하는 경우에는 항만공사실시계획 승인 전) - 항만공사실시계획의 수립 · 공고 또는 승인을 받지 아니하고 「공유수면 관리 및 매립에 관한 법률」 제8조 또는 제28조 등에 따른 공유수면의 점용 · 사용 또는 매립의 허가신청, 협의 또는 승인 대상이 되는 경우에는 허가, 협의 또는 승인 전
마. 그 밖의 사업	최고 속력이 시속 60노트 이상인 선박을 투입하여 해상운송사업을 하려는 경우 「해운법」 제4조에 따른 해상여객운송사업 면허 전 또는 같은 법 제24조에 따른 해상화물운송사업 등록 전

4.3 안전진단의 수행

4.3.1 안전진단 업무절차

진단대상사업을 시행하려는 자와 관련된 업무절차는 「해사안전법」 제15조에 따라 아래와 같다.35)

① 기술 및 인력을 갖추고 해양수산부장관에게 등록한 진단대행업자에게 해상교통안전진단을 의뢰하고,

② 진단대행업자로부터 진단서를 제출받아 허가권한을 가진 행정기관장을 거쳐 해양수산부장관에게 제출하고,

③ 진단서를 제출받은 해양수산부 장관은 진단서를 검토하여 처분기관을 통해 사업자에게 검토의견을 주고,

④ 처분기관은 검토의견의 이행결과를 확인 후 허가 등 행정조치를 하고 해양수산부 장관에 이를 통보한다.

---

35) 해사안전법 제15조(해상교통안전진단) ① 해양수산부장관은 안전진단대상사업을 하려는 자(국가기관의 장 또는 지방자치단체의 장인 경우는 제외한다. 이하 "사업자"라 한다)에게 해양수산부령으로 정하는 안전진단기준에 따른 해상교통안전진단을 실시하도록 하여야 한다.
② 사업자는 안전진단대상사업에 대하여 「항만법」, 「공유수면 관리 및 매립에 관한 법률」 및 「선박의 입항 및 출항 등에 관한 법률」 등 해양의 이용 또는 보존과 관련된 관계 법령에 따른 허가·인가·승인·신고 등(이하 "허가등"이라 한다)을 받으려는 경우 제1항에 따라 실시한 해상교통안전진단의 결과(이하 "안전진단서"라 한다)를 허가등의 권한을 가진 행정기관(이하 "처분기관"이라 한다)의 장에게 제출하여야 한다.
③ 제1항 및 제2항에 따라 해상교통안전진단을 실시하고 안전진단서를 제출하여야 하는 안전진단대상사업의 범위는 대통령령으로 정한다.
④ 제2항에 따라 안전진단서를 제출받은 처분기관은 허가등을 하기 전에 사업자로부터 이를 제출받은 날부터 10일 이내에 해양수산부장관에게 제출하여야 한다.
⑤ 해양수산부장관은 처분기관으로부터 안전진단서를 제출받은 날부터 45일 이내에 안전진단서를 검토한 후 해양수산부령으로 정하는 바에 따라 그 의견(이하 "검토의견"이라 한다)을 처분기관에 통보하여야 한다. 이 경우 안전진단서의 서류를 보완하거나 관계 기관과의 협의에 걸리는 기간은 통보기간에 산입하지 아니한다.
⑥ 처분기관은 해양수산부장관으로부터 검토의견을 통보받은 날부터 10일 이내에 이를 사업자에게 통보하여야 한다.
⑦ 제1항부터 제5항까지에서 규정한 사항 외에 안전진단서의 작성, 제출시기, 검토, 공개 및 진단기술인력에 대한 교육 등 해상교통안전진단에 필요한 사항은 해양수산부령으로 정한다.

4.3.2 안전진단 업무절차

「해사안전법」에서는 구체적인 진단 업무절차 등 안전진단기준을 하위 규정에 위임하고 있으므로 안전진단의 세부 업무절차는 「해사안전법 시행규칙」과 '해상교통안전진단 시행지침'에 명시되어 있다.[36)]

사업의 성격 및 규모에 따라 절차 중 일부가 간소화 될 수 있으나 착수 및 최종 보고회와 같은 원칙적인 안전진단 업무절차는 반드시 준수되도록 하여 이해당사자와 사전협의를 거치도록 하고 있다.

---

36) 해사안전법 시행규칙 제11조(안전진단서의 작성 및 제출 등) ① 법 제15조제1항에 따른 해상교통안전진단기준은 별표 5와 같고, 법 제15조제2항에 따른 해상교통안전진단의 결과(이하 "안전진단서"라 한다)의 작성기준은 별표 6과 같다.
② 법 제15조제2항에 따라 안전진단대상사업을 하려는 자(국가기관의 장 또는 지방자치단체의 장인 경우를 제외한다. 이하 "사업자"라 한다)가 안전진단대상사업에 대한 허가·인가·승인·신고 등(이하 "허가등"이라 한다)의 권한을 가진 행정기관(이하 "처분기관"이라 한다)에 안전진단서를 제출하여야 하는 시기 및 법 제18조의2제1항에 따라 국가기관의 장 또는 지방자치단체의 장(이하 "국기기관 등의 장"이라 한다)이 해양수산부장관에게 안전진단서를 제출하고 협의를 요청하여야 하는 시기는 별표 6의2와 같다.
③ 법 제15조제4항에 따라 안전진단서의 검토를 요청하려는 처분기관이나 법 제18조의2제1항에 따라 안전진단서를 제출하고 협의를 요청하려는 국가기관 등의 장은 별지 제4호서식의 해상교통안전진단 검토(협의)요청서에 안전진단서 17부를 첨부하여 해양수산부장관에게 제출하여야 한다.
④ 해양수산부장관은 제3항에 따라 안전진단서의 검토 또는 협의를 요청받은 경우에는 별표 5 및 별표 6에 따른 기준에의 적합여부를 심사한 후 이에 대한 검토의견을 처분기관 또는 국가기관 등의 장에게 통보하여야 한다. 이 경우 해양수산부장관은 안전진단서의 세부적 검토를 위하여 관련 분야의 전문가 또는 전문기관의 의견을 들을 수 있다.
⑤ 해양수산부장관은 해사안전의 증진에 필요하다고 인정하는 경우에는 제2항에 따른 안전진단서 및 제4항에 따른 검토의견을 인터넷 홈페이지 또는 그 밖의 다른 정보통신망을 통하여 공개할 수 있다.
⑥ 제1항부터 제5항까지의 규정에 따른 안전진단서의 작성·검토 및 공개 등에 필요한 세부사항은 해양수산부장관이 정하여 고시할 수 있다.

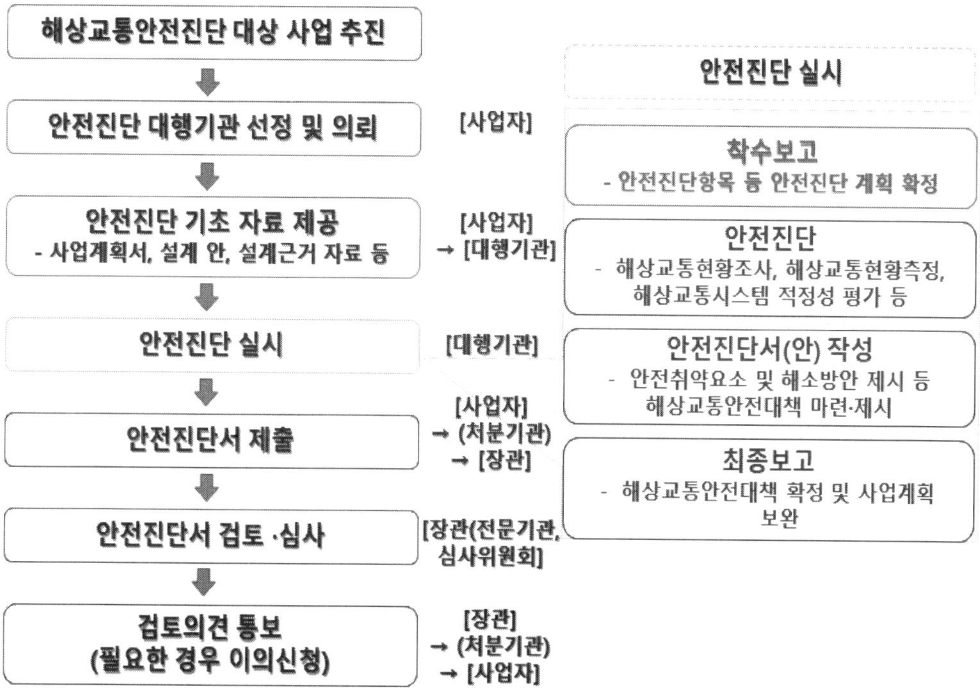

[그림 2-9] 안전진단 업무절차

4.3.3 안전진단항목

해상교통안전진단 기준에 포함되어야 하는 진단항목 및 내용은 사업별로 다음 표와 같다.

■ 해사안전법 시행규칙 [별표 5]

해상교통안전진단기준(제11조제1항 관련)

구분	진단기준
1. 공통사항	가. 진단대상사업이 시행되는 수역의 물리적·사회적 특성에 대한 충분한 검토 나. 진단대상사업이 선박통항에 미치는 영향의 최소화 다. 진단대상사업자와 해상이용자의 의견 대립의 최소화 라. 안전여유(Safety Margin)에 대한 충분한 고려 마. 진단대상사업에 따른 잠재적 위험요인의 최소화 바. 충분한 통항안전대책 수립 사. 적정한 항로표지 설치 아. 진단대상사업이 시행되는 수역 또는 진단대상사업의 시행으로 인한 영향이 예상되는 인근 수역에서의 장래개발계획의 반영
2. 항로 또는 정박지의 지정·고시 또는 변경 및 선박의 통항을 금지하거나 제한하는 수역의 설정 또는 변경	가. 선박의 조종성능(선회성·정지거리)에 대한 충분한 고려 나. 현재 해상교통 및 항만개발계획 등을 고려한 장래 교통흐름의 추정 다. 인근 항만 출입항 선박의 안전한 통항에 대한 고려
3. 수역에 설치되는 교량·터널·케이블 등 시설물의 건설·부설 또는 보수	가. 다른 시설과 최대한 이격하여 설치 나. 항로횡단교량은 항로와 수직으로 설치하고, 전후 충분한 직선거리 확보 다. 시설물 건설·부설에 따른 공사단계별 충분한 안전대책 마련
4. 항만 또는 부두의 개발·재개발	가. 선박의 조종성능(선회성·정지거리)에 대한 충분한 고려 나. 항만의 지형·자연특성에 대한 충분한 고려 다. 장래 교통량 예측결과의 반영

※ 비고 : 위 표에 따른 진단기준의 적용에 필요한 세부기준, 내용 및 방법 등에 관하여 필요한 사항은 해양수산부장관이 정하여 고시한다.

「해사안전법」에서 정하고 있는 진단대상사업이 다양하므로 모든 사업에 적용되는 조사항목을 획일적으로 제시할 수는 없으나 「해사안전법 시행규칙」 별표 6에서 원칙적으로 해상교통 현황조사, 해상교통 현황측정, 해상교통시스템 적정성평가 및 해상교통 안전대책 수립을 시행토록 규정하고 있다.

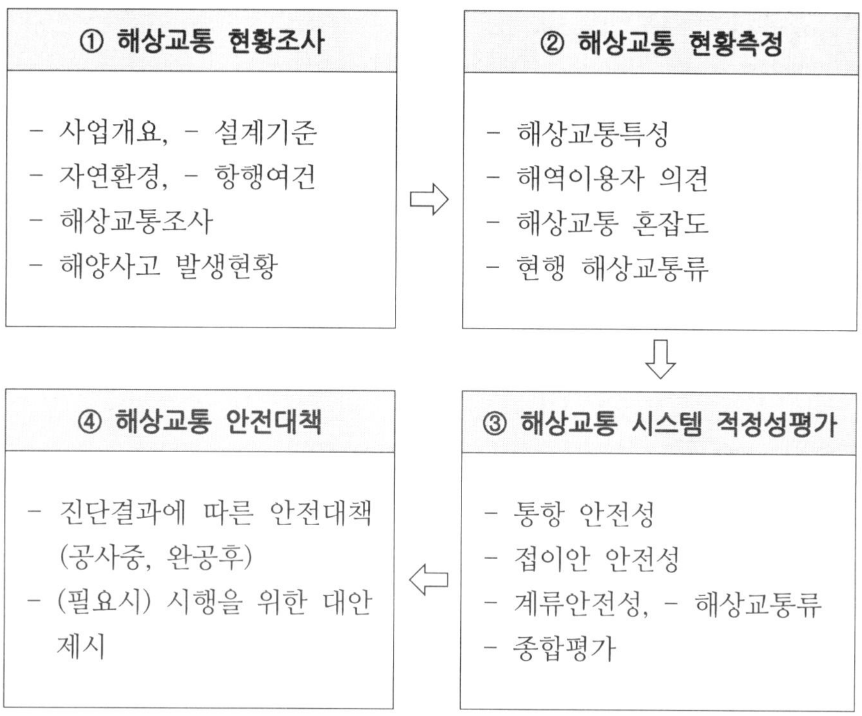

[그림 2-10] 진단항목별 내용

진단대상 사업별로 구체적으로 시행해야 하는 조사방법 및 평가방법을 정리하면 아래와 같다.[37)]

---

37) 해상교통안전진단시행지침 [별표 2] 안전진단대상사업별 안전진단항목(제11조제1항 관련)

<table>
<tr><th rowspan="2" colspan="2"></th><th rowspan="2">해상
교통
현황
조사</th><th colspan="2">해상교통
현황측정</th><th colspan="4">해상교통시스템 적정성평가</th><th rowspan="2">해상
교통
안전
대책</th></tr>
<tr><th>현황
측정</th><th>교통
혼잡도</th><th>통항
안전성</th><th>접·이안
안전성</th><th>계류
안전성</th><th>해상
교통류</th></tr>
<tr><td rowspan="2">수역</td><td>설정</td><td>●</td><td>●</td><td>●</td><td>●</td><td>△</td><td>–</td><td>△</td><td>●</td></tr>
<tr><td>변경</td><td>●</td><td>●</td><td>△</td><td>●</td><td>△</td><td>–</td><td>–</td><td>●</td></tr>
<tr><td rowspan="2">수역내
시설물</td><td>건설 · 부설</td><td>●</td><td>●</td><td>△</td><td>●</td><td>△</td><td>△</td><td>△</td><td>●</td></tr>
<tr><td>보수</td><td>●</td><td>●</td><td>–</td><td>●</td><td>–</td><td>–</td><td>–</td><td>●</td></tr>
<tr><td rowspan="2">항만
또는
부두</td><td>개발</td><td>●</td><td>●</td><td>●</td><td>●</td><td>●</td><td>●</td><td>△</td><td>●</td></tr>
<tr><td>재개발</td><td>●</td><td>●</td><td>△</td><td>●</td><td>●</td><td>△</td><td>–</td><td>●</td></tr>
<tr><td colspan="2">그 밖의 해상교통
안전에 영향을
미치는 사업</td><td>●</td><td>●</td><td>△</td><td>●</td><td>△</td><td>△</td><td>△</td><td>●</td></tr>
</table>

●: 수행하여야 하는 항목
△: 조건에 따라 수행하지 아니하여도 되는 항목

안전진단 대행업자는 안전진단 대상사업을 하려고 수역에 대한 현황을 조사하거나 해상교통시스템 적정성평가를 실시하여도 해상교통에 미치는 영향을 파악하는데 유의(有意)한 결과를 얻을 수 없다고 판단하는 경우에는 관련 절차 중에 일부 또는 전부를 생략하고 안전진단을 실시할 수 있다.

4.3.4 안전진단 적용기술

진단항목별로 적용할 과학적인 표준진단 적용기술의 주요 분석항목을 나타내면 아래 그림과 같으며, 주요 평가기술은 선박조종시뮬레이션 평가, 해상교통환경평가(교통조사, 교통혼잡도, 교통류시뮬레이션) 및 계류안전성 평가분야로 나누어진다.

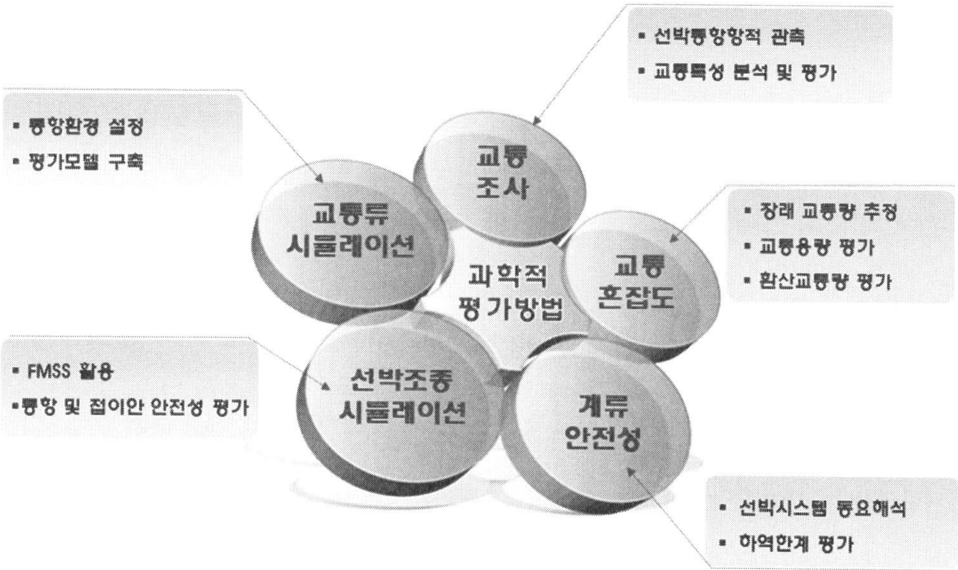

[그림 2-11] 표준진단 적용기술

[그림 2-12] 3차원 전기능 선박조종시뮬레이터(FMSS)

4.4 평가

인천항은 해상교통 안전진단제도가 도입되기 전에 설계된 영종대교와 인천대교로 둘러싸여 있다. 따라서 두 교량을 통과할 수 없는 대형 선박은 인천항에 입항할 수 없다. 실제로 초대형 유조선은 일부 화물을 다른 항만에서 일부 하역(lightening)하고 인천항에 입항하고 있다.

이는 영종도의 항공 수요에 적절히 대비하려다 인천항의 해운 수요를 영구적으로 저해한 경우라고 보아야 한다.

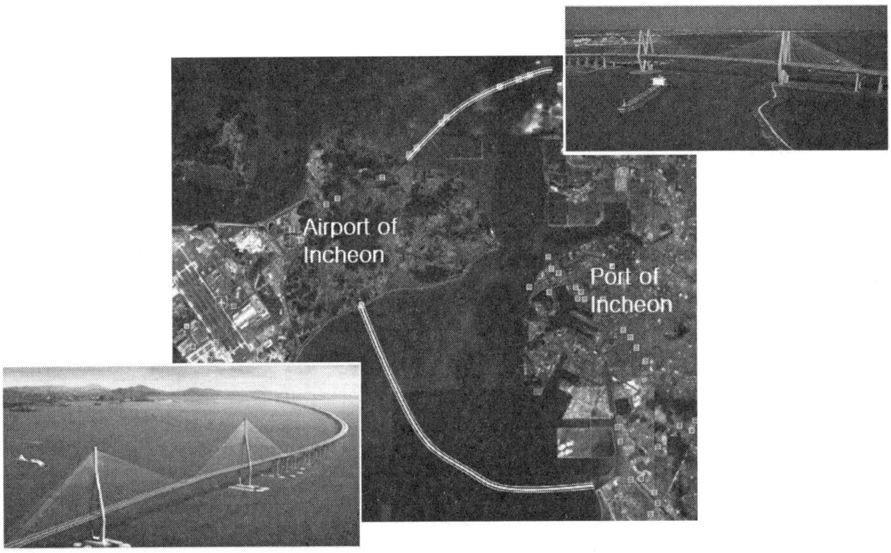

[그림 2-13] 인천항 인근 교량 배치

또한 부산항 횡단 대교로 인해 초대형 유람선이 대교 안쪽에 있는 국제여객 터미널에 입항하지 못하는 경우도 발생하고 있다.

해상교통 안전진단제도는 도입된 이후로 선박의 안전한 통항뿐만 아니라 해양의 지속가능한 개발 또한 확보하는 중요한 수단으로 작용하고 있다.

그러나 2009년에 선박의 항행환경을 개선하고 해양의 조화로운 개발을 위한 근본적 대책의 하나로 도입된 해상교통안전진단제도는 그간 운영경험을 바탕으로 일부 개선의 여지가 있다.

사전에 선박조종 시뮬레이션으로 진행한 안전성 평가가 해양시설이 들어섰을 때 실제로 그러한지 확인하기 위한 사후 진단이나 사후 영향조사 도입이 필요하며, 진단 항목을 선별적으로 적용하기 위한 스코핑 제도,[38] 진단기술기준의 과학화, 해양사고 빈발해역이나 사회적 파장이 큰 해양사고 발생해역에 대한 특별진단 등 또한 도입을 검토할 필요가 있다.

2014년에 「해사안전법」 개정을 통해 진단대상사업의 범위를 예측 가능하도록 구체화한 성과가 있는 반면에 진단이 필요한 사업임에도 불구하고 진단할 수 없는 경우도 발생함에 따라[39] 해상교통안전 제고라는 관점에서는 퇴행적 결과를 낳았다고도 볼 수 있다.

항후 법령 개정시에는 진단제도가 사회적 합의를 포괄하고 있는 제도라는 관점을 견지하고 스코핑 제도를 활용하면 진단 대상사업을 축소하지 않고도 불필요한 진단항목을 제외하거나 진단 자체를 면제함으로써 사업자의 편의를 도모하고 행정력 낭비를 예방할 수 있을 것이다. 또한 객관성과 공정성을 유지하면서 사전진단이나 사후진단을 실시할 것인지 아닌지를 판단하는 절차에도 적용할 수 있을 것이다.

---

38) 환경영향평가제도의 개선과정인 1999년에 환경·교통·재해 등에 관한 영향평가법이 제정되면서 환경영향평가서 작성비용 현실화를 위해 사업자가 신청하는 경우에 환경영향평가서의 평가항목과 범위를 미리 정하고자 도입되었다.

39) 우리나라 연안을 항행하는 선박의 평균 길이가 70미터임에도 불구하고 진단대상으로 100미터 기준을 도입함에 따라 100미터 미만 여객선 등이 제외될 수 있는 결과를 유발함으로써 향후 해상교통안전에 문제를 야기할 수 있다는 비판도 있다. (출처 : 김인철, 2016, 환경안전학회 Vol. 22, No. 7, p. 811)

쉬어가기 2

□ IMO 문서 중에 결의서, 회람서, 회람문의 차이를 살펴보자

ㅇ 결의서(Resolution)는 강제적 성격을 갖는 협약 제정안 또는 개정안 등과 같은 무엇을 어찌하기로 결정한 사항이다.

ㅇ 회람서(Circular)는 비강제적 성격을 갖는 합의나 각종 지침서 등이다.

ㅇ 회람문(Circular letter)은 단순 알림사항으로 회의개최 알림, 행사계획 알림, 회원국이 IMO에 알리는 사항, 채택하기 전에 회람용으로 작성된 강제협약 제·개정안 등이다.

IMO INTERNATIONAL MARITIME ORGANIZATION **E**

4 ALBERT EMBANKMENT
LONDON SE1 7SR
Telephone: +44 (0)20 7735 7611 Fax: +44 (0)20 7587 3210

MSC.1/Circ.1455
24 June 2013

GUIDELINES FOR THE APPROVAL OF ALTERNATIVES AND EQUIVALENTS AS PROVIDED FOR IN VARIOUS IMO INSTRUMENTS

1 The Maritime Safety Committee, at its ninety-second session (12 to 21 June 2013), with a view to providing a consistent process for the coordination, review and approval of alternatives and equivalents with regard to ship and system design as allowed by the 1974 SOLAS Convention, as amended, and other mandatory IMO instruments, approved the annexed *Guidelines for the approval of alternatives and equivalents as provided for in various IMO instruments*.

2 Administrations and non-governmental organizations are invited to bring the annexed Guidelines to the attention of shipowners, shipbuilders, designers and system manufacturers.

***

ㅇ 위 회람서의 오른쪽에 표기된 MSC.1/Circ.1455는 해사안전위원회(MSC)에서 안전관련 사항(MSC.1)으로 배포한 1455번째 문서를 뜻한다.

- 회람서의 종류는 53개이며, MSC.1부터 MSC.6까지, MEPC.1부터 MEPC.7까지, MSC와 MEPC 공동인 경우는 MSC-MEPC.1부터 MSC-MEPC.7 등으로 나누어진다.

제3장

비상 대응

제3장 비상대응

My Safety First

자신의 안전이 확보되지 않은 채로 타인을 돕기 위해 위험에 접근하는 행위는 위험을 더욱 키우는 결과를 낳을 수 있다.

사고의 발생원인과 처리방안에 대한 전문적인 식견과 이해가 있어야 타인의 안전에도 기여할 수 있을 것이며, 이러한 관점에서 선박 운항에 관계된 자들은 선원, 선박관리자, 관계 공무원을 불문하고 모두 안전 전문가가 되어야 한다. 여기서 전문가란 보통 사람이 어렵게 해내는 일을 쉽게 해낼 수 있도록 교육, 훈련 또는 경험을 갖춘 자를 말한다.

이 장에서는 비상대응과 관련된 법률을 소개하고, 다양한 사고 중에서 해운회사에서 주로 관리대상으로 꼽는 대표적인 사고를 중심으로 일반적인 예방 및 대응 방안을 해설한다.

1. 일반적 주의사항

대부분의 해양사고는 인재(人災)에 의한 것이기 때문에 주의와 부단한 노력에 의해 방지할 수 있다. 물론 노력을 해도 피할 수 없는 불가항력적인 천재지변에 의한 해양사고도 있다.

해양사고가 발생한 경우에는 침착하고 냉정하게 적절한 사고처리 절차를 따라야 한다. 인명 구조를 최우선적으로 시행하고 선박이나 적재화물의 피해를 줄이기 위해서도 노력해야 한다.

자기가 탄 선박이 해양사고를 당한 경우에 그 인명, 선체, 화물의 구조에 만전을 기하는 것이 당연하지만 타선과 충돌한 경우에는 자선에 급박한 위험이 없는 한 타선의 인명 및 선체를 구조할 의무가 있다.[1)]

---

1) SOLAS 제5장 제33규칙(조난상황 : 의무와 절차) 1. 해상에서 구조를 제공해 줄 수 있는 위치에 있는 선박의 선장은, 사람이 해상에서 조난 중에 있다는 정보를 어떤 발신원으로부터 받았을 때에는, 그들을 구조하기 위하여 전속력으로 항해하여야 하며, 가능하다면 본선이 구조에 종사하고 있는 것을 본선이 신호를 받은 발신원 또는 수색 구조단체에 연락하여야 한다. 이 구조 임무는 조난자의 국적이나 상태 또는 그들이 처해있는 상황에 관계없이 적용된다. 조난신호를 수신한 선박이 구조에 임하는 것이 불가능하거나 특수한 사정이 있어서 그것이 불합리 또는 불필요하다고 인정할 때에는, 선장은, 기구의 권고 사항을 고려하여, 그에 따른 적절한 수색 및 구조업무를 통보하기 위하여 조난자의 구조에 임하지 아니한 이유를 반드시 항해일지에 기재하여야 한다.

1-1 당사국 정부는 해상에서 조난된 사람들을 구조하기 위한 도움을 제공하는 선박의 경우, 그 선박의 선장이 예정항로 최소이탈 의무로부터 해제될 수 있도록 조정 및 협조하여야 한다. 다만, 현행 규칙 하의 선장의 의무 해제는 해상에서 인명의 안전에 더 이상의 위험이 없는 것을 조건으로 한다. 도움이 제공되는 수색 및 구조 범위에 대하여 책임이 있는 당사국 정부는 조정 및 협조가 이루어질 수 있도록 하여 구조받은 생존자들이, 특수한 상황들 및 기구가 개발한 가이드라인을 고려하여, 구조선으로부터 하선되어 안전한 장소로 후송될 수 있도록 해야 할 근본적인 책임이 있다. 이 경우 해당 당사국 정부는 합리적으로 실행 가능한 한 그와 같은 후송이 효과적으로 이루어질 수 있도록 하여야 한다.

2. 조난 선박의 선장 또는 관련된 수색 구조단체는, 가능한 한 조난신호에 응한 선박의 선장들과 협의를 한 후, 그 선박들 중 조난선박의 선장 또는 수색 구조단체가 구조를 하는데 가장 적당하다고 생각되는 1척 이상의 선박을 소집할 권리를 가지며 소집된 선박의 선장은 조난자의 구조를 위하여 전속력으로 항해를 계속해서 소집에 응할 의무를 가진다.

3. 조난신호에 응한 선박의 선장이 자기 선박은 소집되지 아니하고 1척 이상의 타선이 소집되어서 소집에 응하고 있다는 것을 안 때에는 이 규정 제1항에 의하여 부과된 의무로부터 면제

또한 타선의 조난을 인지한 경우에도 자선에 급박한 위험이 없는 한 타선의 인명 구조에 필요한 수단을 강구할 의무가 있다. 다만 이 경우에 타선의 선체나 화물에 대한 구조 의무는 없다.

항해일지, 공문서에는 사고 관련 사실을 상세히 기술해야 한다. 이러한 서류에 기재할 때에는 충분히 사실을 확인한 후에 기재하고 고치지 말아야 한다. 고치는 경우에는 다른 기재가 사실이더라도 증빙으로서 가치는 반감한다.

해양사고가 발생한 경우는 본선 선장의 진두지휘에 따라 초기대응을 개시하는 것과 함께 본사, 지사, 대리점 등에 지체 없이 사고 내용을 통지해야 한다. 이런 보고가 이어지는 구조·구난대책[2], 수리·운항계획 등의 기초가 되기 때문에 요령 있게 사고보고서를 정리해야 한다.

사고대응은 선장의 전문적 식견이나 경험, 회사의 지침에 따라 처리되지만 관련 법률에 의한 사항은 필수적으로 준수해야 한다. 관련된 공법으로 「선원법」과 사법으로 「상법」은 해상에서 사고 발생시 인명과 재산 관리에 대한 기본적 내용을 다루고 있다.

국제해사기구(IMO)는 조난 당한 선박이 구조를 요청하는 신호를 정해두고 있어 이를 발견한 선박은 구조에 나서야 한다.

된다. 가능하다면 이러한 결정은 다른 소집된 선박과 수색 구조단체에 통지되어야 한다.

4. 조난신호에 응한 선박의 선장은 조난자로부터 또는 수색 구조단체 또는 조난자가 있는 곳에 도달한 다른 선박의 선장으로부터 구조가 더 이상 필요하지 아니하다는 것을 통보받은 경우에는 이 규정의 제1항에 의하여 부과된 의무로부터, 그리고 그 선박이 소집되었다면 이 규정의 제2항에 의하여 부과된 의무로부터 해제된다.

5. 이 규칙의 규정은 1910년 9월 23일 브뤼셀에서 서명된 해상에서 구원과 구조에 관한 규정의 통일에 관한 국제협약* 특히 동 협약의 제11조 규정에 의해서 부과되는 구조 의무에 영향을 미치지 아니한다.

* 1989.4.28일 런던에서 채택되어 1996.7.14일 발효한 1989 해난구조에 관한 국제협약

6. 해상에서 조난자가 승선한 선박의 선장은 선박의 능력과 한도 내에서 인도적으로 그들을 대우하여야 한다.

2) 구조(Rescue)는 조난에 처한 사람을 구출하여 응급조치 또는 그 밖의 필요한 것을 제공하고 안전한 장소로 인도하기 위한 활동을 말하며, 구난(Salvage)은 위험에 처한 선박이나 재산을 구하려는 활동을 말한다.

1.1 공법상 의무

「선원법」은 선원의 근로관계를 규정하는 사법적 사항과 구분하여 인명, 선박, 화물의 구조의무를 규정하고 있으며 이는 공법상의 의무에 속한다.[3)]

(1) 인명, 선박, 화물의 구조의무(선원법 제11조, 12조, 13조)

- 제11조(선박 위험시의 조치) ① 선장은 선박에 급박한 위험이 있을 때에는 인명, 선박 및 화물을 구조하는 데 필요한 조치를 다하여야 한다. ② 선장은 제1항에 따른 인명구조 조치를 다하기 전에 선박을 떠나서는 아니 된다. ③ 제1항 및 제2항은 해원에게도 준용한다.
- 제13조(조난 선박 등의 구조) 선장은 다른 선박 또는 항공기의 조난을 알았을 때에는 인명을 구조하는 데 필요한 조치를 다하여야 한다.

(2) 충돌 상대선에 자선의 선명 등 통보의무(선원법 제12조)

- 제12조(선박 충돌시의 조치) 선박이 서로 충돌하였을 때에는 각 선박의 선장은 서로 인명과 선박을 구조하는 데 필요한 조치를 다하여야 하며 선박의 명칭・소유자・선적항・출항항 및 도착항을 상대방에게 통보하여야 한다. 다만, 자기가 지휘하는 선박에 급박한 위험이 있을 때에는 그러하지 아니하다.

---

3) 선원법 제2장(선장의 직무와 권한), 제3장(선내질서의 유지)은 선박의 안전 항행과 선내질서 유지를 위한 공법상의 목적을 달성하기 위한 것이다. (출처 : 해양수산부, 2018, 선원분야 법률 체계 개편방안 연구, p. 37.)

(3) 서류기재의 의무(선원법 제20조)

선장은 선박국적증서, 선원명부, 항해일지 및 화물에 관한 서류 등을 선내에 갖추어 두고 기록·보관하여야 한다.[4)]

(4) 해양항만관청에 보고의무(선원법 제21조)

○ 제21조(선박 운항에 관한 보고) 선장은 다음 각 호의 어느 하나에 해당하는 경우에는 해양수산부령으로[5)] 정하는 바에 따라 지체 없이 그 사실을 해양항만관청에 보고하여야 한다.

1. 선박의 충돌·침몰·멸실·화재·좌초, 기관의 손상 및 그 밖의 해양사고가 발생한 경우
2. 항해 중 다른 선박의 조난을 안 경우(무선통신으로 알게 된 경우는 제외한다)
3. 인명이나 선박의 구조에 종사한 경우
4. 선박에 있는 사람이 사망하거나 행방불명된 경우
5. 미리 정하여진 항로를 변경한 경우
6. 선박이 억류되거나 포획된 경우
7. 그밖에 선박에서 중대한 사고가 일어난 경우

---

4) 제20조(서류의 비치) ① 선장은 다음 각 호의 서류를 선내에 갖추어 두어야 한다.
1. 선박국적증서, 2. 선원명부, 3. 항해일지, 4. 화물에 관한 서류, 5. 그 밖에 해양수산부령으로 정하는 서류
② 선장은 해양수산부령으로 정하는 서식에 따라 선원명부 및 항해일지 등을 기록·보관하여야 한다.

5) 선원법 시행규칙 제15조(선박운항에 관한 보고 및 조사) ① 법 제21조의 규정에 의한 보고는 별지 제5호 서식에 의하되, 긴급한 때에는 구두로 보고할 수 있다. 이 경우 법 제21조제4호에 해당하는 경우에는 선장을 포함한 3인이상의 관련자가 서명날인한 사건의 경위서를 제출하여야 한다.
② 선장은 부득이한 사유가 있는 경우에는 대리인으로 하여금 제1항의 보고를 하게 할 수 있으며, 선장 또는 그 대리인이 보고할 수 없는 경우에는 선박소유자가 보고하여야 한다.
③ 법 제21조에 따른 보고를 하는 때에는 지방해양항만관청에 항해일지를 제시하여야 한다. 다만, 해양사고 기타의 사유로 항해일지가 멸실된 때에는 그러하지 아니하다.

이외에도 사상자에 대한 조치로 수장(水葬)과[6] 유류품 처리에[7] 관한 규정이 있다.

1.2 사법상 의무

「상법」에서는 자선과 화물을 관리하는데 있어 선장의 과실이 없어야 함을 규정하고 있다.

(1) 직무상 주의의무

선장은 선주의 사용인이며 선주의 이익을 대표하는 지위에 있다. 또한 선박의 지휘권을 가지고 있기 때문에 이해관계인에게 주어진 손해에 대해 자선의 운항 및 처리에 과실이 없었다는 것을 입증하지 못하면 그 책임을 면하는 것이 불가하다. 또한, 자선 및 화물에 대한 손해에 대해서도 책임을 지지 않으면 아니 된다.[8]

---

6) 선원법 제17조(수장) 선장은 항해중 선박에 있는 사람이 사망한 경우에는 해양수산부령으로 정하는 바에 따라 수장(水葬)할 수 있다.

7) 선원법 제18조(유류품의 처리) 선장은 선박에 있는 사람이 사망하거나 행방불명된 경우에는 법령에 특별한 규정이 있는 경우를 제외하고는 해양수산부령으로 정하는 바에 따라 선박에 있는 유류품(遺留品)에 대하여 보관이나 그 밖에 필요한 조치를 하여야 한다.

8) 상법 제795조(운송물에 관한 주의의무) ① 운송인은 자기 또는 선원이나 그 밖의 선박사용인이 운송물의 수령·선적·적부(積付)·운송·보관·양륙과 인도에 관하여 주의를 해태하지 아니하였음을 증명하지 아니하면 운송물의 멸실·훼손 또는 연착으로 인한 손해를 배상할 책임이 있다.
② 운송인은 선장·해원·도선사, 그 밖의 선박사용인의 항해 또는 선박의 관리에 관한 행위 또는 화재로 인하여 생긴 운송물에 관한 손해를 배상할 책임을 면한다. 다만, 운송인의 고의 또는 과실로 인한 화재의 경우에는 그러하지 아니하다.

(2) 선박소유자에게 보고의무(상법 제755조)

선장은 항상 선박, 화물 등 관련 재산에 대해 이해관계인의 이익에 가장 적합한 방법으로 관리할 책임이 있다. 따라서 선장은 해양사고가 발생했을 때 지체 없이 상세한 내용을 선박소유자에게 보고해야 한다.

(3) 공동해손(상법 제865조, 866조)

선박과 적화의 공동위험을 면하기 위한 선장의 선박 또는 적화에 대한 처분으로 인하여 생긴 손해 또는 비용은 공동해손으로 한다. 공동해손은 그 위험을 면한 선박 또는 적화의 가액과 운임의 반액과 공동해손의 액과의 비율에 따라 각 이해관계인이 이를 분담한다.

(4) 기타 조치

사고의 진상을 선주에게 보고한 후에라도 선장은 선주의 지시를 받아 후속조치에 위해 노력해야 한다. 즉, 보험관계, 공동해손 관계 사무처리를 위해 선체 및 화물의 손상에 대해 해사검정인의 수검을 받으며, 소송관계에 필요한 증명서류를 준비해야만 한다.

1.3 조난신호(Distress signals)

국제해상충돌예방규칙협약(COLREG 72)[9] 부속서 제4장에는 조난을 당한 선박이 구조를 요청하는 방법이나 신호를 정하고 있으므로 이를 활용하여 조난신호를 하여야 한다.[10]

---

9) Convention on the International Regulations for Preventing Collisions at Sea, 1972 (COLREGs)

10) COLREG 부속서 4(조난신호)

1. 다음 각호의 신호는 함께 또는 단독으로 사용되어서 조난 및 원조의 필요를 알리는 신호니다.
   - (a) 약 1분 간격으로 1회씩 발포 또는 기타 폭발에 의한 신호
   - (b) 무중신호장치(Fog signalling apparatus)에 의한 연속 음향신호
   - (c) 짧은 간격으로 한 발씩 발사되어 별 모양의 붉은 불꽃을 내는 로켓 또는 포탄에 의한 신호
   - (d) 무선이나 임의수단으로 발신되는 SOS (··· ─── ···) 모스신호
   - (e) 무선으로 '메이데이(Mayday)'라는 음성신호
   - (f) 국제신호서(International Code of Signals)에 따른 조난표시인 N.C. 깃발신호
   - (g) 사각형 깃발에 구(Ball) 또는 이와 유사한 것 한 개를 위나 아래에 붙인 신호
   - (h) 선상에서 불꽃(타르통이나 기름통에 불을 붙여 생기는) 신호
   - (i) 붉게 빛나는 낙하산부신호(Rocket parachute flare)나 신호홍염(Hand flare) 신호
   - (j) 오렌지색 연기를 내는 발연신호(Smoke signal)
   - (k) 좌우로 벌린 팔을 천천히 반복적으로 올렸다 내렸다하는 신호
   - (l) 디지털선택호출(DSC) 수단에 의해 아래 주파수로 발신된 조난신호
     - (i) (VHF) 채널 70
     - (ii) (MF/HF) 2187.5㎑, 8414.5㎑, 4207.5㎑, 6312㎑, 12577㎑ or 16804.5㎑
   - (m) 해사위성(Inmarsat)이나 기타 위성 이동통신을 통해 선박에서 육상으로 전송하는 조난신호
   - (n) 위성비상위치지시용무선표지설비(EPIRB)에서 송신되는 신호
   - (o) 구명정의 레이더 자동응답장치(Transponder) 등 무선통신장치를 이용해 송신되는 승인된 신호
2. 조난 및 구조요청을 목적이 아니면 전항의 신호나 표시와 혼동될 우려가 있는 어떤 신호도 사용해서는 아니 된다.
3. 국제신호서(International Code of Signals), 국제 항공·해상 수색구조 편람 제3권(IAMSAR manual Vol III)의 해당 절 및 다음 신호에 유의한다.
   - (a) 검은색 사각형이나 원 또는 기타 적절한 표시를 한 오렌지색 범포(Canvas) 조각(항공기에서 식별하기 위한 것)
   - (b) 착색도구(Dye marker)에 의한 물의 착색

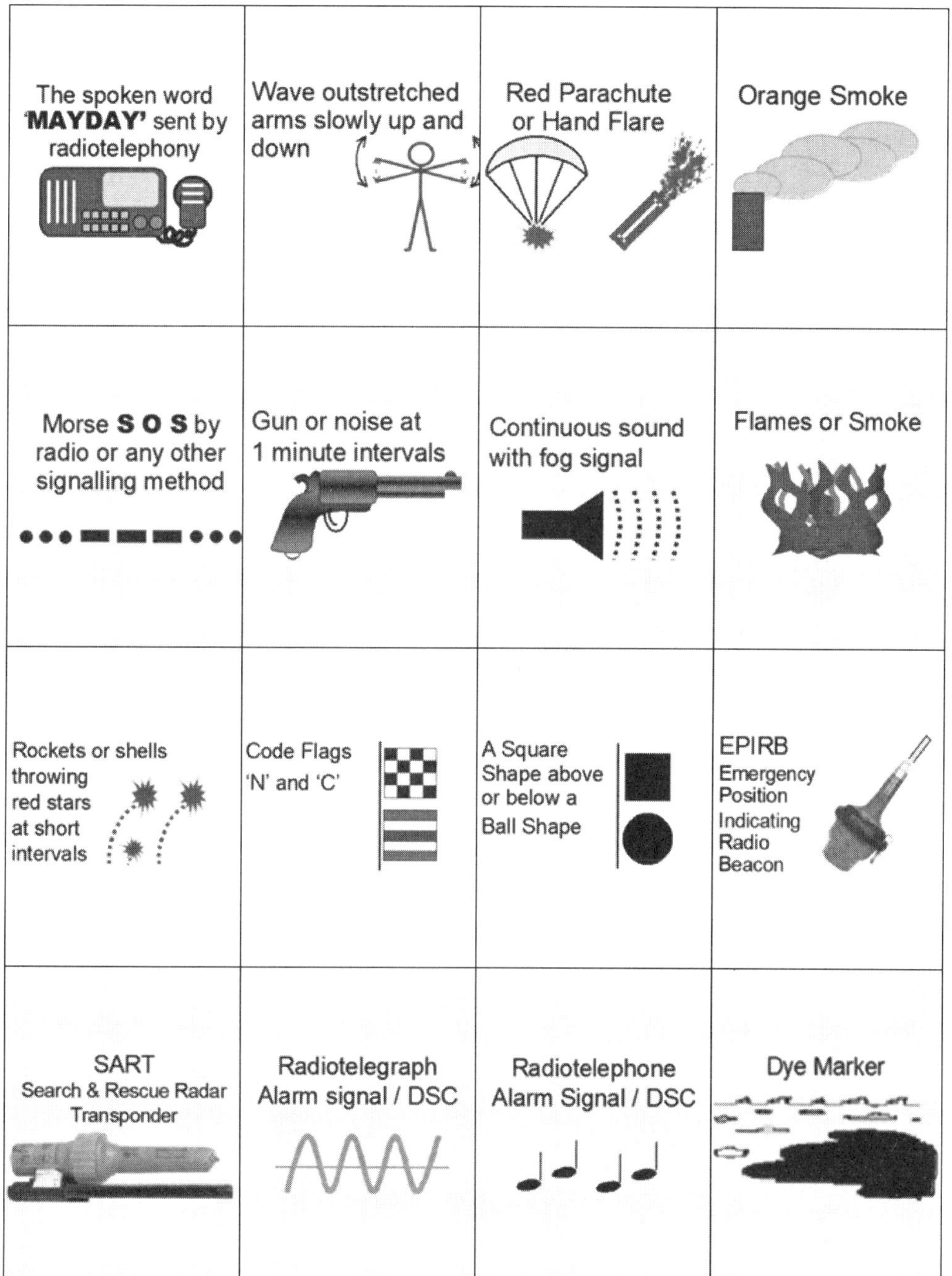

[그림 3-1] International Distress Signals

2. 사고 대응절차

해양사고의 대응과 관련된 법률은 대표적으로 「해사안전법」, 「선박의 입항 및 출항 등에 관한 법률」,[11] 「해양환경관리법」이 있다. 사고와 관련된 선장이나 선박소유자에게 사고를 신고하고 처리하는 역할과, 사고 신고를 접수한 국가기관의 역할이 함께 규정되어 있다.

이외에도 「해양사고의 조사 및 심판에 관한 법률」에서는[12] 준해양사고 통보,[13] 「수상에서의 수색·구조 등에 관한 법률」에서는[14] 조난사고 신고,[15] 「재난 및 안전관리 기본법」에는[16] 재난을 신고하도록 규정하고 있으나[17] 기본적으로

---

11) (약칭) 선박입출항법

12) (약칭) 해양사고심판법

13) 해양사고심판법 제31조의2(준해양사고의 통보) ① 선박소유자 또는 선박운항자는 해양사고를 방지하기 위하여 선박(「어선법」 제2조제1호에 따른 어선은 제외한다. 이하 이 조에서 같다)의 운용과 관련하여 발생한 준해양사고를 해양수산부령으로 정하는 바에 따라 중앙수석조사관에게 통보하여야 한다.
② 중앙수석조사관은 제1항에 따라 통보받은 내용을 분석하여 선박과 사람의 안전 및 해양환경 등에 위해를 끼칠 수 있는 사항이 포함되어 있는 경우에는 선박소유자 등 관계인에게 그 내용을 알려야 한다.
③ 중앙수석조사관은 제1항에 따라 준해양사고를 통보한 자의 의사에 반하여 통보자의 신분을 공개하여서는 아니 된다.

14) (약칭) 수상구조법

15) 수상구조법 제15조(조난사실의 신고 등) ① 수상에서 조난사고가 발생한 때에는 다음 각 호의 어느 하나에 해당하는 자는 즉시 가까운 구조본부의 장이나 소방관서의 장에게 조난사실을 신고하여야 한다.
1. 조난된 선박등의 선장·기장 또는 소유자
2. 수상에서 조난사실을 발견한 자
3. 조난된 선박등으로부터 조난신호나 조난통신을 수신한 자
4. 조난사고 원인을 제공한 선박의 선장 및 승무원
② 선박등의 소재가 불명하고 통신이 두절되어 실종의 위험이 있다고 인정되는 경우에는 그 선박등의 소유자·운항자 또는 관리자는 지체 없이 그 사실을 구조본부의 장이나 소방관서의 장에게 신고하여야 한다.
③ 제1항 및 제2항에 따라 조난사실을 신고받거나 인지한 구조본부의 장 또는 소방관서의 장은 그 사실을 지체 없이 조난지역을 관할하는 구조본부의 장이나 소방관서의 장에게 통보하여야 한다.

16) (약칭) 재난안전법

국가기관이 사고를 처리하고자 사고를 인지하기 위한 규정이다. 따라서 사고를 겪거나 인지한 자에게 관계 관청에 통보 또는 신고하는 역할만 부여하고 있다.18)

17) 재난안전법 19조(재난 신고 등) ① 누구든지 재난의 발생이나 재난이 발생할 징후를 발견하였을 때에는 즉시 그 사실을 시장·군수·구청장·긴급구조기관, 그 밖의 관계 행정기관에 신고하여야 한다.
② 제1항에 따른 신고를 받은 시장·군수·구청장과 그 밖의 관계 행정기관의 장은 관할 긴급구조기관의 장에게, 긴급구조기관의 장은 그 소재지 관할 시장·군수·구청장 및 재난관리주관기관의 장에게 통보하여 응급대처방안을 마련할 수 있도록 조치하여야 한다.

18) 수상구조법 제15조(조난사실의 신고 등) ① 수상에서 조난사고가 발생한 때에는 다음 각 호의 어느 하나에 해당하는 자는 즉시 가까운 구조본부의 장이나 소방관서의 장에게 조난사실을 신고하여야 한다.
1. 조난된 선박등의 선장·기장 또는 소유자
2. 수상에서 조난사실을 발견한 자
3. 조난된 선박등으로부터 조난신호나 조난통신을 수신한 자
4. 조난사고 원인을 제공한 선박의 선장 및 승무원
② 선박등의 소재가 불명하고 통신이 두절되어 실종의 위험이 있다고 인정되는 경우에는 그 선박등의 소유자·운항자 또는 관리자는 지체 없이 그 사실을 구조본부의 장이나 소방관서의 장에게 신고하여야 한다.
③ 제1항 및 제2항에 따라 조난사실을 신고받거나 인지한 구조본부의 장 또는 소방관서의 장은 그 사실을 지체 없이 조난지역을 관할하는 구조본부의 장이나 소방관서의 장에게 통보하여야 한다.

2.1 사고의 법률상 정의

해양사고에 대한 정의는 「해양사고심판법」 제2조 제1호에 정의되어 있으며,[19] 선박과 관련된 사고로 한정되어 있다. 따라서 수상에서 인명 사고가 났다고 하더라도 선박과 관련 없이 발생한 사고는 해양사고가 아니다.

'해양사고'와 유사한 용어로 '조난사고'가 있는데 「수상구조법」 제2조 제5호에서 정의하고 있다.[20] 조난사고는 선박과 관련된 사고뿐만 아니라 선박과 관련 없이 수상에서 익수, 추락, 고립, 표류 등이 포함되기 때문에 해양사고보다 조난사고의 범위가 더 넓다. 따라서 「해양사고심판법」을 담당하는 중앙해양안전심판원과 「수상구조법」을 담당하는 해양경찰청의 사고통계가 같을 수 없다.

이보다 폭 넓게 쓰이는 용어로는 '재난'을 꼽을 수 있으며, 「재난안전법」 제3조 제1호에서 정의하고 있다.[21] 크게 자연현상에 의한 자연재난과 그 외의 사회

---

19) 해양사고심판법 제2조(정의) 이 법에서 사용하는 용어의 뜻은 다음과 같다.
 1. "해양사고"란 해양 및 내수면(內水面)에서 발생한 다음 각 목의 어느 하나에 해당하는 사고를 말한다.
  가. 선박의 구조·설비 또는 운용과 관련하여 사람이 사망 또는 실종되거나 부상을 입은 사고
  나. 선박의 운용과 관련하여 선박이나 육상시설·해상시설이 손상된 사고
  다. 선박이 멸실·유기되거나 행방불명된 사고
  라. 선박이 충돌·좌초·전복·침몰되거나 선박을 조종할 수 없게 된 사고
  마. 선박의 운용과 관련하여 해양오염 피해가 발생한 사고
 1의2. "준해양사고"란 선박의 구조·설비 또는 운용과 관련하여 시정 또는 개선되지 아니하면 선박과 사람의 안전 및 해양환경 등에 위해를 끼칠 수 있는 사태로서 해양수산부령으로 정하는 사고를 말한다.

20) 수상구조법 제2조(정의) 이 법에서 사용하는 용어의 정의는 다음과 같다.
 5. "조난사고"란 수상에서 다음 각 목의 사유로 인하여 사람의 생명·신체 또는 선박등의 안전이 위험에 처한 상태를 말한다.
  가. 사람의 익수·추락·고립·표류 등의 사고
  나. 선박등의 침몰·좌초·전복·충돌·화재·기관고장 또는 추락 등의 사고

21) 재난안전법 제3조(정의) 이 법에서 사용하는 용어의 뜻은 다음과 같다.
 1. "재난"이란 국민의 생명·신체·재산과 국가에 피해를 주거나 줄 수 있는 것으로서 다음 각 목의 것을 말한다.
  가. 자연재난: 태풍, 홍수, 호우(豪雨), 강풍, 풍랑, 해일(海溢), 대설, 한파, 낙뢰, 가뭄, 폭염, 지진, 황사(黃砂), 조류(藻類) 대발생, 조수(潮水), 화산활동, 소행성·유성체 등 자

재난으로 구분하고 있다. 사회재난의 하나로 수상에서 발생한 사고를 '해상사고'라고 하여 「수상구조법」의 정의에 가깝다.

2.2 해양사고 신고 및 처리

「해사안전법」, 「선박입출항법」, 「해양환경관리법」에 따라 사고와 관련된 선장 또는 선박소유자는 사고 사실을 신고하는 것 외에도 사고확대 방지를 위한 역할을 부여받고 있다.

사고가 발생하면 기본적으로는 사고 당사자가 처리하되 직접 처리하기 어려운 경우에는 권한 있는 국가기관이 개입하여 사고 수습을 위한 역할을 수행한다.

2.2.1 해사안전법

「해사안전법」 제43조에 따라 사고를 당한 자는 ① 자선에 발생한 위험이나 다른 선박의 항행안전에 미치는 위험을 방지하기 위해 필요한 조치를 신속하게 취하여야 하고, ② 해양경찰서장이나 지방해양수산청장에게 사고 사실과 조치한 내용을 신고하여야 한다.[22)]

연우주물체의 추락 · 충돌, 그 밖에 이에 준하는 자연현상으로 인하여 발생하는 재해
나. 사회재난: 화재 · 붕괴 · 폭발 · 교통사고(항공사고 및 해상사고를 포함한다) · 화생방사고 · 환경오염사고 등으로 인하여 발생하는 대통령령으로 정하는 규모 이상의 피해와 에너지 · 통신 · 교통 · 금융 · 의료 · 수도 등 국가기반체계(이하 "국가기반체계"라 한다)의 마비, 「감염병의 예방 및 관리에 관한 법률」에 따른 감염병 또는 「가축전염병예방법」에 따른 가축전염병의 확산, 「미세먼지 저감 및 관리에 관한 특별법」에 따른 미세먼지 등으로 인한 피해

22) 해사안전법 제43조(해양사고가 일어난 경우의 조치) ① 선장이나 선박소유자는 해양사고가 일어나 선박이 위험하게 되거나 다른 선박의 항행안전에 위험을 줄 우려가 있는 경우에는 위험을 방지하기 위하여 신속하게 필요한 조치를 취하고, 해양사고의 발생 사실과 조치 사실을 지체 없이 해양경찰서장이나 지방해양수산청장에게 신고하여야 한다.
② 지방해양수산청장은 제1항에 따른 신고를 받으면 지체 없이 그 사실을 해양경찰서장에게 통보하여야 한다.
③ 해양경찰서장은 선장이나 선박소유자가 제1항에 따라 신고한 조치 사실을 적절한 수단을

③ 신고를 받은 자가 지방해양수산청장인 경우에는 해양경찰서장에게 지체 없이 통보하여야 하는데 해양경찰서장이 수색구조업무를 담당하고 있기 때문이다.

해양경찰서장은 ① 사고 선박의 선장이나 선박소유자에게 연락하여 사고 사실과 조치한 내용을 확인하고, ② 조치내용이 미흡한 경우에는 필요한 조치를 명한다. ③ 필요하다면 구역을 정하여 그 구역에 대한 다른 선박의 사용을 금지시킬 수 있다.

안전하고 원활한 사고 처리를 위하여 「해사안전법」에서는 해양경찰서장에게 사고 선박 이외의 선박에 대해 이동·항행 제한 또는 조업중지 명령권을 부여하고 있으며, 「수상구조법」에서도 이와 유사하게 선박의 이동 및 대피 명령을 두고 있다.[23)]

2.2.2 선박의 입항 및 출항 등에 관한 법률

「선박입출항법」 제39조에는 해양사고 등을 당한 자가 ① 다른 선박의 항행이나 무역항의 안전을 위해 「항로표지법」 제2조 제1호에[24)] 따른 항로표지를 설치하는

사용하여 확인하고, 조치를 취하지 아니하였거나 취한 조치가 적당하지 아니하다고 인정하는 경우에는 그 선박의 선장이나 선박소유자에게 해양사고를 신속하게 수습하고 해상교통의 안전을 확보하기 위하여 필요한 조치를 취할 것을 명하여야 한다.

④ 해양경찰서장은 해양사고가 일어나 선박이 위험하게 되거나 다른 선박의 항행안전에 위험을 줄 우려가 있는 경우 필요하면 구역을 정하여 다른 선박에 대하여 선박의 이동·항행 제한 또는 조업중지를 명할 수 있다.

23) 수상구조법 제10조(선박의 이동 및 대피 명령) 구조본부의 장은 다음 각 호의 어느 하나에 해당하는 선박의 경우에는 해양수산부령으로 정하는 바에 따라 해당 선박의 이동 및 대피를 명할 수 있다. 다만, 외국선박에 대한 이동 및 대피명령은 「영해 및 접속수역법」 제1조 및 제3조에 따른 영해 및 내수(「내수면어업법」 제2조제1호에 따른 내수면은 제외한다)에서만 실시한다.

1. 태풍, 풍랑 등 해상기상의 악화로 조난이 우려되는 선박
2. 선박구난현장에서 구난작업에 방해가 되는 선박

24) 항로표지법 제2조(정의) 1. “항로표지”란 항행하는 선박에 대하여 등광(燈光)·형상(形象)·색채·음향·전파 등을 수단으로 선박의 위치·방향 및 장애물의 위치 등을 알려주는 항행보조시설로서 광파(光波)표지, 형상표지, 음파표지, 전파표지 및 특수신호표지 등 해양수산부령으로 정하는 것을 말한다.

- 항로표지법 시행규칙 제2조(항로표지의 종류) ① 「항로표지법」(이하 “법”이라 한다) 제2조

등 필요한 조치를 해야 하며, ② 직접 하기 곤란한 상황이면 지방해양수산청장 또는 시・도지사에게 항로표지 등의 설치를 요청할 수 있도록 하고 있다.[25)]

제1호에 따른 항로표지의 종류는 다음 각 호와 같다.

1. 광파(光波)표지: 유인등대, 무인등대, 등표(燈標), 도등(導燈), 조사등(照射燈), 지향등(指向燈), 등주, 교량등, 통항신호등, 등부표(燈浮標), 고정부표(spar buoy), 대형 등부표(LANBY) 및 등선(燈船)
2. 형상표지: 입표(立標), 도표(導標), 교량표, 통항신호표 및 부표
3. 음파표지: 전기 혼(electric horn), 에어 사이렌(air siren), 모터 사이렌(motor siren) 및 다이아폰(diaphone)
4. 전파표지: 레이더 비콘(radar beacon), 위성항법보정시스템(DGNSS) 및 지상파항법시스템(LORAN)
5. 특수신호표지: 해양기상신호표지, 조류신호표지 및 자동위치식별신호표지(AIS AtoN)

② 제1항제1호부터 제4호까지의 항로표지는 그 기능 및 목적에 따라 다음 각 호의 특수항로표지로 구분할 수 있다.

1. 공사용 표지
2. 침몰하거나 좌초한 선박을 표시하기 위한 항로표지(이하 "침선표지"라 한다)
3. 교량표지
4. 계선표지
5. 해저케이블표지
6. 해저송유관표지
7. 해양자료수집용 표지
8. 해양자원탐사용 표지
9. 해양자원시추용 표지
10. 해양자원채굴용 표지
11. 양식장표지
12. 해양풍력발전단지표지
13. 해양조력(潮力)발전단지표지
14. 해양파력(波力)발전단지표지

25) 선박입출항법 제39조(해양사고 등이 발생한 경우의 조치) ① 무역항의 수상구역등이나 무역항의 수상구역 부근에서 해양사고・화재 등의 재난으로 인하여 다른 선박의 항행이나 무역항의 안전을 해칠 우려가 있는 조난선(遭難船)의 선장은 즉시 「항로표지법」 제2조제1호에 따른 항로표지를 설치하는 등 필요한 조치를 하여야 한다.
② 제1항에 따른 조난선의 선장이 같은 항에 따른 조치를 할 수 없을 때에는 해양수산부령으로 정하는 바에 따라 해양수산부장관에게 필요한 조치를 요청할 수 있다.
③ 해양수산부장관이 제2항에 따른 조치를 하였을 때에는 그 선박의 소유자 또는 임차인은 그 조치에 들어간 비용을 해양수산부장관에게 납부하여야 한다.
④ 해양수산부장관은 선박의 소유자 또는 임차인이 제3항에 따른 조치 비용을 납부하지 아니할 경우 국세 체납처분의 예에 따라 이를 징수할 수 있다.
⑤ 제3항에 따른 비용의 산정방법 및 납부절차는 해양수산부령으로 정한다.

「선박입출항법」은 무역항의 수상구역등에 적용되며,26) 「해사안전법」은 대한민국의 영해, 내수에 있는 선박에 적용되므로27) 무역항의 수상구역등에 있는 선박에도 「해사안전법」이 적용된다. 따라서 「선박입출항법」에 사고 신고에 관한 규정이 없다하더라도 「해사안전법」에 따라 신고하여야 한다. 이는 특별법에서 규정하고 있지 않은 사항을 일반법에서 끌어 사용한 경우이다.

해상교통과 관련하여 「선박입출항법」은 「해사안전법」에 대한 특별법 관계로28) 본다. 해사법규에서 이와 같은 법률이 「선원법」과 「근로기준법」의 관계가 있다.

특별법 관계에서 서로 상충되는 조문의 적용할 때는 특별법 우선의 원칙을 적용한다. 일례로 두 척의 동력선이 횡단관계(Crossing)에 있을 때 상대선의 좌현등화를 보고 항해하는 선박은 피항선이므로 상대선을 피하도록 「해사안전법」에 정하고 있다.29) 이 경우 상대선의 우현등화를 보고 있는 다른 선박은 유지선이므로 침로와 속력을 유지하여야 한다.30)

---

26) 선박입출항법 제3조(다른 법률과의 관계) 무역항의 수상구역등에서의 선박 입항·출항에 관하여는 다른 법률에 특별한 규정이 있는 경우를 제외하고는 이 법에 따른다.

27) 해사안전법 제3조(적용범위) ① 이 법은 다음 각 호의 어느 하나에 해당하는 선박과 해양시설에 대하여 적용한다.
  1. 대한민국의 영해, 내수(해상항행선박이 항행을 계속할 수 없는 하천·호수·늪 등은 제외한다. 이하 같다)에 있는 선박이나 해양시설. 다만, 대한민국선박이 아닌 선박(이하 “외국선박”이라 한다) 중 다음 각 목에 해당하는 외국선박에 대하여 제46조부터 제50조까지의 규정을 적용할 때에는 대통령령으로 정하는 바에 따라 이 법의 일부를 적용한다.
     가. 대한민국의 항(港)과 항 사이만을 항행하는 선박
     나. 국적의 취득을 조건으로 하여 선체용선(船體傭船)으로 차용한 선박

28) 동등한 법 형식 사이에서 법령간의 모순이 있거나 저촉되는 내용이 있을 경우, 일반적인 사항과 다른 특정의 경우를 한정하거나 특정의 사람 또는 지역을 한정하여 적용하는 법령이 있는 경우에 이 두개의 법령은 상대적으로 일반법과 특별법의 관계에 있다고 하고, 이 경우에는 특별법이 일반법에 우선한다는 것으로서 신법우선의 원칙의 예외가 된다. (출처) 김수익, 2007, 법령해석실무 및 사례, 법제처, pp. 46-47

29) 해사안전법 제73조(횡단하는 상태) 2척의 동력선이 상대의 진로를 횡단하는 경우로서 충돌의 위험이 있을 때에는 다른 선박을 우현 쪽에 두고 있는 선박이 그 다른 선박의 진로를 피하여야 한다. 이 경우 다른 선박의 진로를 피하여야 하는 선박은 부득이한 경우 외에는 그 다른 선박의 선수 방향을 횡단하여서는 아니 된다.

30) 해사안전법 제75조(유지선의 동작) ① 2척의 선박 중 1척의 선박이 다른 선박의 진로를 피하여야 할 경우 다른 선박은 그 침로와 속력을 유지하여야 한다.
② 제1항에 따라 침로와 속력을 유지하여야 하는 선박[이하 "유지선"(維持船)이라 한다]은

그러나 「선박입출항법」이 적용되는 항만구역의 방파제 부근에서는 출항하는 선박이 입항하려는 선박의 좌현등화를 보고 있더라도 입항하려는 선박이 방파제 밖에서 출항하려는 선박을 피하여야 한다.[31] 이는 항만구역에서는 「해사안전법」에 대한 특별법인 「선박입출항법」이 우선 적용되기 때문이다. 이러한 규정은 선박 통항이 잦고 복잡한 수역에 있는 선박에게 통항우선권을 주어 해양사고를 방지하기 위한 조치로 이해할 수 있다.

해양사고를 피하기 위해 법률을 위반하는 경우에 긴급피난을[32] 주장할 수 있지만 다수의 해사법규에서 해양사고를 피하기 위한 경우에는 일반적으로 금지된 행위가 예외적으로 허용되도록 미리 규정을 두어 적극적인 안전조치를 보장하고 있다.

「선박입출항법」에는 수상구역등에서 일반적으로 금지되지만 해양사고를 피하기 위해 특별히 허용하는 경우가 있는데 ① 지정된 정박지에 정박하지 않을 수 있으며,[33] ② 정박이 금지된 구역에 정박할 수 있으며,[34] ③ 지정된 항로를 떠나

피항선이 이 법에 따른 적절한 조치를 취하고 있지 아니하다고 판단하면 제1항에도 불구하고 스스로의 조종만으로 피항선과 충돌하지 아니하도록 조치를 취할 수 있다. 이 경우 유지선은 부득이하다고 판단하는 경우 외에는 자기 선박의 좌현 쪽에 있는 선박을 향하여 침로를 왼쪽으로 변경하여서는 아니 된다.
③ 유지선은 피항선과 매우 가깝게 접근하여 해당 피항선의 동작만으로는 충돌을 피할 수 없다고 판단하는 경우에는 제1항에도 불구하고 충돌을 피하기 위하여 충분한 협력을 하여야 한다.
④ 제2항과 제3항은 피항선에게 진로를 피하여야 할 의무를 면제하는 것은 아니다.

31) 선박입출항법 제13조(방파제 부근에서의 항법) 무역항의 수상구역등에 입항하는 선박이 방파제 입구 등에서 출항하는 선박과 마주칠 우려가 있는 경우에는 방파제 밖에서 출항하는 선박의 진로를 피하여야 한다.

32) 형법 제22조(긴급피난) ① 자기 또는 타인의 법익에 대한 현재의 위난을 피하기 위한 행위는 상당한 이유가 있는 때에는 벌하지 아니한다.
② 위난을 피하지 못할 책임이 있는 자에 대하여는 전항의 규정을 적용하지 아니한다.
③ 전조 제2항과 제3항의 규정은 본조에 준용한다.

33) 선박입출항법 제5조(정박지의 사용 등) ① 해양수산부장관은 무역항의 수상구역등에 정박하는 선박의 종류·톤수·흘수(吃水) 또는 적재물의 종류에 따른 정박구역 또는 정박지를 지정·고시할 수 있다.
② 무역항의 수상구역등에 정박하려는 선박(우선피항선은 제외한다)은 제1항에 따른 정박구역 또는 정박지에 정박하여야 한다. 다만, 해양사고를 피하기 위한 경우 등 해양수산부령으로 정하는 사유가 있는 경우에는 그러하지 아니하다.
③ 우선피항선은 다른 선박의 항행에 방해가 될 우려가 있는 장소에 정박하거나 정류하여서

항해할 수 있다.[35)]

2.2.3 해양환경관리법

선박의 운용과 관련하여 해양오염사고가 발생한 경우에는 해양사고의 한 종류이므로 「해사안전법」에 따라 자선에 발생한 위험이나 다른 선박의 항행안전에 미치는 위험을 방지하기 위해 필요한 조치를 신속하게 취해야 한다. 사고해역이 항만구역이라면 「선박입출항법」에 따라 항로표지를 설치하는 등 필요한 조치를 해야 한다.

는 아니 된다.

④ 제2항 단서에 따라 정박구역 또는 정박지가 아닌 곳에 정박한 선박의 선장은 즉시 그 사실을 해양수산부장관에게 신고하여야 한다.

34) 제6조(정박의 제한 및 방법 등) ① 선박은 무역항의 수상구역등에서 다음 각 호의 장소에는 정박하거나 정류하지 못한다.
1. 부두 · 잔교(棧橋) · 안벽(岸壁) · 계선부표 · 돌핀 및 선거(船渠)의 부근 수역
2. 하천, 운하 및 그 밖의 좁은 수로와 계류장(繫留場) 입구의 부근 수역

② 제1항에도 불구하고 다음 각 호의 경우에는 제1항 각 호의 장소에 정박하거나 정류할 수 있다.
1. 「해양사고의 조사 및 심판에 관한 법률」 제2조제1호에 따른 해양사고를 피하기 위한 경우
2. 선박의 고장이나 그 밖의 사유로 선박을 조종할 수 없는 경우
3. 인명을 구조하거나 급박한 위험이 있는 선박을 구조하는 경우
4. 제41조에 따른 허가를 받은 공사 또는 작업에 사용하는 경우

③ 제1항에 따른 선박의 정박 또는 정류의 제한 외에 무역항별 무역항의 수상구역등에서의 정박 또는 정류 제한에 관한 구체적인 내용은 해양수산부장관이 정하여 고시한다.

④ 무역항의 수상구역등에 정박하는 선박은 지체 없이 예비용 닻을 내릴 수 있도록 닻 고정장치를 해제하고, 동력선은 즉시 운항할 수 있도록 기관의 상태를 유지하는 등 안전에 필요한 조치를 하여야 한다.

⑤ 해양수산부장관은 정박하는 선박의 안전을 위하여 필요하다고 인정하는 경우에는 무역항의 수상구역등에 정박하는 선박에 대하여 정박 장소 또는 방법을 변경할 것을 명할 수 있다.

35) 선박입출항법 제10조(항로 지정 및 준수) ① 해양수산부장관은 무역항의 수상구역등에서 선박교통의 안전을 위하여 필요한 경우에는 무역항과 무역항의 수상구역 밖의 수로를 항로로 지정 · 고시할 수 있다.

② 우선피항선 외의 선박은 무역항의 수상구역등에 출입하는 경우 또는 무역항의 수상구역등을 통과하는 경우에는 제1항에 따라 지정 · 고시된 항로를 따라 항행하여야 한다. 다만, 해양사고를 피하기 위한 경우 등 해양수산부령으로 정하는 사유가 있는 경우에는 그러하지 아니하다.

발생해역을 불문하고 오염사고 처리에 관해서는 「해양환경관리법」에 따른다. 「해양환경관리법」 제63조에 따라 일정량 이상의 오염물질을 배출되거나 배출될 우려가 있다면 해양경찰청에 신고하여야 한다. 오염사고 신고는 사고 선박의 선장이나 사고 해양시설의 관리자뿐만 아니라 사고를 야기한 자 또는 발견한 자에게도 부여된 의무이다.[36] 신고를 받은 관청이 해양경찰청이 아닌 경우에는 해양경찰청에 이를 알려야 한다.

신고를 하는 때는 ① 해양오염사고의 발생일시·장소 및 원인, ② 배출된 오염물질의 종류, 추정량 및 확산상황과 응급조치상황, ③ 사고선박 또는 시설의 명칭, 종류 및 규모, ④ 해면상태 및 기상상태를 알려야 한다.[37]

사고 선박의 선장이나 사고를 야기한 자를 '방제의무자'라고 하며 방제의무자는 필요한 조치를 해야 하는데 ① 오염물질의 배출방지, ② 배출된 오염물질의 확산방지 및 제거, ③ 배출된 오염물질의 수거 및 처리를 해야 한다. 신고를 받은 해양경찰청장은 ① 방제의무자가 자발적으로 방제조치를 행하지 아니하는 때에는 그 자에게 시한을 정하여 방제조치를 하도록 명령할 수 있으며, ② 방제

---

36) 제63조(오염물질이 배출되는 경우의 신고의무) ① 대통령령이 정하는 배출기준을 초과하는 오염물질이 해양에 배출되거나 배출될 우려가 있다고 예상되는 경우 다음 각 호의 어느 하나에 해당하는 자는 지체 없이 해양경찰청장 또는 해양경찰서장에게 이를 신고하여야 한다.
1. 배출되거나 배출될 우려가 있는 오염물질이 적재된 선박의 선장 또는 해양시설의 관리자. 이 경우 당해 선박 또는 해양시설에서 오염물질의 배출원인이 되는 행위를 한 자가 신고하는 경우에는 그러하지 아니하다.
2. 오염물질의 배출원인이 되는 행위를 한 자.
3. 배출된 오염물질을 발견한 자
② 제1항의 규정에 따른 신고절차 및 신고사항 등에 관하여 필요한 사항은 해양수산부령으로 정한다.

37) 해양환경관리법 시행규칙 제29조(해양시설로부터의 오염물질 배출신고) ① 법 제63조에 따라 해양시설로부터의 오염물질 배출을 신고하려는 자는 서면·구술·전화 또는 무선통신 등을 이용하여 신속하게 하여야 하며, 그 신고사항은 다음 각 호와 같다.
1. 해양오염사고의 발생일시·장소 및 원인
2. 배출된 오염물질의 종류, 추정량 및 확산상황과 응급조치상황
3. 사고선박 또는 시설의 명칭, 종류 및 규모
4. 해면상태 및 기상상태
② 해양경찰청장 또는 해양경찰서장 외의 자는 제1항에 따른 신고를 받은 경우에는 지체 없이 그 내용을 해양경찰청장 또는 해양경찰서장에게 알려야 한다.

의무자가 방제조치명령에 따르지 아니하는 경우에는 직접 방제조치를 할 수 있다.[38]

선박 및 해양시설의 좌초·충돌·침몰·화재 등의 사고로 인하여 선박 또는 해양시설로부터 오염물질이 배출될 우려가 있는 경우에는 방제의무자는 해양수산부령이 정하는 바에 따라 오염물질의 배출방지를 위한 조치를 하여야 한다.[39]

구체적으로는 ① 파손·화재 등의 사고인 경우에는 오염물질을 다른 선박이나 해양시설로 옮겨 싣는 조치 또는 손상부위의 긴급수리, 침수 또는 배출방지를

---

38) 해양환경관리법 제64조(오염물질이 배출된 경우의 방제조치) ① 제63조제1항제1호 및 제2호에 해당하는 자(이하 "방제의무자"라 한다)는 배출된 오염물질에 대하여 대통령령이 정하는 바에 따라 다음 각 호에 해당하는 조치(이하 "방제조치"라 한다)를 하여야 한다.
1. 오염물질의 배출방지
2. 배출된 오염물질의 확산방지 및 제거
3. 배출된 오염물질의 수거 및 처리
② 오염물질이 항만의 안 또는 항만의 부근 해역에 있는 선박으로부터 배출되는 경우 다음 각 호의 어느 하나에 해당하는 자는 방제의무자가 방제조치를 취하는데 적극 협조하여야 한다.
1. 당해 항만이 배출된 오염물질을 싣는 항만인 경우에는 당해 오염물질을 보내는 자
2. 당해 항만이 배출된 오염물질을 내리는 항만인 경우에는 당해 오염물질을 받는 자
3. 오염물질의 배출이 선박의 계류 중에 발생한 경우에는 당해 계류시설의 관리자
4. 그 밖에 오염물질의 배출원인과 관련되는 행위를 한 자
③ 해양경찰청장은 방제의무자가 자발적으로 방제조치를 행하지 아니하는 때에는 그 자에게 시한을 정하여 방제조치를 하도록 명령할 수 있다.
④ 해양경찰청장은 방제의무자가 제3항의 규정에 따른 방제조치명령에 따르지 아니하는 경우에는 직접 방제조치를 할 수 있다. 이 경우 방제조치에 소요된 비용은 대통령령이 정하는 바에 따라 방제의무자가 부담한다.
⑤ 제4항의 규정에 따라 직접 방제조치에 소요된 비용의 징수에 관하여는 「행정대집행법」 제5조 및 제6조의 규정을 준용한다.
⑥ 제1항부터 제4항까지의 규정에 따라 오염물질의 방제조치에 사용되는 자재 및 약제는 제110조제4항·제6항 및 제7항에 따라 형식승인·검정 및 인정을 받거나 제110조의2제3항에 따른 검정을 받은 것이어야 한다. 다만, 오염물질의 방제조치에 사용되는 자재로서 긴급방제조치에 필요하고 해양환경에 영향을 미치지 아니한다고 해양경찰청장이 인정하는 경우에는 그러하지 아니한다.

39) 제65조(오염물질이 배출될 우려가 있는 경우의 조치 등) ① 선박의 소유자 또는 선장, 해양시설의 소유자는 선박 또는 해양시설의 좌초·충돌·침몰·화재 등의 사고로 인하여 선박 또는 해양시설로부터 오염물질이 배출될 우려가 있는 경우에는 해양수산부령이 정하는 바에 따라 오염물질의 배출방지를 위한 조치를 하여야 한다.
② 제64조제3항 및 제4항의 규정은 제1항의 규정에 따른 오염물질의 배출방지를 위한 조치에 관하여 준용한다. 이 경우 "방제의무자"는 "선박의 소유자 또는 선장, 해양시설의 소유자"로 본다.

위하여 필요한 조치, ② 침몰이 예상되는 경우에는 오염물질의 배출 우려가 있는 모든 부위를 막는 조치, ③ 불을 끄는 중에 생긴 오염물질의 경우에는 다른 선박이나 해양시설로 옮겨 싣는 조치 또는 배출방지를 위하여 필요한 조치를 취하고, ④ 그래도 오염물질이 배출될 우려가 있는 경우 배출 또는 확산방지를 위하여 필요한 조치를 취하여야 한다.40)

「해양환경관리법」은 두 개의 시행규칙을 갖고 있는데 상기에서 언급한 내용이 「해양환경관리법 시행규칙」과 「선박에서의 오염방지에 관한 규칙」에 모두 규정되어 있다.41)

---

40) 해양환경관리법 시행규칙 제31조(오염물질의 배출방지를 위한 조치) 해양시설의 소유자는 법 제65조제1항에 따라 오염물질의 배출방지를 위한 다음 각 호의 조치를 취하여야 한다.
1. 파손・화재 등의 사고인 경우에는 오염물질을 다른 선박이나 해양시설로 옮겨 싣는 조치 또는 손상부위의 긴급수리, 침수 또는 배출방지를 위하여 필요한 조치
2. 침몰이 예상되는 경우에는 오염물질의 배출 우려가 있는 모든 부위를 막는 조치
3. 불을 끄는 중에 생긴 오염물질의 경우에는 다른 선박이나 해양시설로 옮겨 싣는 조치 또는 배출방지를 위하여 필요한 조치
4. 제1호부터 제3호까지의 규정에 따른 조치에도 불구하고 오염물질이 배출될 우려가 있는 경우 배출 또는 확산방지를 위하여 필요한 조치

41) 선박에서의 오염방지에 관한 규칙 제52조(선박으로부터 오염물질의 배출방지를 위한 조치) 선박의 소유자 또는 선장은 법 제65조제1항에 따라 오염물질의 배출방지를 위하여 다음 각 호의 조치를 취하여야 한다.
1. 좌초, 충돌, 파손, 침몰, 화재 등의 사고로 오염물질을 다른 선박이나 해양시설로 옮겨 싣는 조치가 필요하다고 인정되는 경우에 옮겨 싣는 조치
2. 제1호의 사고에 따른 선체 손상부위의 긴급수리, 선체의 예인・인양조치, 침수 또는 배출방지를 위하여 필요한 조치
3. 침몰이 예상되는 경우에는 침몰된 후에 오염물질의 배출 우려가 있는 모든 부위를 막는 조치
4. 화재의 경우에는 진화작업으로 기관실 또는 화물창 등에 고인 폐수 등의 오염물질을 다른 선박이나 해양시설로 옮겨 싣는 조치 또는 배출방지를 위하여 필요한 조치
5. 제1호부터 제4호까지의 규정에 따른 조치에도 불구하고 오염물질이 배출될 우려가 있는 경우 배출감소 또는 확산방지를 위하여 필요한 조치
6. 그 밖에 오염물질의 배출방지를 위하여 필요한 조치

▪ 해양환경관리법 시행령 [별표6]

오염물질 배출시 신고기준

종류		양 · 농도	확산범위
폐기물	수은 및 그 화합물, 폴리염화비페닐, 카드뮴 및 그 화합물, 6가크롬화합물, 유기할로겐화합물	10kg 이상	
	시안화합물, 유기인화합물, 납 및 그 화합물, 비소 및 그 화합물, 구리 및 그 화합물, 크롬 및 그 화합물, 아연 및 그 화합물, 불화물, 페놀류, 트리클로로에틸렌, 테트라클로로에틸렌	100kg 이상	
	유기실리콘 화합물, 폐합성수지, 폐합성고분자 화합물, 폐산, 폐알칼리	200kg 이상	
	동 · 식물성 고형물, 분뇨, 오니류	200kg 이상	
	그 밖의 폐기물	1,000kg 이상	
기름		배출된 기름 중 유분이 100만분의 1,000 이상이고 유분총량이 100ℓ 이상	배출된 기름이 1만㎡ 이상으로 확산되어 있거나 확산될 우려가 있는 경우
유해액체물질	알라클로르, 알칸, 그 밖에 해양수산부령으로 정하는 X류 물질	10ℓ 이상	
	아세톤 시아노히드린, 아크릴산, 그 밖에 해양수산부령으로 정하는 Y류 물질	100ℓ 이상	
	아세트산, 아세트산 무수물, 그 밖에 해양수산부령으로 정하는 Z류 물질	200ℓ 이상	
	평가는 되었으나 유해액체물질목록에 등록되지 아니한 잠정평가물질	10ℓ 이상	

2.3 사고처리 주관기관

해양사고는 주로 해양수산부나 해양경찰청과 같은 해양수산관서에서 처리한다. 하지만 사고가 내수면에서 발생한 경우에는 「수상구조법」에 따라 소방관서에서 처리한다.[42)]

대규모 재난에[43)] 속하는 해양사고가 발생하면 「재난안전법」에 따라 행정안전부에 '중앙재난안전대책본부'가 설치되어 대응업무를 담당한다.[44)]

---

42) 수상구조법 제13조(수난구호의 관할) 해수면에서의 수난구호는 구조본부의 장이 수행하고, 내수면에서의 수난구호는 소방관서의 장이 수행한다. 다만, 국제항행에 종사하는 내수면 운항선박에 대한 수난구호는 구조본부의 장과 소방관서의 장이 상호 협조하여 수행하여야 한다.

43) 재난안전법 시행령 제13조(대규모 재난의 범위) 법 제14조제1항에서 "대통령령으로 정하는 대규모 재난"이란 다음 각 호의 어느 하나에 해당하는 재난을 말한다.
1. 재난 중 인명 또는 재산의 피해 정도가 매우 크거나 재난의 영향이 사회적・경제적으로 광범위하여 주무부처의 장 또는 법 제16조제2항에 따른 지역재난안전대책본부(이하 "지역대책본부"라 한다)의 본부장(이하 "지역대책본부장"이라 한다)의 건의를 받아 법 제14조제2항에 따른 중앙재난안전대책본부의 본부장(이하 "중앙대책본부장"이라 한다)이 인정하는 재난
2. 제1호에 따른 재난에 준하는 것으로서 중앙대책본부장이 재난관리를 위하여 법 제14조제1항에 따른 중앙재난안전대책본부(이하 "중앙대책본부"라 한다)의 설치가 필요하다고 판단하는 재난

44) 재난안전법 제14조(중앙재난안전대책본부 등) ① 대통령령으로 정하는 대규모 재난(이하 "대규모재난"이라 한다)의 대응・복구(이하 "수습"이라 한다) 등에 관한 사항을 총괄・조정하고 필요한 조치를 하기 위하여 행정안전부에 중앙재난안전대책본부(이하 "중앙대책본부"라 한다)를 둔다.
② 중앙대책본부에 본부장과 차장을 둔다.
③ 중앙대책본부의 본부장(이하 "중앙대책본부장"이라 한다)은 행정안전부장관이 되며, 중앙대책본부장은 중앙대책본부의 업무를 총괄하고 필요하다고 인정하면 중앙재난안전대책본부회의를 소집할 수 있다. 다만, 해외재난의 경우에는 외교부장관이, 「원자력시설 등의 방호 및 방사능 방재 대책법」 제2조제1항제8호에 따른 방사능재난의 경우에는 같은 법 제25조에 따른 중앙방사능방재대책본부의 장이 각각 중앙대책본부장의 권한을 행사한다.
④ 제3항에도 불구하고 재난의 효과적인 수습을 위하여 다음 각 호의 어느 하나에 해당하는 경우에는 국무총리가 중앙대책본부장의 권한을 행사할 수 있다. 이 경우 행정안전부장관, 외교부장관(해외재난의 경우에 한정한다) 또는 원자력안전위원회 위원장(방사능 재난의 경우에 한정한다)이 차장이 된다.
1. 국무총리가 범정부적 차원의 통합 대응이 필요하다고 인정하는 경우
2. 행정안전부장관이 국무총리에게 건의하거나 제15조의2제2항에 따른 수습본부장의 요청을 받아 행정안전부장관이 국무총리에게 건의하는 경우

해적이나 해상강도에게[45] 우리 국민이 피랍되는 등 해외에서 발생한 사건·사고와 관련해서는 「정부조직법」에 따라 외교부의 업무이며,[46] 「재외국민보호를 위한 영사조력법」에 따라 외교부장관이 재외공관을 활용하여 사건·사고로부터 재외국민의 생명·신체 및 재산을 보호하기 위한 영사조력을 시행한다.[47]

선내에서 사고처리는 선장이 주관하므로 어떤 사고이든지 선장에게 즉시 보고되어야 하며 사고처리를 위해 선장이 직접 지휘해야 한다.

---

⑤ 중앙대책본부장은 대규모재난이 발생하거나 발생할 우려가 있는 경우에는 대통령령으로 정하는 바에 따라 실무반을 편성하고, 중앙재난안전대책본부상황실을 설치하는 등 해당 대규모재난에 대하여 효율적으로 대응하기 위한 체계를 갖추어야 한다. 이 경우 제18조제1항제1호에 따른 중앙재난안전상황실과 인력, 장비, 시설 등을 통합·운영할 수 있다.
⑥ 제1항에 따른 중앙대책본부, 제3항에 따른 중앙재난안전대책본부회의의 구성과 운영에 필요한 사항은 대통령령으로 정한다.

45) "해상강도행위"란 외국의 관할권이 미치는 곳에서 발생한 때, "해적행위"는 공해상 또는 어느 국가 관할권에도 속하지 아니하는 곳에서 발생한 경우로 구분한다.(국제항해선박 등에 대한 해적행위 피해예방에 관한 법률 제2조 제5호, 제6호)

46) 정부조직법 제30조(외교부) ① 외교부장관은 외교, 경제외교 및 국제경제협력외교, 국제관계 업무에 관한 조정, 조약 기타 국제협정, 재외국민의 보호·지원, 재외동포정책의 수립, 국제정세의 조사·분석에 관한 사무를 관장한다.
② 외교부에 차관보 1명을 둘 수 있다.

47) 영사조력법 제5조(다른 법률과의 관계) ① 이 법은 영사조력에 관하여 다른 법률에 우선하여 적용한다.
② 해외위난상황에 관하여 이 법에서 규정한 것을 제외하고는 「재난 및 안전관리 기본법」 및 「국민보호와 공공안전을 위한 테러방지법」을 적용한다.

3. 사고종류별 대응실무(Emergency Preparedness)

국제안전관리규약(ISM Code)에 따라 해운회사와 선박은 안전관리체제를 수립하고 이를 증명하는 서류를 갖추어야 한다.[48]

안전관리체제에 포함되어야 하는 내용은 11가지이며[49] 선박충돌사고 시 비상대책과 같은 내용도 포함되어야 한다. 선박에서는 잠재적 비상상황을 화재, 폭발, 충돌, 좌초, 침수, 인명 구조, 오염, 타기 고장, 주기관 전원 상실, 인명 손상, 퇴선 등으로 나누고 상황별 비상대응방법을 미리 규정하고 있다.

상황별 비상대응은 선박 종류별로 또는 회사별로 다를 수 있기 때문에 통일적 지침을 제공하기는 어려우나 실무적 관점에서 일반적 대응방법을 소개하고자 한다. 다만 화재 사고는 다양한 형태로 발현되므로 개별적 상황에서 적절히 대응할 수 있도록 이론적인 부분까지 다루고자 한다.

---

48) 해운회사는 안전관리적합증서(DOC: Document of Compliance), 선박은 선박안전관리증서(SMC: Safety Management Certificate)를 정부 또는 정부대행기관으로부터 발급받아야 한다.

49) ISM Code A, 해사안전법 제46조제4항, 「해사안전법 시행규칙」 별표 11
1. 해상에서의 안전과 환경 보호에 관한 기본방침
2. 선박소유자의 책임과 권한에 관한 사항
3. 안전관리체제의 시행을 위한 안전관리책임자와 안전관리자의 임무에 관한 사항
4. 선장의 책임과 권한에 관한 사항
5. 인력의 배치와 운영에 관한 사항
6. 선박의 안전관리체제 수립에 관한 사항
7. 선박충돌사고 등 발생 시 비상대책의 수립에 관한 사항
8. 사고, 위험 상황 및 안전관리체제의 결함에 관한 보고와 분석에 관한 사항
9. 선박의 정비에 관한 사항
10. 안전관리체제와 관련된 지침서 등 문서 및 자료 관리에 관한 사항
11. 안전관리체제에 대한 선박소유자의 확인·검토 및 평가에 관한 사항

3.1 화재 및 폭발(Fire and Explosion)

3.1.1 화재의 정의

화재(火災)란 가연물질이 산소와 반응하여 열과 빛을 발생하면서 연소하는 현상으로 인하여 인간에게 물질적·신체적인 손해를 주는 재해이다.

관습적으로 화재를 '불'이라고도 하지만 국내외의 정의에 따르면[50)] 화재(火災)는 소화할 필요성이 있는 것이어야 하므로 불로 인하여 인간생활에 발생되는 재해를 의미한다.

3.1.2 연소 현상

연소(燃燒)란 산화반응의 한 형태로서 반응속도가 매우 커서 열과 빛을 발하는 현상이다.[51)] 따라서 철이 녹스는 산화현상은 반응속도가 늦어 철의 연소라고 하지 않는다.

산화란 물질이 산화제와 화학적으로 반응하는 현상으로 발열성 산화반응과 흡열성 산화반응으로 구분되나 발열성 산화반응만을 연소라고 한다.

---

50) "화재"란 사람의 의도에 반하거나 고의에 의해 발생하는 연소 현상으로서 소화시설 등을 사용하여 소화할 필요가 있거나 또는 화학적인 폭발현상을 말한다. (소방청 '화재조사 및 보고규정' 제2조 제1호)
- "화재"란 파괴적이고 통제되지 않는(destructive and uncontrolled) 가연성 고체·액체·기체의 연소(burning)를 말하며 폭발을 포함한다. (미국 USFA, National Fire Incident Reporting System 실무서)
- (일본 화재보고취급요령) "화재"란 인간의 의도에 반하여 발생 혹은 확대되거나 방화에 의하여 발생되어 소화의 필요가 있는 연소현상으로서 이것을 소화하기 위하여 소화시설 또는 이것과 같은 정도의 효과가 있는 것의 이용을 필요로 하는 것, 또는 인간의 의도에 반하여 발생 또는 확대된 폭발현상을 말한다.
- (ISO)"화재"란 시간적·공간적으로 제어되지 않고 확대되는 급격한 연소현상이다.

51) (연소의 정의) 빛과 열의 발생을 수반하는 급격한 산화반응, 또는 가연성물질이 공기 중의 산소와 반응하여 열과 빛을 발하면서 산화하는 현상

연소가 성립되려면 ① 가연물인 연료, ② 산화제인 산소, ③ 활성화 에너지인 열을 필요로 한다. 이 세 가지를 화재의 3요소라고 하며 어느 하나라도 빠지면 화재가 발생하지 않는다.

다른 표현으로는 ① 가연물, ② 산소 공급원, ③ 점화원이라 하며, ① 최초 착화물, ② 산소, ③ 발화 열원 등으로 표현하기도 한다.

지구의 대기는 질소 78%, 산소 21%, 아르곤 0.93%, 이산화탄소 0.04% 등으로 구성되어 있다. 일반적으로 공기 중에 산소가 16% 이상일 때 산화반응이 일어나며, 15% 이하에서는 산화반응이 중지된다.[52)]

유조선에서는 화물창 내에 불활성 기체(Inert gas)를 투입하여 산소 농도를 5 ~ 8%로 낮춰 화재를 방지하고 있다.

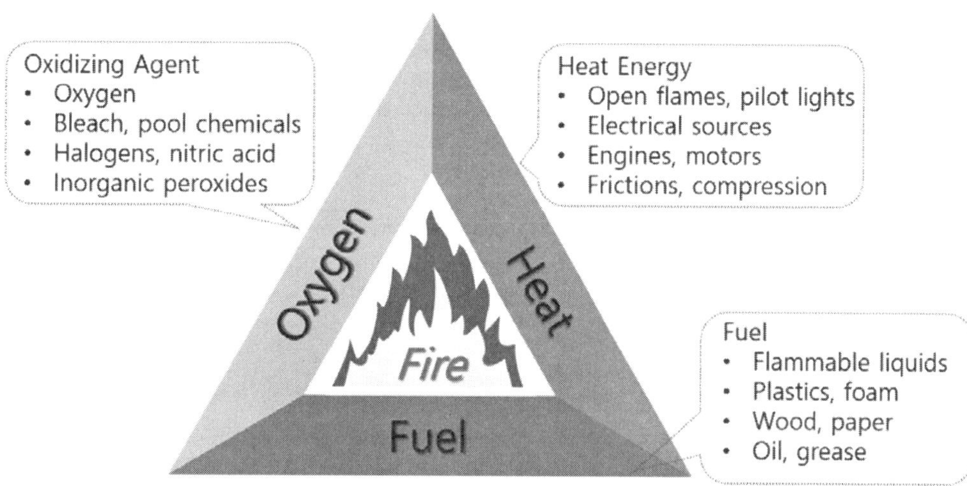

[그림 3-2] 화재의 3요소

화재의 4요소는 화재의 3요소에 화학적 연쇄반응이 더해진 것이다.

52) 산소농도 15% 이하에서도 산화반응이 일어나는 가연물질이 있으며 소맥분(12.0%), 고무(13.0%), 석탄 및 메탄(14.5%), 프로판 및 가솔린(15%) 등이다.

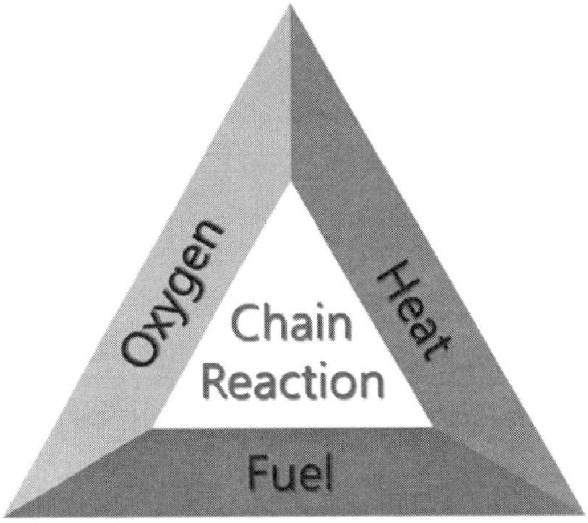

[그림 3-3] 화재의 4요소

소화 방법은 연소이론에 따라 네 가지 대표적인 방법이 있으며 ① 타고 있는 물질을 식히거나, ② 산소를 차단하거나, ③ 타는 물질을 제거하거나, ④ 연쇄반응을 차단하는 것이다.

3.1.3 폭발

폭발과 연소의 화학적인 과정은 차이가 없다. 즉, 폭발현상은 어떤 물질에서 발생하든지 연소가 일어날 수 있는 조건이 만족되어야 한다.

폭발과 연소의 차이점은 착화된 이후의 경과가 다르다는 점에 있다. 연소는 착화된 후에 정상적인 속도로 산화반응이 진행되지만 폭발은 화염이 급속히 전파되어 강력한 압력이 생겨 폭음이 일어난다.[53] 따라서 가스폭발과 가스화재의 차이는 에너지 방출속도가 다르다는 데에 있다.

53) 폭발의 정의 ① 압력의 급격한 개방 또는 발생으로 격렬한 폭음을 동반하며 팽창 또는 파열하는 현상, 또는 ② 순간적으로 물리적 또는 화학적 에너지가 기계에너지 또는 열에너지로 변환되어 사방으로 전달되는 거대한 에너지의 순간적인 발산 현상

폭발은 압력과 관계가 있기 때문에 폭발할 때 연료는 고압기체이며, 폭발의 기본개념 또한 고압기체의 갑작스런 방출에 의한 충격파 형태의 에너지 소산이다.

압력은 음속에서 평형을 이루며 에너지가 충격파로 소산되기 위해서는 방출속도가 음속이거나 초음속이 되어야 한다. 충격파의 초기 강도는 방출 순간의 기체 압력에 의해 결정된다. 충격파의 전체 에너지는 방출가스의 전체량과 방출순간의 압력 및 온도에 의존한다.[54] 초기 방출에 이어 고압가스가 발생되는 경우에 방출되는 전체 에너지는 증가한다. 그러나 충격파의 강도는 증가되지 않으며 추진 기간은 길어진다.

3.1.4 화재의 분류

국제표준화기구(ISO)는 화재를 ① A급 화재, ② B급 화재, ③ C급 화재, ④ D급, ⑤ F급 화재로 구분하고 있다.[55] 그러나 분류기준은 국가별로 다르다.

우리나라에서는 화재를 ① A급 화재, ② B급 화재, ③ C급 화재, ④ D급 화재, ⑤ K급 화재로 분류한다.

---

54) 폭발은 폭연(deflagration), 폭굉(detonation), 파열(blowing out)의 3종류의 형태로 나타난다.
- 폭연은 폭발적인 현상이지만 연소파의 전파속도가 음속 이하인 것을 말한다.
- 폭굉은 물질내에 충격파가 발생하게 되는데 이때 시간이 지남에 따라 감소하는 충격파가 화학반응에 의해 계속적으로 발생하는 연소열에 의하여 안정되게 유지되는 현상으로 전파속도가 음속보다 큰 경우를 말한다.

55) ISO 7202: 2018 Fire protection — Fire extinguishing media — Powder,
ISO 7165: 2017 Fire fighting — Portable fire extinguishers — Performance and construction
- class A: involving solid materials, usually of an organic nature, in which combustion normally takes place with the formation of glowing embers
- class B: involving liquids or liquefiable solids
- class C: involving gases
- class D: involving metals
- class F: involving cooking media (vegetable or animal oils and fats) in cooking appliances

미국의 국립화재예방협회(NFPA)는[56] ① A급 화재, ② B급 화재, ③ C급 화재, ④ D급 화재와 ⑤ K급 화재로 분류하고 있다.[57] 국제표준화기구(ISO)에서 F급 화재로 분류하고 있는 식용유 화재를 미국에서는 K급 화재로 분류하고 있으며, A, B, C, D급에 대한 화재의 정의도 약간 차이가 있다.

우리나라는 소방청의 '소화기구 및 자동소화장치의 화재안전기준'에서 연소 특성에 따라 A급 화재, B급 화재, C급 화재, K급 화재로 기술하고 있다.[58]

---

56) National Fire Protection Association

57) NFPA Code, Classifying fire
- Class A: Ordinary combustible materials, such as wood, cloth, paper, rubber and many plastics. They burn with an ember and leave an ash. Extinguish by cooling the fuel to a temperature that is below the ignition temp. Water and other extinguishing agents are effective.
- Class B: Flammable liquids (burn at room temperature) and combustible liquids (require heat to ignite). Petroleum greases, tars, oils, oil-based paints, solvents, lacquers, alcohols, and flammable gases. High fire hazard; water may not extinguish. Extinguish by creating a barrier between the fuel and the oxygen, such as layer of foam.
- Class C: Fuels that would be A or B except that they involve energized electrical equipment. Special techniques and agents required to extinguish, most commonly carbon dioxide or dry chemical agents. Use of water is very dangerous because water conducts electricity.
- Class D: Combustible metals, such as magnesium, titanium, zirconium, sodium, lithium and potassium. Most cars contain numerous such metals. Because of extremely high flame temperatures, water can break down into hydrogen and oxygen, enhancing burning or exploding. Extinguish with special powders based on sodium chloride or other salts; also clean dry sand.
- Class K: Fires in cooking appliances that involve combustible cooking media (vegetable or animal oils and fats).

(출처 : https://www.nfpa.org/News-and-Research/Publications-and-media/Press-Room/Reporters-Guide-to-Fire-and-NFPA/All-about-fire)

58) 소화기구 및 자동소화장치의 화재안전기준 (소방청고시 제2018-14호) 제3조(정의) 7. "일반화재(A급 화재)"란 나무, 섬유, 종이, 고무, 플라스틱류와 같은 일반 가연물이 타고 나서 재가 남는 화재를 말한다. 일반화재에 대한 소화기의 적응 화재별 표시는 'A'로 표시한다. <신설 2015. 1. 23.>

8. "유류화재(B급 화재)"란 인화성 액체, 가연성 액체, 석유 그리스, 타르, 오일, 유성도료, 솔벤트, 래커, 알코올 및 인화성 가스와 같은 유류가 타고 나서 재가 남지 않는 화재를 말한다. 유류화재에 대한 소화기의 적응 화재별 표시는 'B'로 표시한다. <신설 2015. 1. 23.>

9. "전기화재(C급 화재)"란 전류가 흐르고 있는 전기기기, 배선과 관련된 화재를 말한다. 전

이외에 한국산업표준(KS)에서 금속화재를 D급으로 추가하고 있다.59)

〈표 3-1〉 화재 분류 기준

<table>
<tr><th rowspan="2">화재
분류</th><th colspan="2">국내</th><th rowspan="2">미국
(NFPA)</th><th rowspan="2">국제규격
(ISO)</th><th rowspan="2">색상</th></tr>
<tr><th>소방청기준</th><th>KS기준</th></tr>
<tr><td>일반 화재</td><td>A급</td><td>A급</td><td>A급</td><td>A급</td><td>백색</td></tr>
<tr><td rowspan="2">유류 및 가스화재</td><td rowspan="2">B급</td><td rowspan="2">B급</td><td rowspan="2">B급</td><td>B급(유류)</td><td rowspan="2">황색</td></tr>
<tr><td>C급(가스)</td></tr>
<tr><td>전기 화재</td><td>C급</td><td>C급</td><td>C급</td><td>-</td><td>청색</td></tr>
<tr><td>금속 화재</td><td></td><td>D급</td><td>D급</td><td>D급</td><td>무색</td></tr>
<tr><td>식용유 화재</td><td>K급</td><td></td><td>K급</td><td>F급</td><td></td></tr>
</table>

화재를 분류하는 이유는 가연물의 종류에 따라 연소 특성이 달라지고, 연소 특성에 따라 소화 방법이 달라지며, 소화의 방법에 따라 써야 하는 소화기의 종류가 달라지기 때문이다.60)

기화재에 대한 소화기의 적응 화재별 표시는 'C'로 표시한다. <신설 2015. 1. 23.>

10. "주방화재(K급 화재)"란 주방에서 동식물유를 취급하는 조리기구에서 일어나는 화재를 말한다. 주방화재에 대한 소화기의 적응 화재별 표시는 'K'로 표시한다. <신설 2017. 4. 11.>

59) KS B 6259 : 2007(화재 분류)

용어	정의
A급	보통 잔재의 작열에 의해 발생하는 연소에서 유기성질의 고체물질을 포함한 화재
B급	액체 또는 액화할 수 있는 고체를 포함한 화재 및 가연성 가스 화재
C급	통전 중인 전기설비를 포함한 화재
D급	금속을 포함한 화재

60) 소화기에는 끌 수 있는 화재의 종류가 A, B, C 등으로 표시되어 있다.

(1) A급 화재

A급 화재는 일반 화재이며 연소 후 재가 남는 화재이다.

우리 주변에서 흔히 볼 수 있는 종이, 섬유, 플라스틱, 목재 등이 타는 일반적인 화재이다. 소화방법은 주로 물에 의한 냉각소화를 이용하며[61] 분말 소화약제를 사용할 수도 있다.

(2) B급 화재

B급 화재는 유류 화재로 부르지만 인화성 가스가 포함되며 연소 후 아무 것도 남기지 않는 종류의 화재이다.

연료는 휘발유, 경유, 등유 등 인화성 액체이며, 가스 화재도 B급 화재에 포함된다.[62] 소화방법은 공기를 차단시키는 질식소화 방법으로 거품(泡沫) 소화약제를 이용하거나, 분말, 이산화탄소(CO_2), 할로겐화합물[63] 소화약제 등을 사용한다.

(3) C급 화재

C급 화재는 전기 화재이며 전기 기계나 기구 등에 전기가 공급되는 상태에서 발생한 화재이다.

---

61) 물을 1분에 1리터 정도 쏟으면 일반가연물 0.7㎥에 붙은 불을 끌 수 있다

62) 일본 등 일부 국가는 LNG, LPG 등 압축 액화가스 화재를 E급 화재로 별도 구분하기도 한다. E급 화재는 분말, CO_2, 할론 소화기를 사용한다.

63) 할로겐화합물 소화약제는 지방족 탄화수소인 메탄, 에탄 등에서 분자 내의 수소 일부 또는 전부가 할로겐족 원소(F, CI, Br, I)로 치환된 화합물을 말하며 일명 Halon(Halogenated Hydrocarbon)이라 부른다.
- 할론(Halon)은 가장 강력한 소화약제이며 연소과정에서 발생하는 활성 유리기(Free radical, 화학반응 시 분해되지 않는 하나의 분자에서 다른 분자로 이동할 수 있는 원자의 집단)에 반응하여 이를 비활성화시켜 소화한다.

전기 절연성을 가진 소화약제로 소화해야 하며, 전기가 통하지 않은 상태에서 전기기계 등의 화재는 A급 화재로 분류한다. 소화방법으로 물을 뿌리면 감전의 위험이 있으므로 이산화탄소(CO_2), 할로겐화합물, 분말 소화약제를 사용한다.

(4) D급 화재

D급 화재는 금속 화재이다. 나트륨(Sodium), 칼륨(Potassium), 탄화칼슘, 인화칼슘 등은 물과 반응하여 수소(H_2) 가스를 발생시키는 금수성 물질이라 수(水)계 소화약제를 사용할 수 없다.

D급 화재는 수분이 탈수되면 팽창하는 성질이 있는 팽창 진주암(Perlite),[64] 팽창 질석(Vermiculite)[65] 또는 마른 모래 등을 사용하여 소화한다.

(5) K급 화재

K급 화재는 주방 화재 또는 식용유 화재라고도 한다. 유럽에서는 ISO 기준에 따라 F급 화재라고 한다.

식용유 화재도 B급 유류화재로 분류된 적이 있으나 가열된 식용유나 지방은 A, B, C급 화재를 위한 일반적인 소화기로는 잠시 진화된 것처럼 보이지만 기름 속의 온도가 높아 다시 불이 붙는 현상이 있어서 별도로 분류하고 있다.

---

64) 천연유리를 분쇄한 팽창진주암 조각에 형성된 얇은 공기 막에서 반사된 빛이 진주와 같아서 붙여진 명칭이다. 평상시는 백색가루로 보인다. 팽창진주암은 3~4%의 수분을 함유하고 있으며, 화재 시에 820~1,100℃의 온도에 노출되면 체적이 약 15~20배 정도 팽창하는 특성이 있다.

65) 운모가 풍화 또는 변질되어 생성된 팽창질석은 금색, 은색, 갈색 등이 있으며 내화온도는 1,400℃ 정도이다.

식용유 화재가 발생했을 때 물을 뿌리면 액체인 물이 기체로 급격히 팽창하는 과정에서 기름이 튀어 올라 화재가 확대되거나 화상을 입을 우려가 있기 때문에 절대 물을 부어서는 안 된다. 보통은 분말 소화약제를 사용하지만 소화 후에 청소하기가 번거롭기 때문에 젖은 수건이나 세탁물 등 물 때문에 불이 붙지 않는 재료로 덮어 산소 공급을 차단하거나 강화액 소화기를[66] 사용해야 한다.

3.1.5 소화 원리

소화원리는 연소의 반대 개념으로 화재의 4요소를 적정하게 통제하거나 차단하는 것이다.

물리적 소화방법으로 ① 냉각소화, ② 질식소화, ③ 제거소화가 있으며, 화학적 소화방법으로는 연쇄반응을 차단하는 ④ 억제소화가 있다. 실제 상황에서는 하나 또는 둘 이상이 소화원리가 작용하여 소화가 이루어진다.

66) 강화액 소화기는 알칼리금속염류 등을 주성분으로 한 액체에 압축공기 또는 질소가스를 축압하여 만들어진다. 강화액은 연소의 연쇄반응을 단절하거나 제어하는 효과를 통해 화재를 차단하고 재연을 저지하는 작용을 한다.

〈표 3-2〉 소화 원리와 방식

방식	소화 원리
냉각소화	○ (원리) 열이 계속적으로 발생하지 못하도록 차단하여 온도를 낮춤으로서 점화 에너지를 제거 ○ (소화) 비열이나 증발잠열이 큰 물질을 이용하여 열을 흡수하거나 증발하면서 열을 빼앗기 위해(기화열) CO_2나 물을 이용
질식소화 (희석소화)	○ (원리) 공기 중의 산소를 차단하여 산소 농도가 15% 이하로 낮아지면 연소가 지속되지 않음 ○ (소화) 불타는 가연물을 감싸거나 불연성 기체를 화재공간에 불어넣어 산소비율을 낮추기 위해 마른 모래를 뿌리거나 물에 젖은 담요로 연소물을 덮거나 거품(포말) 소화설비 또는 CO_2 설비를 이용
제거소화	○ (원리) 가연물을 제거함으로서 연소를 차단 ○ (소화) 화재장소에서 가연물을 다른 안전한 장소로 이동 - 고체 가연물 : 가연물을 화재 현장으로부터 즉시 제거함(산림화재 시 연소저지선 앞쪽에서 벌목하여 진화) - 액체 및 기체 : 가연성 물질을 누출시키는 용기의 밸브를 폐쇄, 공급중단, 다른 장소로 신속히 이송 - 전기화재 : 전원을 차단하여 전기의 공급을 단절시킴 - 수용성 액체 : 다량의 물을 주입하여 농도를 연소범위 이하로 낮춤
억제소화 (부촉매 효과)	○ (원리) 물질의 연소과정은 유리기(Free Radical)가 계속 생성되면서 연쇄반응이 성립되는 것으로, 억제소화는 연쇄반응의 원인물질인 활성 유리기(遊離基)를 불활성화 시켜 연쇄반응을 단절 ○ (소화) 고체 가연물의 열분해 가스, 액체가연물의 증발된 가스 또는 기체 가연물을 할로겐화합물(Halon) 및 분말 소화약제와 반응시켜 더 이상 연쇄적 화학반응이 일어나지 못하도록 함

3.1.6 선내 소화

선내에는 들고 다닐 수 있는 휴대식 소화기, 바퀴 등으로 움직일 수 있는 이동식 소화기, 소화전(Hydrant)과 같은 고정식 소화기가 있고 소방도끼, '국제 육상 연결구(International Shore Connection)'[67] 등 각종 소화 장비와 설비가 배치되어 있다.

화재 발생시 초동진압이 가장 중요하므로 부근에 있는 휴대식 소화기를 우선 사용하게 되는데 일반적인 휴대식 소화기는 사용시간이 30초 이내로 짧다. 따라서 휴대식 소화기를 작동시켜 불이 난 곳으로 접근하는 동안에 소화약재가 소모되지 않도록 사용 순서를 지켜야 한다.

일반적 절차는 ① 소화기를 들고 화원에 접근한다. ② 손잡이 부분의 안전핀을 뽑는다. ③ 바람을 등지고 서서 호스를 불쪽으로 향한다. ④ 손잡이를 움켜쥐고 빗자루로 쓸듯이 뿌린다.

소화전을 사용해야 하는 경우에 호스와 관창(Nozzle)을 연결하여 바닥에 둔 채 작동시켜서는 안 된다. 수압이 발생하면 바닥에 놓인 관창이 튀어 올라 인명 피해가 발생할 수 있기 때문에 반드시 다른 선원이 관창을 단단히 들고 있거나 고정물체에 묶어 놓은 상태에서 수압을 작동시켜야 한다.

화재 현장을 탈출해야할 때는 뜨거운 열기와 연기는 위로 올라가므로 최대한 낮은 자세로 연기를 피해 이동해야 한다. 한 손으로는 코와 입을 젖은 수건 등으로 막아 연기가 폐에 들어가지 않도록 한다. 옷에 불이 붙었을 때에 바로 끌 수 없으면 멈춰(Stop) 엎드린 후에(Drop) 두 손으로 눈과 입을 가리고 구른다(Roll).[68]

---

67) 총톤수 500톤 이상의 선박은 선박의 양측에서 육상의 소화전과 선박의 소화전을 연결하기 위한 기구(커플링)를 갖추고 있어야 한다.

68) 'Stop - Drop - Roll'이라 한다.

3.1.7 화재 발견 시 대응 요령

(1) 현장 목격자 조치사항

○ 비상경보(Alarm) 장치를 작동하고 화재 장소와 규모를 당직사관에게 보고한다.

○ 소화 팀이 도착할 때까지 부근에 있는 소화기로 초기진화를 위하여 침착하게 전력을 다한다.

(2) 당직사관 조치사항

○ 선내방송 후에 선장에게 보고하고 당직자에게 휴대용 VHF(Walkie-talkie)로 화재현장을 확인・보고토록 한다.

○ 화재상황을 확인하는 즉시 화재 발생장소와 성질을 방송하고 소화부서 배치를 발령한다.

○ 경보 오작동으로 판명되었을 경우에는 경보 발생내용을 방송하고 지체 없이 고장 개소를 수리하도록 한다.

(3) 모든 승무원

○ 주변의 현창(Scuttle), 출입구(Door) 등의 통풍구를 폐쇄하고 소화복장을[69] 갖추어 소화부서 배치장소에 집결한다.

○ 화재구역을 밀폐할 때는 반드시 잔류자 유무를 확인한다.

○ 고정식 소화장치의 조작은 선장의 지시에 따라야 한다.

○ 화재의 진화를 위하여 침착하게 전력을 다한다.

---

69) 소화복장으로 노출을 최소화하고 방연을 위한 수건 등을 지참한다.

3.2 충돌(Collision)

다른 선박에 충돌하거나[70] 해상부유물 등에 접촉(Contact)하는 원인은 다양하지만, 대부분은 「해사안전법」, 「선박입출항법」 등을 따르지 않은 항법 위반, 승무원의 운항과실 및 조선 미숙 등 대부분 인간과실(Human error)에 기인한다.

이러한 사고 방지를 위해 선원은 항법을 준수하여야 하며, 일상적인 업무를 수행할 때나(ordinary practice of seamen)[71] 특수한 사정에 따른(special circumstances of the case)[72] 조치를 취할 때나 상황에 맞는 적절한 주의를(Due regard) 태만히 하여서는(Neglect of any precaution) 아니 된다.[73]

선장은 충돌사고가 발생한 경우에 그 상황을 신속하고 냉정하게 판단해 그간의 경험과 전문성 및 법적 권한에 따라 최선의 조치를 취해야 한다. 선장은 지휘체계를 유지하고 직면한 상황에 따라 우선 조치할 사항을 파악해야 한다. 최우선 과제는 인명에 위험이 발생했는지 확인하고 필요한 조치를 하는 것이다.

충돌사고와 관련된 조치는 사고 유형별로 달라지겠지만 주요한 사항을 예시하면 아래와 같다.

---

70) 미국은 멈춰있는 선박에 충돌하는 경우를 'Allision'으로 구분한다.

71) 선원의 상무(常務)라고도 한다.

72) COLREG Rule 2(Responsibility) (b)In construing and complying with these Rules due regard shall be had to all dangers of navigation and collision and to any special circumstances, including the limitations of the vessels involved, which may make a departure from these Rules necessary to avoid immediate danger.

73) COLREG Rule 2(Responsibility) (a)Nothing in these Rules shall exonerate any vessel, or the owner, master or crew thereof, from the consequences of any neglect to comply with these Rules or of the neglect of any precaution which may be required by the ordinary practice of seamen, or by the special circumstances of the case.

(1) 법적 조치

① (해양항만관청 및 선박소유자 등에 보고) 선장은 선박의 충돌·침몰·멸실·화재·좌초, 기관의 손상 및 그 밖의 해양사고가 발생한 경우 선원법 제21조 및 상법 제755조에 따라 해양항만관청 및 선박소유자 등에게 지체 없이[74] 그 사실을 보고해야 한다.

② (인명구조 및 상대선박에 통보) 선원법 제12조 및 제13조에 따라 양 선박의 선장은 서로 인명과 선박을 구조하는 데 필요한 조치를 다하여야 하며, 선박의 명칭·소유자·선적항·출항항 및 도착항을 상대방에게 통보하여야 한다.

③ (조난신호의 발신) 선박 충돌로 양 선박 모두 위험한 상태가 되면 「해사안전법」 제95조에 따라 국제해사기구가 조난신호를 발신하여 부근을 항행하는 선박에게 구조를 요청해야 한다.

(2) 초기대응 실무

① 당직사관은 항해중 충돌사고가 발생하면 기관을 정지하고, 비상경보를 울린 후 선장에게 즉시 보고해야 한다.

② 선장은 선교로 올라가서 선박을 직접 지휘해야 한다.

③ 선장은 상대선과 교신을 유지하며 충돌 상태를 확인한다.

- 필요시 최소 속력으로 두 척의 손상부위가 연결되어 있도록 하여 침수와 화물 유출을 줄인다.[75]

---

74) '지체 없이'는 '즉시'와 달리 필요에 따른 합리적 지체는 허용된다고 본다.

75) 박혀 있는 두 선박이 분리되면 침수가 늘거나 유류 화물의 유증기가 방출되어 발화 원인이 될 수 있다. 필요할 경우 가능한 범위 내에서 거품(포말) 등을 방사하여 산소 접촉을 차단한다.

④ 선장은 모든 승선원의 인원을 파악하고, 개인별 주요 대응업무를 확인한다.

- ㅇ 야간이면 갑판에 조명을 켜고 조종불능선(NUC)[76] 등화를 표시하며, 주간에는 형상물을 계양한다.[77]
- ㅇ 기관부는 언제든지 기관을 사용할 수 있도록 준비하고 비상발전기, 배수펌프를 점검하는 등 비상태세를 갖춘다.
- ㅇ 갑판부는 일등항해사 지휘에 따라 손상 상태를 점검한다. 선박이 경사되면 경사 반대방향으로 평형수를 이송한다.
- ㅇ 이등항해사는 수시로 선박의 위치와 풍향・조석・조류 등 기상정보를 파악하며, 삼등항해사는 통신을 담당한다.
- ㅇ 필요시 구조정・구명정 하강을 위해 갑판부원을 배치한다.

⑤ 모든 수밀문, 방화문을 폐쇄한다.

⑥ 필요시 조난신호를 보낸다.

- ㅇ 사망으로 이어질 만큼 심각한 부상자가 있을 경우 MAYDAY 신호를 보낸다.
- ㅇ 여객선의 경우 최대한 빨리 구조를 요청한다.

(3) 추가조치 실무

① 자선의 손상정도 확인을 위해 모든 탱크를 측심(Sounding)하는 등 초기 손상평가를[78] 실시한다.

---

76) (Not Under Command) '조종부자유선'이라고도 한다.

77) 야간에는 가장 잘 보이는 곳에 수직으로 붉은색 전주등 2개, 주간에는 가장 잘 보이는 곳에 수직으로 둥근꼴이나 그와 비슷한 형상물 2개를 게시한다.

78) 초기 손상평가에는 ① 선체의 수밀성, ② 기관구역의 상황 및 상태, ③ 부상자, ④ 해양오염 징후 확인이 포함되어야 한다.

○ 자체 대응이 가능한 손상일 경우에는 대응반을 구성하여 배수, 방수 등의 응급처리를 시행한다.

○ 충돌 사고에 대비하여 제작된 선체손상 체크리스트가 있다면 적극적으로 활용해야 한다.[79]

② 상태 선박과 교신을 유지하여 지원 필요성, 위험화물 상태 등을 확인하여 충돌에 따른 2차 사고를 예방한다.

○ 상대선의 승무원과 여객 구조를 지원할 때는 더 이상 지원이 필요하지 않다는 확신이 들 때까지 도와야 한다.

③ 선박을 임의 좌주(Beaching) 시키거나, 피난항으로 자력 이동 또는 예인 가능성[80] 등을 검토한다.

④ 선장은 자선의 침몰을 피할 수 없다고 판단한 때는 승조원 및 승객을 비상소집하고 총원 단정부서로 배치한다.

⑤ 충돌 전후의 전말이나 본선의 사후처리에 관한 보고서, 당시 사용중인 항해일지, 기관일지 등 기록물 및 항적기록장치(VDR)가[81] 있을 경우 저장된 기록을 확보한다.

⑥ 인명구조 완료 후 침몰까지 시간적 여유가 있는 경우에는 중요서류, 귀중품 등 중요 물건을 상대선, 구조선 또는 구조정 등에 이동하여 보관한다.

---

79) 선원들이 충돌환경에 당황하여 수행해야 할 우선적인 임무 파악이 늦어질 수 있으므로 상황별 체크리스트가 있다면 활용도가 높다.

80) 예인선을 사용하는 경우 구조비가 청구된다.

81) (Voyage Data Recorder) 사고에 이르는 기간 동안 그리고 사고 후속 기간 동안 선박의 위치, 운동, 물리적인 상태, 명령과 제어상태에 관한 정보를 확실하고 복구 가능한 양식으로 저장하기 위한 장치이다.
- VDR은 30일간(720시간)의 기록을 유지하지만(MSC.333(90), 2012), 구형 VDR인 경우에 모든 기록이 유지되는 시간이 최소 12시간이므로(MSC.861(20), 1997) 이 시간보다 오래된 자료항목은 새로운 자료로 덮어쓰기 되어 지워질 수 있어 주의하여야 한다.

3.3 좌초(Grounding)

좌초는 선박이 해저, 암초, 수면 아래의 난파선 또는 간출암에 부딪치거나 해안가 등에 얹히는 사고이다.[82]

좌초사고의 원인은 기상에 의한 불가항력적 상황을 제외하면 대부분이 경계(lookout)[83] 소홀, 선위측정 미흡 또는 기관이나 타기 고장에 의한 조종불능 상황에서 비롯된다.

좌초가 전복·침몰 등으로 급격히 전개되는 경우는 드물지만 충격 속도 등에 따라서는 선체 파공이나 균열로 침수가 진행되면서 선박의 횡경사 유발 또는 침몰 등으로 악화될 수 있다.

선장은 대각도의 횡경사가 발생하면 승선원의 실내 이동이 어려워져 대피가 곤란하거나 불가능할 수가 있다는 것을 염두에 두어야 한다. 특히 여객선이 대각도 횡경사하거나 침수 발생시 승객들의 생명에 큰 위협이 된다는 것을 명심해야 하고,[84] 공황상태에 빠지기 쉬운 승객이 적절히 통제되지 않으면 다수의 인명피해가 발생할 수 있음을 유념해 조치를 하여야 한다.

---

82) 좌초는 'Grounding'이라 하지만 '토래캐년호' 사고처럼 암초 등 접촉한 해저면이 단단하면 'Stranding'으로 구분하기도 한다. 또한 일시적으로 바닥에 닿았어도 바로 벗어날 수 있을 때는 촉초(Touch-and-Go)라 한다.

83) '견시' 또는 '파수'라고도 한다.

84) 1994년 스웨덴과 에스토니아를 오가는 여객선 '에스토니아호' 사고는 발틱해에서 황천항해 중 선수문 탈락으로 침수되자 선체가 40도 가량 경사됨에 따라 탈출이 어려워 989명중 852명의 인명피해가 발생하였다. 2012년 이탈리아 연안에서 여객선 '코스타 콩코디아호'가 좌초되었을 때 선박이 우현으로 약 80도 경사되어 대부분의 승객이 갑판 하부에 갇혀 있다 구조되었다.

3.3.1 사고 예방

좌초는 수심이 낮은 연안에 이르러 주로 발생한다. 선박운항자 입장에서 좌초 사고의 예방을 위한 조치는 아래와 같다.

① (육지에 접근시 선박위치 자주 확인) 선박이 항구에 접근할 때는 선박의 위치를 자주 확인해야 한다. 해도 및 '전자해도 표시 및 정보시스템(ECDIS)'을 적극 활용하고, 연안에 인접한 경우에는 직접 육안으로 확인해야 한다.

② (수동조타로 전환) 자동조타는 수동조타 보다 졸음운항을 유발하므로 선박이 항만 인근에 다다르면 수동조타로 전환하고 입항준비를 한다.85)

③ (야간 항해시 선내 소등) 통항이 빈번한 연안에서 야간 항해를 할 때에 선내 작업등화로 인하여 전방경계에 지장을 초래하지 않도록 항해등 외의 등화는 모두 소등한다.

3.3.2 일반적 조치사항

좌초 사고가 발생한 경우에 일반적인 조치사항은 아래와 같다.

① 다른 사고와 마찬가지로 선장은 선교에서 직접 지휘한다.

② 모든 선원에게 좌초 상황을 알린다.

③ 손상부위를 파악하는 등 초기 손상평가를86) 수행하고 가능한 범위에서 방수 작업에 최선을 다한다.

④ 인근 선박과 해양관서 등 관련기관에 신속히 좌초사실을 알리고 필요할 경우 구조를 요청한다.

---

85) 조타중인 조타수는 경계요원으로 보지 않으므로 필요시 별도의 경계요원을 배치해야 한다.

86) 충돌 손상평가서 항목과 동일하며 ① 선체의 수밀성, ② 기관구역의 상황 및 상태, ③ 부상자, ④ 해양오염 징후 확인이 포함되어야 한다.

⑤ 좌초 위치로부터 선박을 자력으로 이초시키기 위해서 부력 확보에 필요한 방수 및 배수 조치를 시행한다.

⑥ 이초 후 자력이동하려는 경우에는 선급검사가 필요할 수 있다는 것을 염두에 둔다.

3.3.3 사고 대응 실무

좌초 후에 선체손상 평가 없이 이초(離礁)를 시도하는 것은 선체 절단이나 대량의 침수를 유발하여 전복, 침몰 등 더 큰 사고로 이어질 수 있으므로 주의해야 한다.

(1) 좌초 직후의 기관의 조작

사고 직후 기관을 정지해야 하지만 반사적으로 후진을 하는 것은 아래의 이유로 위험하다.

① 좌초된 선저손상 부분이 확대되어 이초 작업을 했을 때 침몰 위험을 초래한다.

② 파공 확대에 의해 선체 경사가 증대되어 화물의 이동에 의한 침수피해의 증가뿐 아니라 전복 위험이 발생한다.

③ 프로펠러나 타의 손상이 발생하기 쉬워 그 이후의 조선에 지장을 초래한다.

④ 전속후진하여 이초한 경우 다른 암초에 한 번 더 좌초될 가능성이 있다.

(2) 좌초상황의 조사

좌초한 경우 선장은 즉시 접촉 범위나 아래 사항을 조사하여 자력으로 이동이 가능할지, 타선에 구조를 요청할지 아니면 그 자리에 고정할지 판단하여야 한다.

① 손상정도 파악

- 선저 각 탱크, 빌지를 측심해 침수 유무 파악, 손상이 있다면 손상 정도 파악
- 타와 프로펠러, 주기와 보기, 배수펌프와 보조펌프의 이상 유무 파악
- 승조원 및 화물의 상황 파악
- 흘수(Draft), 트림(Trim)의 변화나 선체의 경사 파악
- 연료, 화물류의 유출 유무 파악과 필요시 오일펜스 설치 여부 검토

② 해면의 상황 파악

- 선체주변의 수심, 저질, 해저상황과 선체 좌초 자세 파악
- 만조시각, 조차, 파랑 및 조류가 선체에 미치는 영향 및 기상상황 파악
- 선체 고정을 위해 부근 육지의 지형과 육상의 일반상황, 지원체제의 유무 파악
- 선주, 해운항만관청에 좌초 상황 등 보고 자료가 되는 기타 사항 파악

③ 해저로부터 받는 반력의 산정

- 좌초시 흘수와 좌초전의 흘수 차로부터 구한 해저의 반력(Reaction) 계산
- 좌초후 조위가 낮아져 흘수가 감소하면 이에 상당하는 부력이 감소해 해저로부터 받는 반력은 증가
- 만조·간조시를 고려

3.4 침수(Flooding)

침수는 선내에 물이 유입되어 선박이 손상된 사고이며, 침수로 전복이나 침몰이 이어진 것은 제외하고 설명한다.

선체가 손상되어 본선 자체의 부상(浮上)이나 운항을 위태롭게 만드는 원인은 여러 가지가 있겠으나 일반적으로 ① 충돌, 좌초, 화재 등에 따른 2차 사고, ② 황천(荒天) 항해로 인한 비정상적인 응력(Stress)에 따른 외판 손상, ③ 선체의 부식, 마모 등에 의한 손상, ④ 수밀장치나 개구부, 파이프, 빌지관(Bilge pipe) 등의 밀폐 불완전 등으로 발생한다.

침수가 발생하면 급선무는 침수의 원인을 찾아 추가 침수를 차단하고 배수펌프로 들어 온 물을 배출하는 것이다.

침수에 대한 사전 또는 사후에 적절한 대책을 마련하지 못하면 침수량은 증가하고 부력이나 선체의 안정성을 잃어 침몰할 위험성이 커진다. 특히 침수가 확대되어 선체가 경사되면 침수의 자유표면 효과가[87] 커져 급격한 선박 전복이 수반될 수 있으므로 침수 상황을 과소평가하여서는 아니 된다.

3.4.1 사고 예방

침수사고의 예방을 위한 선박운항자 입장에서 취해야할 조치는 아래와 같다.

① (기상정보 파악) 항구에서 출항하기 전에 기상특보 등 기상정보를 파악한다.

② (개구부의 밀폐) 화물창 덮개, 기관실 출입문 등 선체의 각 개구부를 닫고 밀폐한다.

---

87) (Free Surface Effect) 탱크 내에 액체가 가득 차 있지 않아 유동하면 선체의 무게중심이 상승한 것과 같은 효과가 발생하여 복원력이 감소한다.

- [자유표면상 제2회전력(I) 계산식 : $I = L \times \frac{B^3}{12}$, L(길이), B(폭)]

③ (이동 가능 물건의 고박) 이동될 수 있는 무거운 물건은 모두 고박(Lashing) 한다.

④ (갑판 배수구 확인) 갑판 위로 올라온 해수가 원활히 배출될 수 있도록 갑판의 배수구가 막혀 있어서는 아니 된다.

⑤ (정횡파와 대각도 변침 회피) 기상악화 시 높은 파도를 정횡으로 받고 항행할 경우 전복될 우려가 높아지므로 가급적 정횡파와 대각도 변침은 피해야 한다.

3.4.2 사고 대응 실무

침수사고 발생시 일반적인 조치사항은 아래와 같다.

① (모든 선원에게 통지) 선내 전 선원에게 침수사실을 알려 방수부서를 배치한다.

② (방수 및 배수 작업) 침수 개소 및 범위를 탐지하고 원인을 파악해 초기 방수 및 배수 작업에 최선을 다한다. 항해 중이면 사정이 허락하는 한 기관을 정지하던지 미속으로 항해하면서 파공구를 풍하(Leeway) 측에 두도록 한다.

③ (구조 요청) 인근 선박과 해양항만관청 등에 본선의 위치와 침수사실을 알리고 도움을 요청한다.

④ (최후의 조치) 자력으로 방수 및 배수 작업을 할 수 없다고 판단되면 구명동의를 착용하고 퇴선준비를 한다.

3.5 인명 구조(Rescue)

선원 또는 여객이 바다에 떨어지는 사고(Man over board)가 발생하거나, 조난 선박에서 퇴선한 조난자와 조우하게 되면 이들을 구조하기 위해 신속히 구조 활동을 전개해야 한다.

3.5.1 구조계획서

국제해사기구(IMO)는 SOLAS협약으로 모든 선박에게 해상조난자 구조계획서를 선내에 비치하도록 규정하고 있다.[88]

(1) 고려사항

구조계획서는 국제해사기구(IMO)에서 마련한 '해상으로부터 인명구조 계획 및 절차에 대한 개발 지침서'에[89] 따라 작성되어야 하며 다음 지침도 함께 고려하여야 한다.

① IAMSAR[90] 지침 제3권, ② 구조기술지침(Guide to Recovery Techniques), ③ 찬물에서 생존지침(Guide for Cold Water Survival)

---

88) SOLAS 제3장 제17-1규칙(해상으로부터 인명의 구조) 1. 모든 선박에는 기구에서 개발한 지침을 고려하여 해상으로부터 인명의 구조와 관련하여 각 선박에 적합한 계획 및 절차서가 제공되어야 한다. 해당 계획 및 절차서 상에는 인명구조 목적으로 사용될 장비 및 구조 작업에 종사하는 본선 선원에 대한 위험을 최소화하기 위한 조치 등이 식별되어야 한다. 2014년 7월 1일 전에 건조된 선박들은 2014년 7월 1일 후에 최초로 도래하는 중간 또는 정기 안전설비검사 중 먼저 도래하는 검사 시까지 동 요건에 적합하여야 한다.

89) Guidelines for the Development of Plans and Procedures for Recovery of Persons from the Water

90) (IAMSAR: International Aeronautical and Maritime Search and Rescue) 국제 항공・해상 수색구조 편람은 3종으로 구성되어 있으며, 제3권은 수색구조 실무를 다루는 내용으로 선내 필수 비치 도서이다.

(2) 주요 내용

구조계획서는 국제안전관리규약(ISM Code)에 의한 긴급상황 대비계획의 일부로 간주되며 다음과 같은 포함되어야 한다.

① (일반사항) 목적, 요구사항 등

② (임무 및 배치) 선장 및 승조원

③ (교육ㆍ훈련) 교육ㆍ훈련의 주기 및 방법, 기록 등

④ (구조장비 명세) 생존정을 비롯한 인명구조장비, 조난자 이송, 개인보호장구, 탐색장비, 통신장비 등 구조작업에 사용되는 장비 종류, 수량 및 설치장소 등

⑤ (위험평가 및 위험저감 조치) 선박 조종성, 건현, 구조자 회수장소, 사용할 장비의 특성 및 제한사항, 유의파고, 파주기, 항해안전 등을 고려하여 선박 및 구조자에게 위험을 초래하지 않고 구조작업을 수행할 수 있는 조건

⑥ (구조작업 실행) 구조작업계획, 작업 개시전 준비사항, 인명구조 조선법, 조난자 이송방법, 피구조자 보호장소 및 관리, 악천후 등으로 구조작업 불가시 조치사항 등

3.5.2 추락자 인명구조[91]

(1) 초동 조치

인명구조에 영향을 미치는 아래 요소를 고려하여 최대한 신속히 추락자 구조를 위한 초동조치를 취해야 한다.

- ㅇ 선박의 조종특성, 기관 성능
- ㅇ 사고장소, 풍향 및 해상상태, 시정(Visibility)

---

91) IMSAR manual Vol III의 추락자 인명구조 초동조치 방식을 표준으로 삼아 기술하였다.

ㅇ 승조원의 경험 및 훈련 정도, 조선기술

ㅇ 타 선박으로부터 지원 가능성

(2) 초동 지침

ㅇ 추락자를 발견한 자는 즉시 추락자 옆으로 가까이 구명부환을 던지고 '사람이 빠졌다'고 소리 지른다.[92)]

ㅇ 추락자 구조신호로 장음 3회의 기적을 울린다.[93)]

ㅇ 적절한 인명구조 조선법(Ship manoeuvres)을 시행한다.

ㅇ 선장과 기관실에 알린다. 풍향, 풍속을 관측한다.

ㅇ 추락자를 시야 내로 유지하기 위해 감시원을 배치한다.

ㅇ 착색제(Dye marker)나 자기발연부신호[94)] 등을 투하한다.

ㅇ 기관을 사용할 수 있는 상태로(Stand-by) 준비한다.

ㅇ 구조정, 각종 사다리[95)] 등 구조장비를 준비한다.

ㅇ 선교, 갑판, 구명정 사이의 통신을 위해 휴대용 VHF(Walkie-Talkie)를 지급한다.

---

92) 선교 당직자가 초인하는 경우는 윙브리지의 긴급이탈장치를 당겨 구명부환과 함께 묶인 자기발연부신호 및 자기점화등을 투하한다.

93) 일반적인 선내 비상신호는 ① 비상배치신호(단음 7회후 장음 1회), ② 비상해제신호(장음 1회 단음 1회 3회 연속반복), ③ 항계내 화재신호(장음 5회 반복), ④ 퇴선신호(연속음 약30초), ⑤ 기타 비상신호(장음 3회후 비상배치 방송 : OO구역 OO발생 전원 비상배치)가 있다.

94) (Self-Activating Smoke Signal) 본선에 연결된 자기발연부신호를 바다에 투하하면 자동적으로 격발이 되며 15분 이상 오렌지색 연막이 발생한다.

95) Jacob's ladder, Pilot ladder, Gangway ladder 등

3.5.3 인명구조 조선법

추락자가 발생하면 선교에서는 ① 추락자쪽으로 전타(hard over)하여 킥(Kick)[96] 현상으로 선체와 추락자의 충돌 또는 프로펠러의 흡입류에 의한 2차 사고를 예방한다. ② 윙브리지의 구명부환 세트를 투하한다. ③ 비상신호를 울린다. ④ 주기관을 즉시 사용할 수 있도록 한다. ⑤ 감시원을 배치하여 추락자를 시야에서 놓치지 않도록 해야 한다. 또한 알파 레이더, ECDIS 및 GPS와 같은 항해기기에 MOB[97] 기능이 있는 경우 버튼을 눌러 추락위치를 표시한다.

인명구조에 임하는 선박은 당시의 상황을 판단하여 적합한 인명구조 조선법을 결정해 신속히 실행에 옮겨야 한다.

추락자 구조 조선법으로는 '국제 항공·해상 수색구조 편람(IAMSAR)'에서[98] 권고하고 있는 윌리엄슨 턴, 원 턴, 샤르노브 턴 그리고 로렌 턴이 있다. 일반적으로 윌리엄슨 턴이 대표적인 추락자 구조 조선법으로 알려져 있으나 선박의 조종성능에 따라 조타각도를 달리해야 하므로 주의하여야 한다.

(가) 윌리엄슨 턴(Williamson Turn)

선교에서 추락자를 발견하면 즉시 조치하기 위한 조선법이며, 원래의 항적선으로 양호하게 회항할 수 있는 장점이 있다.

야간, 저시정 등 시계가 나쁜 상태에 유리하며 조선이 간단하지만 선박이 사고지점으로부터 멀리 돌아 회항하며 다른 조선법에 비해 절차가 길다는 단점이 있다.

조선법은 ① 추락자가 떨어진 현측으로 즉시 전타한다. ② 선박이 회두하여 원래

---

96) 전타하면 선회초기에 원침로로부터 선미가 타각을 준 바깥쪽으로 약간 밀리는데 선박길이의 1/4~1/7 정도로 커서 추락자 인명구조시 또는 장애물 회피시 유용하다. 추락자 쪽으로 전타하면 선수는 추락자 측으로 선회하고 선미는 추락자로부터 멀어진다.

97) (Man Over Board) 추락자의 위치를 표시하고 선박으로부터 방위와 거리를 알려주는 기능

98) IAMSAR manual Vol III, Section 4

침로로부터 약 60도 벗어나면 반대방향으로 전타한다. ③ 선수방위가 원침로의 반대방향 20도 전까지 회두하면 타를 중앙으로 복귀(midship)하여 타력으로 원래 침로의 역방향으로 돌아간다.

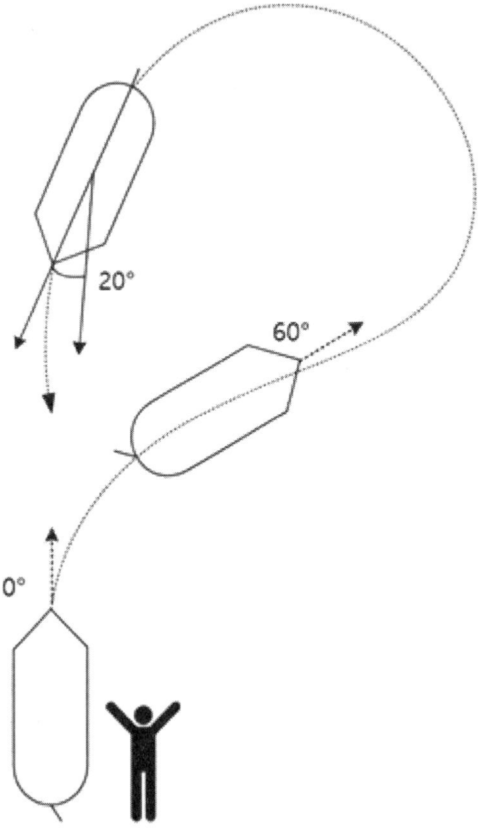

[그림 3-4] 윌리엄슨 턴 조선법

(나) 원 턴(One Turn, Single Turn, Anderson Turn)

추락자를 육안으로 확인하면서 가장 신속하게 회두하여 접근하는 조선법이다. 출력과 선회성능이 좋은(tight turn) 선박에 유용하므로 단추진기 선박은 활용하기 어렵고 추락자에게 접근할 때 똑바르지 않다는 단점이 있다.[99)]

싱글 턴 270도 조선법은 ① 추락자가 발생한 현측으로 즉시 전타한다. ② 선박이 회두하여 원래 침로로부터 약 250도 선회하면 타를 중앙으로 복귀(midship)하고 선박을 정지시킨다.[100)]

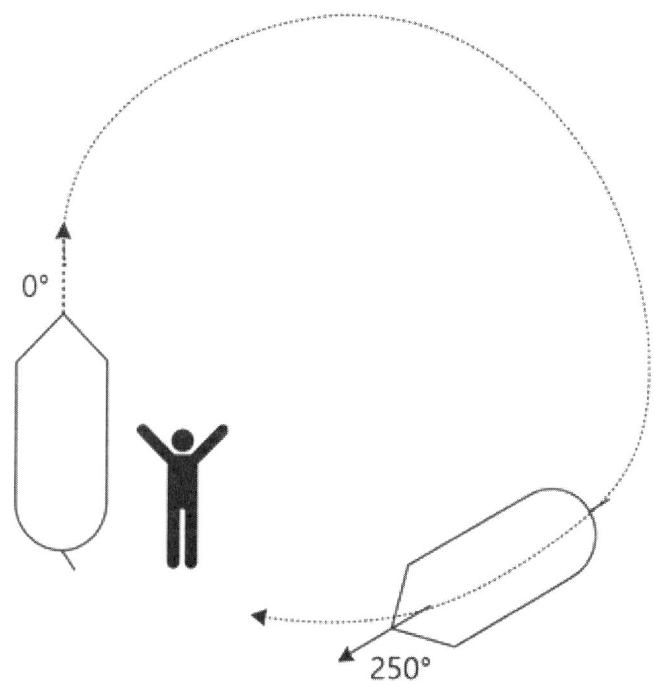

[그림 3-5] 원 턴 조선법

99) One turn is fastest recovery method, good for ships with tight turning characteristics, used most by ships with considerable power, very difficult fort a single-screw vessel, difficult because approach to person is not straight.

100) 싱글 턴 방식으로 실행할 수 있는 두 가지 조선법이 더 있다.
- ① 추락자가 발생한 현측으로 즉시 전타하고 기관을 정지한다. ② 선박이 추락자를 벗어나면 전타 상태로 기관을 전속전진 시킨다. ③ 원침로에서 약 2/3 회두한 240도에서 기관을 2/3 또는 전속 후진시킨다. ④ 추락자가 선수로부터 15도 빗겨 있을 때 기관을 정지하고 타를 중앙으로 복귀한다. 이후의 기관은 필요에 따라 사용한다.
- ① 추락자가 선박의 프로펠러에서 충분히 멀어지도록 약 1분을 더 진행하고, ② 추락자의 반대 현측으로 회두시켜, ③ 선박의 정선수 방향에 추락자를 위치하게 하도록 조선한다.

(다) 샤르노브 턴(Scharnov Turn)

사고 즉시 사용할 수 있는 조선법은 아니지만 진행한 항적을 그대로 따라 되돌아가는 회항 조선법으로 유용하며 소요거리가 짧아 시간을 절약할 수 있다. 다만 사고후 경과시간을 모를 때는 효과적으로 실행할 수 없다.

조선법은 ① 타를 전타하고, ② 선수방위가 원침로에서 240도 회두하면 타를 반대쪽으로 전타한다. ③ 선수방위가 원침로의 반대방향 20도 이전까지 회두하면 타를 중앙으로 복귀한다. ④ 그러면 선박이 원침로의 반대방향으로 돌아간다.

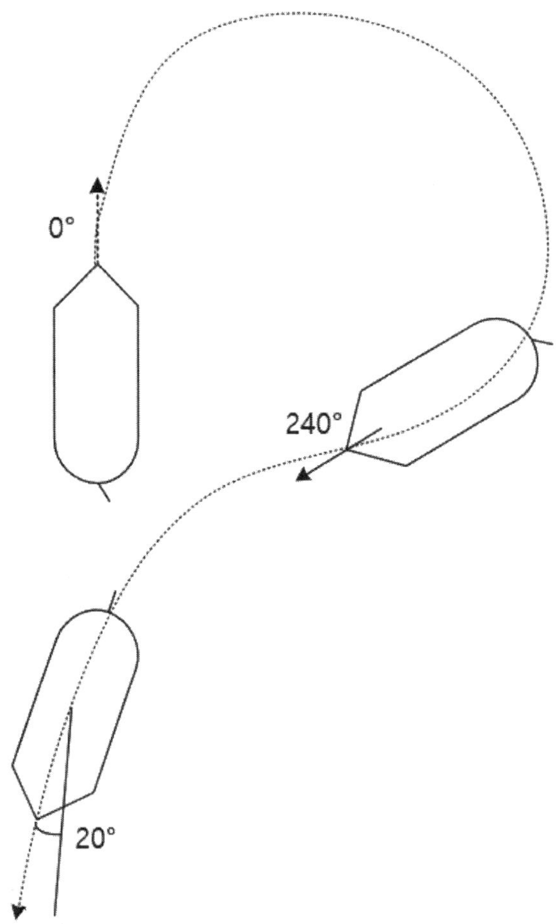

[그림 3-6] 샤르노브 턴 조선법

3.6 기름 유출(Oil pollution)

해상에서 발생하는 기름 유출사고는 선박의 충돌, 좌초, 전복, 침몰 등 해양사고에 의한 기름유출, 응력(Stress)이 집중된 외판의 균열 또는 선저 파공에 의한 기출 유출, 장비 작동 실수나 오작동에 의한 기름유출 등 다양한 형태로 발생한다.

이러한 기름 유출사고는 다른 해양사고보다 자연환경에 미치는 영향이 크기 때문에 해운회사가 가장 주목하고 있는 해양사고이다. 또한 피해액과 처리비용도 막대하기 때문에 해운회사의 존속 여부를 결정할 정도라고 해도 과언이 아니다. 따라서 해운회사와 선원은 기름 유출사고 방지를 위해 세심한 주의를 기울여야 한다. 우리나라는 「해양환경관리법」에 관련 규정을 두고 있다.

3.6.1 법적 조치

해양오염사고가 발생하면 관계관청에 신고하고 확산 방지조치를 시행하여야 한다.

(1) 신고

선박으로부터 대량의 기름이 유출된 경우에는 방제작업을 실시하는 것과 동시에 관계관청에 신고하여야 한다.

「해양환경관리법」 제63조에 따라 일정량 이상의 오염물질을 배출되거나 배출될 우려가 있다면 해양경찰청에 신고하여야 하다. 신고는 사고 선박의 선장이나 사고 해양시설의 관리자뿐만 아니라 사고를 야기한 자 또는 발견한 자에게도 부여된 의무이다. 신고를 받은 관청이 해양경찰청이 아닌 경우에는 해양경찰청에 이를 알려야 한다.

신고를 하는 때는 ① 해양오염사고의 발생일시·장소 및 원인, ② 배출된 오염물질의 종류, 추정량 및 확산상황과 응급조치상황, ③ 사고선박 또는 시설의 명칭, 종류 및 규모, ④ 해면상태 및 기상상태 등을 알려야 한다.

(2) 확산 방지조치

대량의 기름이 유출된 경우 「해양환경관리법 시행령」 제48조에 따라 선장 및 선박소유자는 바로 유출된 기름이 확산되지 않도록 기름 유출의 방지 및 배출된 기름의 제거를 위한 방제조치를 취해야 한다.

① 오염물질의 확산방지 울타리의 설치 및 그 밖에 확산방지를 위하여 필요한 조치

② 선박 또는 시설의 손상부위의 긴급수리, 선체의 예인·인양조치 등 오염물질의 배출 방지조치

③ 해당 선박 또는 시설에 적재된 오염물질을 다른 선박·시설 또는 화물창으로 옮겨 싣는 조치

④ 배출된 오염물질의 회수조치

⑤ 해양오염방제를 위한 자재 및 약제의 사용에 따른 오염물질의 제거조치

⑥ 수거된 오염물질로 인한 2차 오염 방지조치

⑦ 수거된 오염물질과 방제를 위하여 사용된 자재 및 약제 중 재사용이 불가능한 물질의 안전처리조치

3.6.2 방제 실무

해상에서 유류가 유출되었으나 휘발유 등이라서 해수면에서 자연적으로 소산(消散)되어 해양환경에 피해를 주지 않는다고 예측되면 정화작업은 필요하지 않을 것이다.

적극적인 방제가 필요할 때는 유류의 유형과 거동 특성에[101] 따라 가장 효과적인 방제 방법을 결정하여야 하며 적절한 방제 장비를 사용하여야 한다.

(1) 오일펜스(Oil fence)

오일펜스는 일반적으로 해상에 유출된 기름을 포위 및 포집하고 민감 자원으로부터 분리시키거나 회수 지점으로 유도하기 위해 사용한다. 오일펜스의 사용 효과는 부유 기름의 확산 정도, 조류, 조수, 바람, 파도 등의 영향에 따라 제한된다. 이러한 문제는 효과적인 오일펜스 사용과 적절한 방제 계획 및 작업 조율을 통해 경감시킬 수 있다.

일반적으로 모든 오일펜스는 다음과 같은 범주로 나누어진다.

① (커튼형) 연속적인 수면하 스커트 또는 유연한 스크린을 갖추고 있으며, 일반적으로 단면이 원형인 격실에 공기 또는 고형물이 채워져 있는 형식이다.

② (펜스형) 일반적으로 단면이 납작한 형태이고, 일체형 또는 외장형 부력체, 발라스트, 버팀기둥 등으로 이루어져 있는 형식이다.

---

101) 유출유의 거동 특성은 유출량, 유류의 초기 물리적·화학적 특성, 시간 경과후 물리적·화학적 특성, 기후, 해상 상태 등과 같은 요소들에 의해 결정된다.

(2) 유처리제(Dispersant)

유처리제는 유막을 분해하여 수많은 작은 기름방울을 생성시킨 뒤 수중에서 신속히 희석되고 자연 미생물에 의해 분해되도록 하는 것이다.

유처리제를 적절히 사용하면 유출유를 효과적으로 방제함으로써 민감 자원의 손상을 예방하거나 최소화할 수 있다. 그러나 유처리제는 계면활성제와 용제가 섞여 있으므로 다른 방제기법과 마찬가지로 유출된 기름의 특성, 바다 및 기상 상태, 환경적 민감성, 유처리제 사용에 대한 국가 규정 등을 고려하여 신중하게 사용해야 한다.

(3) 유흡착제(Adsorbent, Sorbent)

유흡착제는 외해에서 사용하면 회수하기 어려워 비효율적이며, 연안 및 해안 방제작업시 유용하다. 그러나 부피가 커서 과도한 폐기물을 생성함으로써 방제 비용을 증가시키거나, 사용하고 난 뒤 쌓아 두면 압착되어 기름이 새어 나오는 등의 2차적인 문제를 야기하므로 적절히 사용되어야 한다.

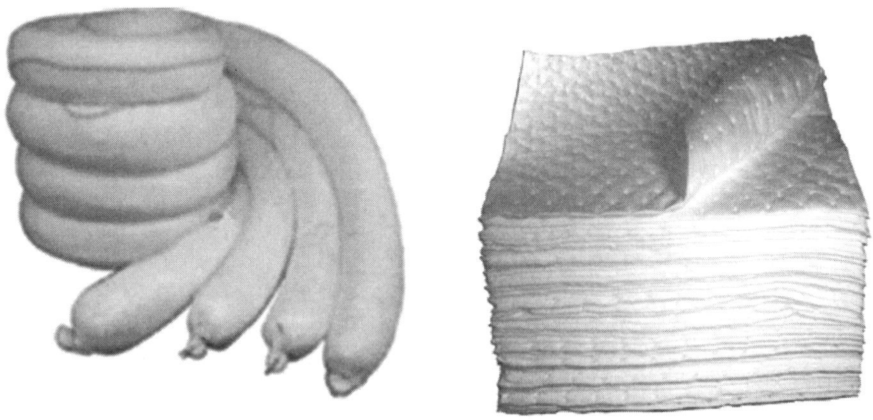

[그림 3-7] 유흡착제

(4) 유회수기(Oil Skimmer)

해상에 유출된 기름을 방제하는 방식은 여러 종류가 있으나 많은 국가에서는 우선적으로 해수면의 기름을 기계적으로 회수하는 방식을 선호한다.

일반적인 작업방식은 오일펜스를 통해 유출유를 모으고, 유회수기로 기름을 선별적으로 회수하여 저장탱크로 이송(pumping)하는 작업으로 구성된다.

다양한 종류의 유회수기가 있지만 어떤 유회수기도 모든 형태의 기름유출 상황에 대처할 수는 없으므로 상황에 맞는 특정 종류의 유회수기를 선택해야 한다. 선택할 때에는 유출유의 점성 및 흡착력 그리고 바다상태와 작업규모를 고려하여야 한다.

[그림 3-8] 유회수기

3.7 타기 고장(Steering failure)

선박이 항해 중에 타기 고장이 발생해 선수방향을 변경할 수 없으면 대형 사고로 이어질 수 있다.[102)]

이러한 최악의 상태를 피하기 위해 해양수산부 '선박설비규정' 제3편 제73조(조타장치)에서 주조타장치와 보조조타장치를 설치하도록 규정하고 있으며, 어느 하나가 고장 난 경우에도 다른 조타장치의 작동에 방해를 주지 아니하도록 규정하고 있다.

하지만 타의 고장은 조타장치의 고장뿐만 아니라 황천중에 파랑의 충격이나 장애물의 접촉, 충돌에 의한 타 자체의 파손이나 탈락에 의한 것도 있다. 이러한 경우 2축선이나 2타선에서는 기관의 적절한 운전이나 다른 정상 타에 의해 항해를 지속하는 것이 가능하지만 현대의 대형 선박 대부분이 1축 1타선이기 때문에 다른 선박에게 예인을 의뢰하는 것이 일반적이다.

3.7.1 타기 고장시의 응급처리

(1) 투묘(Anchoring)

항내, 협수로, 선박교통이 폭주하는 해역이나 조류가 강한 수역에서 조타장치가 고장나 비상조타로 전환할 시간적 여유가 없는 경우에는 바로 기관을 적절하게 사용하여 충돌, 좌초 등을 회피하기 위해 노력해야 하며 가능하면 항로를 벗어나 안전한 장소에 투묘한다.

---

102) 1978. 3. 16일 밤, 233,690 DWT의 초대형 유조선 아모코 카디즈호가 중동산 원유를 만재하고 항해 중 타기 고장으로 표류하다 프랑스 어촌 포트샬(Portsall) 앞바다 3km에서 좌초됨. 구난 계약협상이 길어져 구난에 실패하였으며, 다음날인 10시경 선체는 두 동강이 나고 원유가 유출되어 북부 노르망디 해안과 도버해협 연안까지 오염됨. 선체 잔해는 프랑스 해군이 해상에서 폭파시킴.

(2) 표류(Drifting)

대양이나 육지부터 원거리의 지점에서 고장 난 경우에는 바로 기관을 정지하고 표류하면서 고장개소를 수리한다. 타 고장의 국제신호기 'IA8'을[103] 조종불능선(NUC)[104] 표시와 함께 게양해 타선의 주의를 환기한다.

파랑이 있는 경우에는 해묘(Sea anchor)를 투하해 선수방향을 조정한다. 횡파를 피하기 위해서나 파랑이 강하여 연안(Lee shore)으로 밀릴 때는 기관을 전진하면서 적절히 보침(Course keeping)하여야 한다.

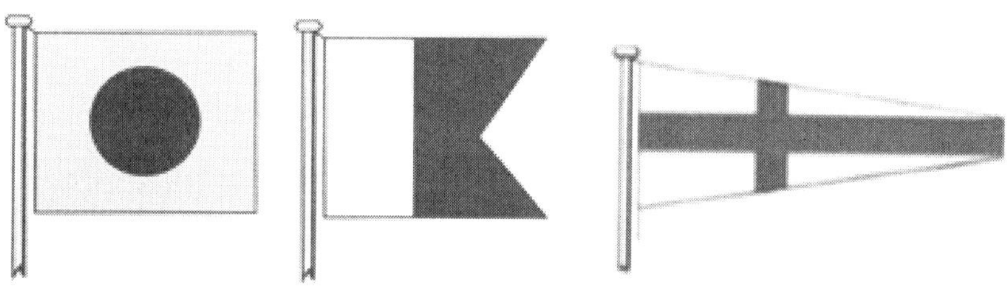

(I) (A) (8)

[그림 3-9] 타기 고장 국제신호기

(3) 예선 요청

고장수리가 불가하여 비상조타장치의 사용이 곤란한 경우에는 예선을 요청한다. 이 경우 선주는 보험회사에 연락해 승인을 받아 의뢰하는 것이 사후처리에 대단히 중요하다. 시간적 여유가 있는 경우에는 구난[105]이 아닌 예선으로 계약하는 것이 유리하다.

---

103) (IA8) I have received damage to steering gear.
- 신호기의 색깔은 (I) 황색 바탕에 흑색 원, (A) 백색 바탕에 청색 리본, (8) 백색 바탕에 홍색 십자 모양이다.

104) (NUC) Not Under Command

105) 구난(Salvage)은 주로 '로이드 오픈 형식(Lloyd's open form)'으로 계약한다. 불성공무보수(No Cure, No Pay) 원칙에 따른 계약이므로 금전적 가치가 미리 결정되지 않은 열린 계약이며, 보상액은 구조된 재화의 가치에 따라 중재자에 의해 차후에 결정된다.

3.8 주기관 전원 상실(Blackout)

주기관의 전원이 상실되면 선박의 통신, 조타 등이 불가능해지며 선박의 모든 제어기능이 상실(Dead ship) 된다.

전원이 상실되면 비상발전기와 독립된 비상 배터리가 자동으로 작동해 비상 전원을 공급함으로써 비상등과 필수 항해장비를 사용할 수 있게 된다. 기관실 폭발 등으로 예비기기의 사용이 불가능해지면 신속히 복구에 나서야 하지만 선내에서 복구가 불가능하다면 닻을 내리거나 퇴선도 고려해야 한다.

3.8.1 긴급 조치사항

모든 사고의 경우와 같이 선장이 직접 조선하면서 기관 상태에 대해 보고받는 등 주요 조치사항은 아래와 같다.

① 조종불능선(NUC) 신호 표시

② 해도에 위치표시, 조류 확인, 기상도 수신

③ 외부와 연락하기 위한 통신망 확보

④ 선주에게 지원요청 및 관계기관에 보고

3.8.2 추가 조치사항

예인선의 도움을 받지 못하고 안전하게 표류할 수 없다면 심해 투묘도 고려하여야 한다. 연안일 경우 해안선 주변 해역에 대한 해도 정보를 숙지해야 하며, 투묘시에는 수심이 얕아지면 닻을 서서히 신출(Walk back)한다.

필요시 퇴선에 대비하여 구명정 진수준비를 해야 한다.

3.9 퇴선(Abandon ship)

사고가 발생한 경우 신속한 상황판단 및 대처방법에 따라 인명피해가 달라질 수 있으며, 퇴선의 최종결정권자는 선장이다.

해양수산부 중앙해양안전심판원은 해양사고 발생시 선장이 비상상황의 심각성과 급박성을 정확히 평가하고 신속히 그리고 적시에 상황에 맞는 대처를 할 수 있도록 지원함으로써 승객 및 선원들의 소중한 생명을 보호할 목적으로 선장용 비상대응매뉴얼을 발간하였으며 아래와 같다.

3.9.1 퇴선시 고려사항

퇴선은 전적으로 선장이 현장 상황판단에 기초하여 결정하며, 그 결정은 존중되어야 한다. 필요시 선장은 보다 냉정을 유지하고 있다고 볼 수 있는 육상의 선박 안전·운항관리담당자의 조언을 참조할 수 있다. 다만 현장 상황을 가장 정확히 판단할 수 있는 자는 선장이라는 것을 반드시 인식하고 있어야 한다.

퇴선결정은 시기를 놓쳐서는 안 된다. 선장은 심각한 상황에서 망설이다가 퇴선 시기가 지연될 경우 인명피해가 커질 수 있음을 고려하여야 한다. 퇴선이 필요할 것 같지만 확신이 서지 않는 경우에는 가능한 한 퇴선을 하는 것이 바람직하다.

여객선의 퇴선에는 많은 시간이 걸리므로 평소 선장은 승객의 탈출에 소요되는 시간을 파악하고 있어야 하며, 퇴선을 결정할 때에는 여객의 탈출 소요시간을 감안하여야 한다.

퇴선은 탈출완료 요구시간 이내에 완료되어야 한다. 퇴선이 결정되면 선사의 비상대응절차서에 따라 신속히 퇴선을 시행한다. 다만 상황이 긴박하여 여유가 없다고 판단되면 시간이 지체될 수 있는 절차는 생략하여야 한다.

(1) 퇴선결정의 일반 원칙

① 침몰·전복 등에 소요되는 시간

- 침몰·전복까지 걸리는 시간은 사고 당시 선내 수밀문 등의 폐쇄 여부, 선박의 구조, 적재화물의 종류 및 고박 상태 등에 따라 달라지므로 선장은 이를 감안하여야 한다.

- 비정상적 선체경사가 발생하더라도 수밀문, 통풍구, 램프 등 침수가 발생할 수 있는 부분이 잘 관리되고 있다면 침몰을 상당히 지연시키거나 방지할 수도 있다. 그러나 예상치 못한 부분으로 침수가 발생하여 빠르게 침몰되는 사례가 다수 있다는 것도 감안하여야 한다.

- 상황이 급박함에도 퇴선에 상당한 시간이 걸려 모든 승객들이 탈출하기 전에 선박이 급격하게 경사 또는 침몰되어 탈출이 불가능할 수도 있다는 것을 감안하여야 한다.

② 구명설비 작동 조건

- 비상소집 또는 퇴선을 고려할 때에는 구명정·구명뗏목 등 구명설비 작동준비 시간 등을 감안하여야 하고 선체 기울기에 따라서 구명설비 작동이 어렵거나 접근할 수 없다는 사실을 인식하여야 한다.

- 선체가 침수되어 기울어지고 있어 퇴선준비를 하였지만 퇴선시점을 결정하지 못하고 머뭇거리다가 선체가 급격히 기울어져 구명정 또는 구명뗏목을 이용할 수 없어 인명피해가 발생하는 경우도 있음을 감안하여야 한다.

- 해상 날씨가 거칠고 파도가 높을 경우에는 구명정이나 구명뗏목이 견디지 못할 수 있으므로 이를 고려하여야 한다.

- 일반적으로 구명정이 구명뗏목보다 해상에서 생존확률을 높일 수 있으나 선체 경사 등으로 구명정을 진수하기 어려울 것으로 예상되는 경우는 신속히 구명뗏목을 활용한다.

○ 구명정을 진수하여 퇴선하는 경우에도 만약의 경우를 대비하여 구명뗏목을 해상에 투하해 둔다.

③ 해상 날씨 등 기상여건

○ 퇴선 후 탈출 승객 및 선원들의 안전과 관련된 기온, 파도 등의 기상상황을 고려하여야 한다.

○ 겨울과 같이 해수온도가 낮은 바닷물 속에서 구명조끼로 견디어야 한다면 짧은 시간 내에 저체온증(Hypothermia)으로[106] 사망할 수 있음을 고려하여야 한다.

○ 저체온증에 노출되지 않는 가장 바람직한 방법은 물에 젖지 않고서 구명정 또는 구명뗏목에 탑승하는 것이다.

○ 불가피하게 구명조끼를 착용하고 겨울철에 바다로 탈출해야 한다면 구조될 수 있는 시간을 감안하여야 하고 되도록 마지막까지 선박에 머무르는 것이 필요하다. 이 경우에도 유사시 즉각 탈출할 수 있는 장소에서 방수복을 입거나 옷을 여러 겹 입고 대기하여야 한다.

○ 황천시에는 사용하는 구명설비가 퇴선 후 선원과 승객들을 안전하게 보호할 수 있는지 여부를 고려하여야 한다.

○ 어두운 야간에 퇴선을 해야 하는 경우에는 퇴선과정에서 인명피해가 발생할 수 있으므로 주의하여야 한다.

---

106) 생존 예상시간(출처 : IAMSAR manual)

수온	생존 예상 시간
2℃ 미만	45분 미만
2~4℃	1시간 30분
4~10℃	3시간 미만

수온	생존 예상 시간
10~15℃	6시간 미만
15~20℃	12시간 미만
20℃이상	피로에 좌우

④ 구조가능 시간 및 당해 선박의 위치

- ㅇ 인근에 구조에 도움이 될 수 있는 선박 유무와 구조선박이 도착하는데 걸리는 시간 등을 고려하여야 한다.
- ㅇ 인근에 항해 중인 선박 또는 어로작업 중인 선박 등이 있을 경우에 상황의 급박성을 감안하여 보다 적극적으로 퇴선을 실시하는 것도 인명피해를 줄일 수 있는 방법이다.
- ㅇ 태풍, 높은 파도 등 해상날씨가 구조선박이 운항할 수 없는 악조건인 경우에는 수 시간 이내에 구조선박이 도착할 수 없는 상황이라는 것을 감안하여야 한다.
- ㅇ 연안인 경우에는 주변에 선박이 없더라도 폭풍 등으로 구조선박이 운항할 수 없는 악조건이 아니라면 육지에서 신속히 구조선이 도착할 수 있으므로 상황이 급박함에도 구조선박을 기다린다고 퇴선을 미룰 필요는 없다.
- ㅇ 일반적으로 구조선박보다는 구조헬기가 먼저 현장에 도착하나 헬기로는 구조할 수 있는 인원에 한정이 있으므로 육상과의 거리 등 현장여건을 감안하여, 필요하다면 헬기로 구조한 승객 및 선원들을 인근 선박으로 이송하여 최대한 많은 인원이 구조될 수 있도록 하여야 한다.[107)]

3.9.2 퇴선시 조치사항

선박은 그 자체가 최고의 구명정이라 한다. 따라서 성급하게 퇴선하는 것보다 머무는 것이 이상적이지만 퇴선 결정에 대한 확신이 서지 않는다면 퇴선하는 것이 바람직하다.

퇴선명령(Abandon ship)은 선장이 구두로 선내 전체방송 시스템(PA: Public address)에 의해 내리는 지시이며, 듣는 즉시 아래 절차에 따라 실행에 옮겨야 한다.

---

107) 구조 헬기에서 내린 줄을 선체에 고정시키면 헬기의 안전을 위협할 수 있으므로 어떠한 것도 선체에 묶어서는 아니 된다.

① 선장이 PA 시스템으로 퇴선 명령

② 선내전화로 기관실 당직자에게 퇴선사항을 통보

③ MAYDAY 등 조난신호 전송

④ GMDSS108) 장비 중에 EPIRB를109) 활성화하고 SART를110) 구명정으로 이동

⑤ 시간이 허락되는 경우에는 항해일지 등 선교의 모든 관련 문서와 사고조사에 사용될 수 있는 선내 서류 및 기록 등을 수집

3.9.3 퇴선시 생존원칙

해수면에서 생존을 위한 우선순위 네 가지는 ① 방호(Protection), ② 조난 위치 표시, ③ 식수관리, ④ 식량관리의 순이다.

선박에는 적정 수의 구명정이나 구명뗏목이 갖추어져 있으며,111) 구명정이나

---

108) 국제항해에 취항하는 모든 여객선과 총톤수 300톤 이상의 모든 선박에 조난경보와 안전정보 통신을 위해 1992. 2. 1일 이후 건조선부터 적용하여 7년간에 단계적 이행시기를 거쳐 1999. 2. 1일 전면 실시하였다.

109) EPIRB(Emergency Position Indicating Radio Beacon) COSPAS-SARSAT 위성을 사용하여 연안에서부터 전세계 모든 해역까지 사용가능하고 48시간 이상 신호를 지속한다. 주로 윙브리지나 톱브리지의 개방된 곳에 수심 4미터 이하에서 자동으로 부양시키는 수압풀림 장치와 함께 1대가 장치되어 있다.
- A1 구역용인 VHF EPIRB는 수신거리가 30해리 정도이며 위치정보를 찾아내지 못해 선박에 별로 설치되어 있지 않다. A3 구역용인 Inmarsat EPIRB는 위치측정 기능이 없어 별도로 위치정보를 입력해야 하며 A4구역인 극지방에서 사용할 수 없기 때문에 해상구조물 외에는 주로 사용하지 않는다.

110) SART(Search and Rescue Radar Transponder) 신호 도달범위는 8~10해리이며 수신대기 시 96시간, 신호 연속발송 시 8시간 사용이 가능하다. 9GHz를 사용하는 X-밴드 레이더에만 12개의 점선 신호가 나타난다. 주로 선교 양면에 각각 한 대씩 2대가 장착되어 있다.

111) 해상인명안전협약(SOLAS) 제3장 제27규칙에 따라 여객선에는 각 현에 총 승선인원의 50% 이상을 수용할 수 있는 구명정을 탑재하여야 하며, 주관청은 각 현에 총 승선인원의 37.5%를 수용할 있는 충분한 수의 구명정을 설비하는 조건으로 구명정 대신에 동등한 정원을 수용할 수 있는 구명뗏목을 비치할 수 있다.
- 화물선은 SOLAS협약 제3장 제35규칙에 따라 각 현에 총 승선 인원의 100%를 수용하는

구명뗏목에는 최소한의 방호(Protection) 장비, 조난 위치표시 장비, 식수 및 식량 등이 실려 있다.

(1) 개인 방호(Protection)

퇴선후 생존을 위해서는 방호조치를 취해야 하며, 특히 저체온증(Hypothermia)과 일사병・열사병(Sunstroke, Heatstroke) 등 체온변화에 따른 증상에 주의해야 한다.

물에서는 같은 온도의 공기에서보다 20~30배 빨리 체온을 잃는 것으로 알려져 있기 때문에 피부와 해수가 닿는 면적을 줄여야 한다.[112] 따라서 저체온(Hypothermia)과 한랭쇼크(Cold shock)를 예방하기 위해 적당한 의복을 착용하고,[113] 불필요하게 수영하지 말며,[114] 음주해서는 안 된다.[115]

구명정을 적재하여야 하고 부가하여 총 승선자수의 50%를 수용하기에 충분한 구명뗏목을 적재하여야 한다. 다만 주관청은 인접국가간의 국제항해에 종사하는 화물선의 경우에 그 항해의 상황에 따라 구명뗏목의 강제적인 적재가 불합리하고 불필요하다고 인정할 때에는 그 정도에 따라서 개개의 선박 또는 어떤 종류의 선박에 대하여 이 요건을 면제할 수 있도록 하고 있다.

112) 1기압, 293K(=20°C) 조건에서 공기의 열전도율은 0.025 W/(m・K)이며, 물의 열전도율은 대략 0.592 W/(m・K)이다.

113) 기본적으로 구명동의・신발・장갑을 착용하고 목에 수건을 두른다.
- 여벌의 두꺼운 옷보다는 얇은 것이라도 많이 껴입는 것이 좋다. 여러 겹일 때 안쪽은 양모 계통의 따뜻한 옷, 바깥쪽은 방수가 잘되는 옷이 좋다.
- 가능한 한 피부가 직접 노출되지 않도록 최대한 가리기 위하여 모자, 장갑, 양말, 신발을 착용한다.
- 옷의 끝 부분을 잘 여며서 물과 공기의 출입이 용이하지 않게 한다. 옷소매는 장갑 속에, 상의는 허리띠 속에, 바지 끝은 양말 속에 넣도록 한다.
- 준비되어 있다면 옷의 제일 바깥쪽에 유막처리 코트(Oilskin coat) 또는 방수복(Immersion suit)을 착용한다.

114) 물속에서 수영을 하면 혈액 순환을 촉진시켜 체온이 빨리 저하되고, 사지를 펴 해수와 닿는 면적이 커지며, 옷과 피부 사이의 공기와 따뜻한 물을 쉽게 방출시킨다.
- 다만 시설물로부터 안전한 거리까지 이탈하기 위한 경우, 구명뗏목이나 구명부기에 접근하기 위한 경우, 부상자를 구조하는 경우, 서로 모이기 위한 경우에는 수영이 필요하다.

115) 알코올을 마시는 것은 몸을 따뜻하게 하는 것과는 무관하다. 오히려 혈액순환을 촉진시켜

저체온증 환자는 자제할 수 없는 오한, 느리고 불분명한 의사표현, 심한 무기력, 걷지 못하고 넘어짐, 반의식이나 무의식 증세 등을 보인다. 저체온증 환자를 구하기 위해 너무 빠르게 체온을 높이려 하지 말고, 바람을 피해서 건조한 장소로 이동한다. 젖은 옷을 벗기고 마른 담요로 감싸준다. 특히 노출된 머리, 손발 등을 감싸준다.[116] 환자를 눕힌 다음에는 이불을 같이 덮고 구조자의 체온을 전해줄 수 있다. 뜨겁지 않은 따뜻한 국이나 스프를 제공하되 의식이 없는 경우는 절대 불가하다. 알코올을 섭취해서는 안 된다.

심장마비를 일으키면 심폐소생술(Cardiopulmonary resuscitation)을 시행한다.[117] 기도를 확보하고 인공호흡을 2회 시행한 후에,[118] 가슴압박 30회와 2회의 인공호흡을 반복한다.[119] 가슴압박과 인공호흡을 계속 반복하던 중에 환자가 소리를 내거나 움직이면 호흡도 회복되었는지 확인한다.[120]

체열 발산을 증가시키고, 그로 인하여 체온이 급격히 상실된다. 주의력을 감퇴시켜 퇴선 직후의 행동에 여러 문제를 야기할 수도 있고 갈증을 심하게 하므로 음주는 절대 피해야 한다.

116) 머리로 체열의 40~45%가 손실된다는 것은 1970년대 미군의 생존지침에 수록되면서 일반화되었으나 1950년대에 방한복을 입고 머리를 노출한 채 실험한 결과를 바탕으로 하고 있으므로 저체온증 해결에 도움이 되지 못한다. (출처 : https://www.theguardian.com/science/2008/dec/17/medicalresearch-humanbehaviour)

117) CPR 30회씩 시행
- 먼저 환자의 가슴 중앙에 깍지 낀 두 손의 손바닥 뒤꿈치를 댄다.
- 손가락이 가슴에 닿지 않도록 주의하여야 하며, 양팔을 쭉 편 상태에서 체중을 실어서 환자의 몸과 수직이 되도록 가슴을 압박한다.
- 성인에 대한 가슴압박은 분당 100~120회의 속도와 가슴이 5~6센티미터 깊이로 눌리도록 강하고 빠르게 압박한다.
- '하나', '둘', '셋' 등 '서른'까지 세어가면서 시행하며, 압박된 가슴은 완전히 이완되도록 한다.

118) 인공호흡을 시행하기 위해서는 먼저 환자의 머리를 젖히고, 턱을 들어 올려서 환자의 기도를 개방시킨다.
- 머리를 젖혔던 손의 엄지와 검지로 환자의 코를 잡아서 막고, 입을 크게 벌려 환자의 입을 완전히 막은 뒤에 가슴이 올라올 정도로 1초 동안 숨을 불어넣는다.
- 숨을 불어넣을 때에는 환자의 가슴이 부풀어 오르는지 눈으로 확인한다.
- 숨을 불어넣은 후에 입을 떼고 코도 놓아주어서 공기가 배출되도록 한다.
- 인공호흡 방법을 모르거나 꺼려지는 경우에는 인공호흡을 제외하고 지속적으로 가슴압박만을 시행한다.

119) 다른 구조자가 있는 경우 한 구조자는 가슴압박을 다른 구조자는 인공호흡을 맡아서 시행한다. 서로 역할을 교대할 때는 심폐소생술 5주기(가슴압박 30회, 인공호흡 5회)를 시행하고 바꾼다.

(2) 위치표시

조난되었을 때 위치표시를 위해서 ① 조난위치에 머물 것[121], ② 목표물을 크게 할 것,[122] ③ 위치표시를 위한 신호를 적절히 사용할 것을 꼽을 수 있다.[123] 평소 구명정 의장품 중에 신호장치 사용법을 알고 있어야 하며,[124] 모를 때에는 구명정에 비치된 생존매뉴얼 책자를 참고한다.

(3) 식수 및 식량 관리

바다에서 생존 가능성은 탈수증 예방과 영양 공급 여하에 따라 크게 좌우된다. 구조될 때까지 식수와 식량이 충분할 때에는 배부르게 먹을 수 있다. 그러나 언제 구조 될지 불명확하다면 식수·식량의 소모량을 최소한으로 줄이고 계획적으로 섭취해야 한다.[125] 특히 식수의 소모에 더욱 주의해야 한다.

식수는 구명정에 1인당 3리터, 구명뗏목에는 1인당 1.5리터가 실려 있다. 식수는 조난 후 첫 24시간 이내에는 지급하지 않는다. 24시간 경과후에는 급수담당자를

120) 호흡이 회복되었으면 환자를 옆으로 돌려 눕혀 기도가 막히는 것을 예방한다. 그 후 계속 움직이고 호흡을 하는지 관찰한다. 심정지가 재발하면 가슴압박과 인공호흡을 즉시 다시 시작한다.

121) 조난위치를 구조자가 알고 있을 때는 그 부근에 머무는 것은 간접적으로 자기의 위치를 알려주는 것이 된다. 따라서 조난 후 일단 안전한 곳에 나오면 최대한 조난위치에 머물러서 구조를 기다려야 한다.

122) 해수면에서 표류할 때는 주위의 구조물을 밧줄 등으로 묶어 연결하거나 조난자가 함께 모여 있어서 육안으로 쉽게 보이게 한다.

123) 구명정에는

124) 신호 홍염(Hand flare) 6개, 낙하산부 신호(Rocket parachute flare) 4개, 신호 거울(Signal mirror) 1개, 호각(Whistle) 1개, 방수 전등(Waterproof electric torch) 1개가 비치되어 있다.

125) 식수가 없는 경우 평균 대기온도에 따른 예상 생존시간

평균 대기온도	37℃	32℃	26℃	21℃	15℃
예상 생존시간	2일	3일	4일	8일	10일

지정하여[126] 하루 3번 균등하게 분배하며 1일 적정량은 0.5리터이다.[127] 물을 마실 때는 한꺼번에 마시지 말고 입술을 축이듯이 여러 번 나눠 마신다. 염분기 있는 생선, 바닷물, 오줌 등을 마시지 않는다.[128]

구명식량은 구명정과 구명뗏목에 1인당 10,000kJ이 비치되어 있다. 식수와 마찬가지로 조난 후 첫 24시간 이내에는 보급하지 않는다. 식량은 하루 3번 나눠 먹고 천천히 씹는다. 구명식량은 탄수화물 위주로 만들어 졌는데 단백질은 갈증을 유발하기 때문이다. 따라서 식수가 충분하지 않으면 단백질이 많은 생선이나 새를 잡거나 해초 등을 채취하여 대용식은 먹는 것은 되도록 피하는 것이 좋다.

[그림 3-10] 구명정 의장품

126) 급수 분배량에 대한 사소한 오해가 지휘명령 계통을 와해시키거나 비협조 등의 중대 문제로 발전될 수 있으므로 급수담당자가 배급하도록 한다.

127) 탑승인원이 많거나 물이 절을 때 또는 구조가 지연될 때는 하루 160밀리리터까지 줄일 수 있다.

128) 염도 0.9% 미만은 음용 가능 : 어류즙, 거북이 혈액·뇌척수액·안구액

쉬어가기 3

□ 흔히 쓰는 유사한 해사 용어 중에 차이점을 살펴보자.

[Ocean vs Sea]

- Ocean은 大洋으로 번역되며 막힘없는 넓은 바다이므로 태평양(Pacific Ocean), 대서양(Atlantic Ocean), 남극해(Antarctic Ocean) 등이 있다.
- Sea는 주로 海로 번역되며 가둬지거나 특정 해역에 국한된 바다이며 지중해(Mediterranean Sea), 발틱해(Baltic Sea), 흑해(Black Sea), 동해(East Sea), 북해(North Sea) 등이 있다

[Maritime vs Marine]

- Maritime은 16세기 이후에 라틴어로 바다(mare)에 형용어미(timus, 관계되는)를 붙인 단어이며, Marine은 14세기 이전부터 사용된 marinus(바다의)라는 라틴어에서 비롯된 단어이다.
- Maritime은 바다와 관련해 파생되거나 물리적으로 바다의 표면이나 변두리에 인접하는 것을 의미하며, 용례로는 Maritime Industry(해사산업, 해운 등), Maritime Country(해양국가), Maritime Law(해상법), Maritime Trade(해상무역)가 있다.
- Marine은 바다 자체, 바다 속에 있는 것 등과 같이 바다의 본질에 관련된 경우를 주로 의미하며, 용례로는 Marine ecology(해양생태학), Marine cable(해저전선), Marine products(해산물) 등이 있다.
  - 예외적으로 Marine insurance는 해상보험 자체가 이미 14세기부터 존재한 것으로서 당시에는 Maritime이란 단어가 없었기에 가용 단어인 Marine을 사용한 것으로 추정된다.

제4장

해사안전관리 행정조직

제4장 해사안전관리 조직

(IMO 회의 전경)

국제해사기구(IMO)는 선박 운항과 관련된 안전 및 보안 확보, 해양환경 보호와 효율적인 해운 진흥에 필요한 법적 문제 해결을 위한 정부간 협의체이며 국제연합(UN)의 해양 특별기구이다.

각국은 어느 산업보다 국제적 성격이 강한 선박 운항과 관련된 국내외 업무 추진을 위해 해사관청(Maritime Administration)을 두고 있으며, 해운 진흥보다 해양안전 확보와 해양환경 보호 쪽에 무게를 두고 있다. 우리나라는 해양수산부에서 국제해사 업무를 담당하고 있다.

이 장에서는 우리나라가 A그룹 이사국으로서 기술적・재정적 기여도를 높이고 있는 IMO에 대해 상세히 기술하고, 해사안전행정과 관련된 주요 국제기구에 대해 소개한다.

1. 국제해사기구(IMO)

국제해사기구(IMO)는 국제연합(UN)의 경제사회이사회(ECOSOC)에 소속된 15개 특별기구(specialized agencies) 중에 12번째로 설립된 해양 특별기구이다.

1948년에 IMO 설립을 위한 협약이 채택되었으며 1958년에 발효됨에 따라 1959년에 국제해사자문기구(IMCO)라는1) 명칭으로 설립되었으며, 1982년에 국제해사기구(IMO)로 명칭이 변경되었다.

IMO 사무국(Secretariat)과 회의장이 있는 건물은 영국 국회의사당 건물인 웨스트민스터 궁에서 템즈강 건너 대각선 방향에 있으며 1982년부터 사용하고 있다.

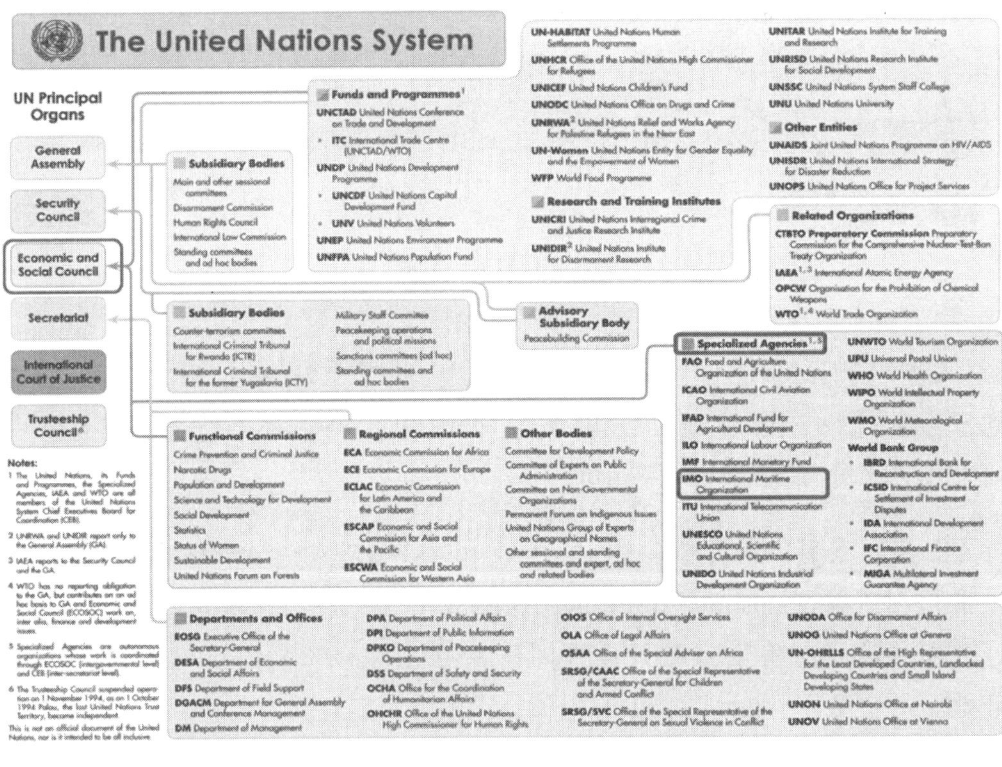

[그림 4-1] United Nations System

---

1) Inter-Governmental Maritime Consultative Organization

1.1 설립 목적

IMO의 목적, 기능, 가입, 조직 및 운영 등에 대해 정하고 있는 IMO 협약(IMO Convention)[2] 제1조에 기구의 목적을 다섯 가지로 명시하고 있으며, 첫 번째 항이 주요 목적으로 분류된다.

- 국제교역을 위한 해운에 영향을 미치는 모든 기술적 문제와 관련된 정부의 규정과 관행에 대한 정부간 협력을 위한 체제를 제공하는 것이며, 해사안전, 항해의 효율성, 선박으로부터 해양오염 방지 및 통제와 관련된 실행 가능한 가장 높은 수준의 기준을 채택하도록 장려하는데 있다. 그리고 이러한 목적과 관련된 행정적, 법률적 문제를 다루는데 있다.[3]
- 국제해운에 영향을 미치는 정부의 차별적 조치와 불필요한 제한을 제거함으로써 국제교역을 위한 해운 서비스를 차별 없이 제공할 수 있도록 촉진하는 것이다. 보안과 자국 해운의 발전을 위해 정부가 취하는 지원과 장려는 국제 교역에 참여하는 모든 국가의 해운 자유를 제한하기 위한 목적의 조치가 아니라면 그 자체로는 차별에 속하지 않는다.
- 기구의 기능과 관련하여 해운의 불공정한 제한적 관행 문제에 대해 기구에서 관여한다.

---

2) IMO Convention(Convention on the International Maritime Organization)의 기원은 1948년 제노바에서 개최된 국제연합 해사회의(UN Maritime Conference)에서 채택한 “Convention on the Inter-Governmental Maritime Consultative Organization”이다. 1964, 1965, 1974, 1975, 1977, 1979, 1991, 1993년에 개정이 이루어졌다. 현행본은 1993년 개정되어 2002년부터 시행된 협약이다.

3) IMO Convention Article 1(a) To provide machinery for cooperation among Governments in the field of governmental regulation and practices relating to technical matters of all kinds affecting shipping engaged in international trade; to encourage and facilitate the general adoption of the highest practicable standards in matters concerning maritime safety, efficiency of navigation and prevention and control of marine pollution from ships; and to deal with administrative and legal matters related to these purposes set out in this Article.

- ㅇ 국제연합의 어떤 조직이나 특별기구에서 해운 문제가 다루어지면 기구에서 관여한다.
- ㅇ 기구에서 다루고 있는 문제에 대하여 정부간 정보 교환을 위해 관여한다.

따라서 IMO는 '협력을 통해 안전 및 보안과 환경적으로 건전하며, 효율적이고 지속가능한 해운 장려'를 사명(Mission)으로 한다.[4)]

1.2 설립 배경

국제교역의 주요 수단인 해운업은 가장 오래되고 가장 국제적이며 가장 위험한 산업 중의 하나로 분류되며, 국제교역에 근본이 되는 것으로 매우 경쟁적이었지만 전통과 경험에 의존하고 있어 안전 향상에 한계가 있었다.

19세기 중반 이후부터 해상에서 안전을 향상시키는 최상의 방법이 국제적으로 통일된 기준을 모든 해운국이 준수하고 선박에 적용하는 것이라는 공감대가 형성되기 시작하였다.[5)] 그러나 해사분야를 다루기 위해 적합한 세계적인 규모의 정부간 기구는 없었으며 일부 민간 기구의 활동만이 있었다.[6)] 따라서 민간기구

---

4) (MISSION STATEMENT) The mission of the International Maritime Organization (IMO), as a United Nations specialized agency, is to promote safe, secure, environmentally sound, efficient and sustainable shipping through cooperation. This will be accomplished by adopting the highest practicable standards of maritime safety and security, efficiency of navigation and prevention and control of pollution from ships, as well as through consideration of the related legal matters and effective implementation of IMO instruments, with a view to their universal and uniform application. (출처 : IMO A.1110(30), 2017. 12. 6)

5) (출처) http://www.imo.org/en/About/HistoryOfIMO/Pages/Default.aspx

6) 민간 분야에서 설립한 기구에는 1873년에 설립된 국제법협회(International Law Association)가 있으며, 1897년에 설립된 국제해운위원회(International Maritime Committee)도 주로 법률 문제를 다루었다. 1909년에 설립된 국제해운동맹(International Shipping Federation)은 선주 대표들로 구성되어 노동문제를 다루었다. 1920년에 파리에 본부를 두고 설립된 국제상업회의소(International Chamber of Commerce)의 국제해양수송위위원회(Sea Transport Committee)를 두었다. 1921년에 설립된 국제해운회의(International Shipping Conference)는 선주들 조

가 아닌 자격을 갖춘 정부대표와 산업계 인사들이 참여하는 최상위급의 해사 조정 기구를 설립할 필요가 있다는 주장이 대두되었다.

이러한 주장에 따라 1889년에 워싱턴에서 첫 번째 국제해사회의(International Maritime Conference)가 개최되어 영속적으로 해사문제를 다루는 기구의 설립에 관한 논의가 있었다. 그러나 당시에는 바람직하지만 시기상조라고 여겨졌다.

1926년에 국제법협회(International Law Association)와[7] 1934년에 국제법학회(Institute of International Law)에서[8] 같은 주장을 펼쳤으나 성공하지 못하였고, 제2차 세계대전 직후에야 몇 가지 실질적인 진전이 국제연합(UN)을 통해 이루어졌다.[9]

국제연합(UN)의 전신인 국제연맹(League of Nations)[10] 시기에는 통신운수기구(Communications and Transit Organization)가 있었고 통신과 운송에 관한 위원회도 있었다. 연맹 사무국에는 통신운수 부서를 두고 있었다. 운수위원회(Transit Committee)는 항만·항해전문위원회(Subcommittee for Ports and Maritime Navigation)를[11] 포함하여 몇 개의 전문위원회와 특별위원회를 두고 있었다. 그러나 국제연맹 체제는 해사분야에서 해결해야 할 여러 문제에 대해 효과적으로 대응하지 못했다.[12]

직의 연합체였다. 1950년에는 국제화물조정협회(International Cargo Handling Coordination Association)도 설립되었고 1952. 5월 회의에 150명의 대표가 참석했다는 기록이 있다. (출처 : Carl E MacDowell & Helen Gibbs, 1999, Ocean transportation, Beard Books, Washington, D.C. p. 441)

7) 1873년 브뤼셀에서 창설되었다. 현재 런던에 본부를 두고 전세계 55개 지부를 두고 있다. 국제법학자, 정부관계자, 상공업, 해상(海商)에 관한 실무자까지도 회원으로 두고 있으며, 1921년에 해상 물품운송상의 면책약관(免責約款) 규칙인 '헤이그 규칙'을 채택하였다.

8) 1873년 벨기에 겐트에서 유럽 제국(諸國)의 학자 10명이 모여 발족하였다. 1904년 노벨평화상을 수상한 바 있으며, 현재 정회원 60명, 준회원 72명으로 구성되어 있다.

9) (출처) Mukherjee P. K. & Mark Brownrigg, Farthing on International Shipping, Springer, pp. 64-65

10) 국제연맹은 제1차 세계대전 이후 1920년에 당시 미국의 대통령이었던 우드로 윌슨의 제안으로 창립되었다. 연맹 창설을 발의한 미국이 의회의 반대로 참여하지 못한데다 여러 국제적 분쟁에 무기력한 모습을 보이다가 제2차 세계대전 동안 지리멸렬하여 결국 모든 업무와 자산 등을 국제연합(UN)에 승계하고 해체되었다.

11) 이후 위원회로 변경되었으며 측정(admeasurement)과 항로표지(bouyage system)를 담당했다.

해사분야의 국제협력이 대폭 확대된 것은 제2차 세계대전의 긴박한 상황에서 연합국 대표들이 설립한 해사청연합(United Maritime Authority)의 활동에 따른 것이었다. 해사청연합은 전시 해운 기구로서 추축(樞軸)이[13] 아닌 국가(non-Axis) 보유 톤수 90%의 활동을 조율하면서 국제협력의 경험을 축적하였다.[14]

1946. 3. 2일에 해사청연합의 활동이 종료된 이후 과도기적 기구로 해사연합자문회의(United Maritime Consultative Council)가 설립되어 1946. 3월부터 10월까지 UN원조재건청(UNRRA)과[15] 기타 여러 기관의 복구화물 수송을 담당했다. 이 시기에 국제사회는 정부 차원의 국제기구를 통해 항로, 화물, 항해, 운임과 용선료 등에 이르는 해운 전반에 걸친 문제에 대해 정부간의 이익을 도모하면서 민간 기업에 대한 통제까지 효과적으로 수행할 수 있다는 경험을 쌓았으며 해사분야의 정부간 국제기구를 설립해야 할 필요성에 공감하고 있었다.[16]

1945년에 전승국을 중심으로 국제연합(UN)이 창설된 이후 UN이 국제기구 설립 임무를 물려받았다. UN 경제사회이사회(ECOSOC)의 운수통신위원회(Transportation and Communications Commission)에서 해사문제가 의제로 다루어졌다.[17]

---

12) (출처) Carl E MacDowell & Helen Gibbs, 1999, Ocean transportation, Beard Books, Washington, D.C. p. 440

13) 국가 간의 연합, the Axis는 2차 대전 때의 독일, 이탈리아, 일본 추축국

14) (출처) Morlock, George A. “International Control of Dangeous Drugs,” Department of State, Bulletin, XV, p. 888.

15) (UNRRA)UN Relief and Rehabilitation Administrarion

16) 20세기 들어 세계적으로 선대가 늘고 국제해운이 발전하면서 해사 관련 문제들이 유럽을 중심으로 한 전통 해운국 사이의 조약 또는 협정의 형태로 다루어지게 되었으나 해운을 전문적으로 다루는 국제기구가 없었다. 다만 해운과 관련된 일부 기술적인 문제들이 국제수로국(IHB), 세계기상기구(WMO), 국제노동기구(ILO)에서 다루어지고 있었다. 이 같은 상황에서 UN의 경제사회이사회(ECOSOC)는 해사분야를 다룰 정부간 국제기구의 필요성을 인식하고 기구 설립을 검토하였다.

17) 국제연합(UN) 경제사회이사회(ECOSOC) 운수통신위원회는 항공, 해운, 통신 및 우편의 4개 분야를 취급할 전문기구의 설치를 권고하였다. 특히 해운분야에 정부간 국제기구가 없음을 지적하고 해운의 기술적 측면을 다루게 될 영구적인 기구설립의 필요성을 강조하는 보고서를 제출하였다.
UN의 개념은 하나의 지붕 아래 해사문제를 하나로 모아 기구를 만들고 특별기구 집단을 구성하는 것이었다. 국제무선통신연합(International Tele-communication Union), 정부간민간항

UN 경제사회이사회(ECOSOC)는 당시 해사연합자문회의(United Maritime Consultative Council)에 해사분야의 국제기구 설립을 위한 협약 초안을 작성케 하였고, 1948. 2. 19일 스위스의 제네바에서 열린 UN 해사회의(UN Maritime Conference)에서 논의되어 다음 달인 3. 6일에 채택됨으로써 기구 설립의 근거가 마련되었다.

설립 논의 당시 전통 해운국들은 가능한 한 통제 기능이 약한 UN 경제사회이사회(ECOSOC) 산하 전문위원회 형태로 설치할 것을 제안하였지만 다수의 개발도상국들은 실질적인 권한을 가진 독립적 기구를 설치하여 해운 선진국의 차별적 해운 관행을 통제할 수 있기를 기대했다. 그 절충안으로 UN 산하의 기술적 자문의 성격을 지닌 전문기구로 설립한다는 IMCO 설립협약이 채택되었다.[18]

이 협약이 채택된 배경 중에 하나는 당시 대형 해양사고가 빈발함에 따라 해양안전에 대한 절실한 필요성도 크게 작용하였다. 즉 선박의 건조 및 운항에 관한 최저기준을 정하고 구명설비와 수색·구조 활동을 효율적으로 수행함으로써 인명의 손실을 최대한 방지하기 위해서는 이 같은 국제기구가 가장 적절한 수단으로 여겨졌기 때문이었다.

또한 선박에 탑재하는 각종 설비가 국가별 기준에 따라 다양하고 복잡하여 경제적 이유뿐만 아니라 선박운항 측면에서도 번거로워지자 비용 절약과 원활한 선박운항을 위한 가장 적합한 방법은 각종 설비의 국제 표준화로 여기게 된 배경도 있었다.

그러나 해운의 상업적 성격을 배제한 채 기술적 문제만을 자문하는 기구의 성격으로 인하여 IMCO 설립협약은 채택된 후 상당 기간 동안 발효요건이[19] 충족되지 못했으나, 설비 표준화와 안전조치에 대한 시급한 필요성이 높아지자 협약 채택 후 10년이 지난 1958. 3. 17일에 비로소 발효되었다. IMCO는 그 이듬해인 1959. 1월에 런던에서 창립총회를 개최하고 UN 산하 12번째의 자문기구로 탄생하였다.

공기구(Intergovernmental Civil Aviation Organization), 세계기상기구(World Meteorological Organization), 세계보건기구(World Health Organization), 국제노동기구(International Labour Organisation)를 포괄하는 것으로 이 기구들이 현재 15개 특별기구에 속해 있다.

18) 해양수산부, 2016, 해양수산 통합행정 20년 발전사

19) 100만 톤 이상을 보유한 7개국을 포함한 21개국의 수락

IMCO가 해운의 기술적인 문제만을 다루기로 함에 따라 UN무역개발회의(UNCTAD)는[20] 1965년에 해운위원회를 설치하여 해운의 상업적 문제, 즉 보험개방, 등록, 운임률, 해운동맹의 관행 등에 관한 문제를 다루기로 하였다.

IMCO는 기구의 기능과 역할을 강화하기 위하여 1975년 제9차 총회에서 기구의 명칭을 IMCO에서 IMO로 개정할 것을 채택하여[21] 발효요건이 충족된 1982. 5. 22일 IMO로 새롭게 탄생하였으며 현재 건물에 자리 잡았다.

기구의 구조상 변화는 없었으나 자문이라는 용어를 제거함에 따라 IMO의 성격이 더 능동적이며 적극적인 것으로 바뀌게 된 것으로 평가되고 있다.

[그림 4-2] 1959년 IMO 창립총회 전경

20) (UNCTAD) United Nations Conference on Trade and Development

21) (출처) IMO, Res. A.358(IX)

1.3 IMO 구성

IMO협약(IMO Convention) 제11조에 따른 정규 조직은 총회, 이사회, 해사안전위원회, 법률위원회, 해양환경보호위원회, 기술협력위원회, 간소화위원회와 사무국이다. 이외에도 기구에서 필요하다고 여길 경우에는 하부 조직을 갖출 수 있도록 하고 있다.

2019년 말 기준으로 174개 회원국과 3개의 준회원국으로 구성되어있으며, IMO와 협력약정을 체결하고 회의에 참관(Observers)하는 정부간 국제기구(IGO) 64개, IMO의 승인을 거쳐 자문역할을 부여받은 비정부간 국제기구(NGO) 81개가 등록되어 있다.[22)]

우리나라는 1959년에 IMO 가입을 신청하였으며, 1962. 4. 10일 부로 가입효력이 발생하여 회원국이 되었다.

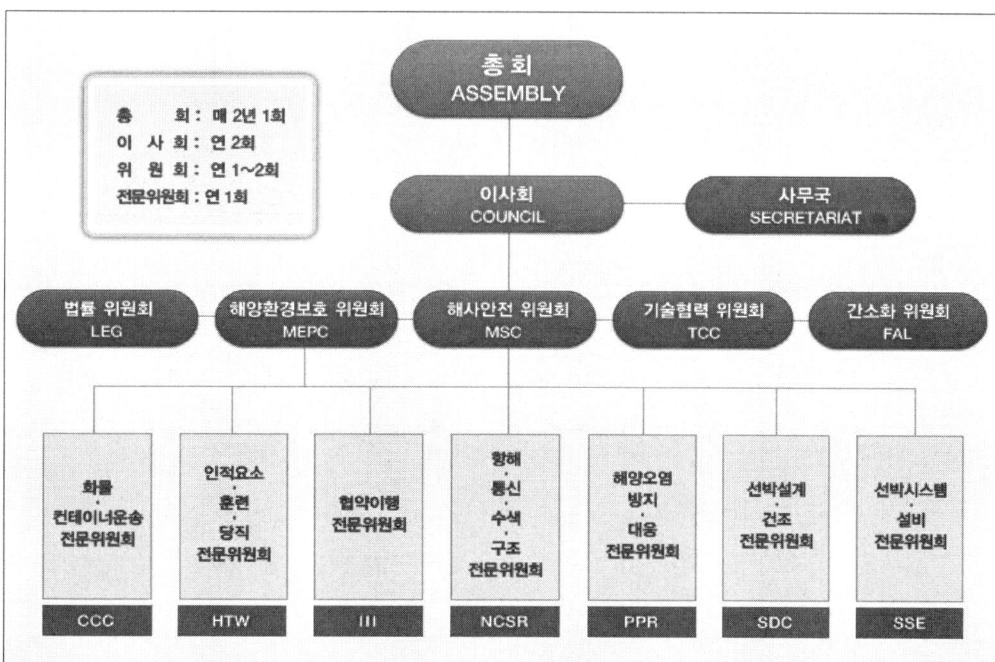

[그림 4-3] IMO 조직도

22) (출처) http://www.imo.org/en/About/Membership/Pages/MemberStates.aspx

사무국을 제외한 IMO의 정규 조직(Organs)은 독립적으로 활동하는 정기 회의체이다. 총회, 이사회, 각 위원회와 런던협약[23] 회의체에서는 맡은 임무와 관련된 결의서를 채택할 수 있다.

각 회의체는 의장단을 스스로 선출하며 임기는 1년이지만 이후 4년까지 연임할 수 있어 총 5년까지 임기를 가질 수 있다. 특별한 경우에는 1년을 더 연임할 수 있다. 이사회 의장단의 임기는 2년이며 이후 4년까지 연임할 수 있어 총 6년이 가능하지만 특별한 경우에는 2년 더 연임할 수 있다. 다만 총회는 매번 새로이 의장단을 구성한다.

위원회에서는 각 전문위원회에 의제 검토를 요청할 수 있으며, 전문위원회는 위원회에 업무성과를 보고하고, 위원회는 이사회를 거쳐 총회에 업무결과를 보고한다. 각 조직은 이사회를 제외하고는 모든 회원국으로 구성된다.

[그림 4-4] IMO 회의장 입구의 조형물

23) London Convention (LDC, LC) and London Protocol (LP)

1.3.1 총회(Assembly)

총회는 IMO의 최고 의결기관으로 모든 회원국이 참여할 수 있으며 매 2년마다 한 번씩 개최된다. 첫 회의가 1959년에 개최되어 지금도 홀수 년도마다 총회가 개최되고 있다.

임시총회는 회원국의 3분의1 이상이 총회소집 요청을 사무총장에게 통고하거나, 이사회가 필요하다고 인정하는 경우에 통고 후 60일 이내에 소집된다. 총회의 의사정족수는 준 회원국을 제외한 회원국의 과반수이다.

총회의 의장단은 매 총회마다 의장 1명과 부의장 2명을 선발하므로 임기 2년으로 볼 수 있다. 다른 회의체 의장을 'Chair'라고 부르는 반면에 총회는 'President' 라고 부른다. 의장단은 주로 영국에 주재하는 각국 대사들이 맡는다.

총회의 주요기능은 아래와 같다.

- 정기총회 기간 중 정회원국에서 의장 1명 및 부의장 2명 선출
- 협약에서 별도로 정하는 경우를 제외하고 자체 의사규칙 채택
- 이사회의 권고에 따라 임시 또는 상설의 하부조직 설치
- 이사국 선출
- 이사회 보고서의 심의 및 필요한 사항의 결정
- 작업계획의 승인 및 예산과 재정계획 표결
- 비용에 대한 검토 및 결산의 승인
- 기구의 기능 수행을 위하여 총회는 이사회에 검토나 권고를 의뢰하고, 이사회의 검토사항이 총회에서 수락되지 않는 경우는 총회에서 검토한 사항을 반영하여 재검토 의뢰
- 해사안전, 해양오염방지에 관한 각종 규칙 및 지침을 회원국에게 채택하도록 권고

- ㅇ 개발도상국의 특별한 수요를 감안하여 기술협력의 증진에 필요한 조치
- ㅇ IMO에서 토의된 국제협약의 제정 또는 개정을 위한 국제회의의 소집
- ㅇ 이사회에 대하여 IMO의 업무범위에 속하는 모든 사항에 대한 검토 또는 결정 의뢰(회원국에 대한 안전 및 환경 제도와 지침에 대한 채택권고 제외)

총회는 기구의 최고의결기관임에도 불구하고 이사회를 거쳐 상정된 하부조직의 권고와 결정을 추인하는 역할을 주로 하며, 2년에 한 번씩 개최되기 때문에 실질적 권한은 그리 크지 않으나 국제협약의 이행권고 및 이사국 선출 등의 업무에 따라 외교적 성격이 가장 강한 회의체이다.

1.3.2 이사회(Council)

이사회가 총회보다 실질적 권한을 행사하고 있는 것은 제2차 세계대전 전승국을 중심으로 한 해운 선진국의 영향력이 지배적이었던 설립 당시의 상황을 반영하고 있다고 볼 수 있다.

이사회는 IMO의 여러 회의체 중에서 현재까지도 유일하게 의결권이 이사국으로만 제한되는 회의체이다. 따라서 이사국의 구성은 초창기부터 지금까지 논쟁의 대상이었다.

이사국의 수는 창립 당시 16개국이었으나 1964년 IMO협약의 1차 개정으로 18개국, 1974년 2차 개정에 의해 24개국, 1979년 3차 개정에 의해 32개국, 1993년 4차 개정으로 40개국으로 확대되었다.[24)]

우리나라는 1991년에 개최된 제17차 총회에서 C그룹 이사국으로 선출되었으며, 2001년 제22차 총회에서 A그룹 이사국으로 진출하였다.[25)]

---

24) 2021년 제32차 총회에 상정된다면 이사국 52개국 안의 가능성이 높다.

25) 우리나라는 1991년 처음으로 C그룹 이사국에 진출하여 5회 연임(1991.12 ~2001.11)하였고,

이사국의 임기는 2년으로 재선이 가능하며,[26] 범주는 A, B 및 C로 구분되어 있고 각각의 구분요건은 아래와 같다.[27]

- ㅇ A그룹 이사국은 10개국으로 국제해상운송에 최대의 영향을 미치는 회원국이다.
- ㅇ B그룹 이사국은 10개국으로 국제해상교역에 최대의 영향을 미치는 회원국이다.
- ㅇ C그룹 이사국은 20개국으로 A그룹 및 B그룹을 제외하고, 지역적 안배를 고려하여 해상운송이나 항해에 특별한 영향력을 가지는 회원국이다.

주로 A그룹은 선주국 또는 해운국, B그룹은 화주국, C그룹은 지역대표국이라 한다. 이사국 개편에 대한 논의가 진행 중이므로 향후 총회에서 이사국의 수와 임기가 달라진 새로운 이사회가 구성될 예정이다.

이사회의 주요기능은 아래와 같다.

- ㅇ 각 위원회의 보고, 제안 및 권고에 대한 접수 및 총회에 제출
- ㅇ 사무총장 선출·임명[28]

2001년 말에는 A그룹 이사국에 당선된 이래 2019년 제31차 이사회에서 재임됨에 따라 10회(2001.12-2021.12) 연임 중이다.

26) 2019년 제31차 총회에서 이사국으로 선출된 국가는 아래와 같다.

구분	국명(알파벳 순)
A그룹 (10개국)	China, Greece, Italy, Japan, Norway, Panama, Republic of Korea, Russian Federation, United Kingdom, United States.
B그룹 (10개국)	Argentina, Australia, Brazil, Canada, France, Germany, India, the Netherlands, Spain, the United Arab Emirates
C그룹 (20개국)	Bahamas, Belgium, Chile, Cyprus, Denmark, Egypt, Indonesia, Jamaica, Kenya, Kuwait, Malaysia, Malta, Mexico, Morocco, Peru, the Philippines, Singapore, South Africa, Thailand, Turkey

27) 이사국의 범주와 임기 연장에 관한 논의가 진행 중인데 2021년 총회에서 범주는 존속하되 임기는 4년으로 변경할 가능성이 높다.

28) 임기만료 1년 전에 차기 사무총장 선출하며 총회의 승인을 얻어 임명한다.

- ㅇ 기구의 활동에 대하여 정기 총회에 보고
- ㅇ 사무국 직원의 근무조건 등 결정
- ㅇ 사업계획, 예산 및 결산을 심의 후 총회에 제출
- ㅇ 기구의 재정명세서의 작성 및 총회에 제출
- ㅇ 총회의 회기 이외의 기간 중 기구의 제반 기능 수행
- ㅇ 기구의 효율적인 운영을 위한 사업계획 조정
- ㅇ 타 국제기구와 협정체결

이사회의 역할을 상세히 기술하면 아래와 같다.

- ㅇ 해사안전위원회, 법률위원회, 해양환경보호위원회, 기술협력위원회, 간소화 위원회와 기구의 기타 기관의 제안으로 총회가 마련한 작업계획 초안과 예산안 심의하고, 이에 따라 기구를 우선하고 전체 이익을 고려한 기구의 작업계획과 예산을 총회에 제출
- ㅇ 해사안전위원회, 법률위원회, 해양환경보호위원회, 기술협력위원회, 간소화 위원회와 기구의 기타 기관의 권고제안보고서를 접수하며 총회에 상정하며, 총회 기간이 아닐 경우 이사회의 권고 및 의견과 함께 정보사항을 회원국에 송부
- ㅇ 위의 범위에 속하는 문제에 대한 해사안전위원회, 법률위원회, 해양환경보호 위원회, 기술협력위원회의 의견을 심의
- ㅇ 사무총장을 선출하여 총회의 승인을 얻어 임명하며, 필요한 직원의 임명에 관한 규칙을 제정하고, UN 및 UN 전문기구의 규칙과 가능한 한 일치되도록 사무총장의 임기 및 직무의 조건을 결정
- ㅇ 이전 총회가 개최된 이후에 기구가 수행한 업무에 대하여 총회에 보고하여야 하며, 이사회의 의견 및 권고와 함께 기구의 재정보고서를 총회에 제출

○ IMO협약 제15장의 규정에 따라서 본 기구와 다른 기구와 관계를 규율하는 협약 및 협정을 체결할 수 있으며, 여타 협약 및 협정은 총회의 승인 요청

○ 각 위원회가 다른 기관과 유지해 온 관계를 고려하여 총회의 회기와 회기 사이에 기타 기관에 대한 책임 수행

○ 기구와 기관의 활동을 조정하고 기구의 효율적인 업무 수행을 담보하기 위하여 반드시 필요한 업무계획 조정

이사회의 회의 정족수는 현행 40개 이사국을 기준으로 26개국이며, 의장을 선출하고 IMO협약(IMO Convention)에[29] 따라 회의에 관한 규칙을 스스로 정한다.

이사회는 연간 2회 이상 정기적으로 개최되고 있으며, 필요시 수시로 개최할 수 있다. 이 경우 의장의 소집 또는 4개 이사국 이상의 요청에 의하여 1개월의 예고기간을 거쳐 개최된다.

이사회는 편리한 장소에서 개의할 수 있으나 대부분의 회의는 본부가 있는 런던에서 개최된다.

이사회에서 심의하는 문제가 특정 회원국과 특별한 관계가 있을 때에는 이러한 회원국을 투표권 없이 심의에 참가하도록 초청하여야 한다.

이사회 회의에는 이사국이 아니라도 참가하여 의견을 개진할 수 있으나 결정에 참여할 권한은 주어지지 않는다.

29) 'IMO Convention'은 IMO 설립 및 운영에 관한 협약이며, 소문자로 'IMO conventions'라고 하면 IMO가 채택한 여러 협약들을 말한다.

1.3.3 위원회

IMO가 설립될 당시인 1959년에는 총회, 이사회, 해사안전위원회가 있었으며 1969년에 법률위원회 신설, 1972년에 간소화위원회 신설, 1973년에 해양환경보호위원회 신설, 그리고 1975년에 기술협력위원회가 신설됨으로써 현재와 같은 다섯 개의 위원회 체제를 갖추게 되었다.

(1) 해사안전위원회(MSC: Maritime Safety Committee)

해사안전위원회는 총회, 이사회와 함께 IMO 설립 당시부터 활동을 시작한 주요 기관으로서 초기에는 이사회와 총회에서 선출된 14개 회원국이 참석할 수 있었으며, 이 중에 적어도 8개국은 가장 많은 선박량을 보유한 국가여야 했다.[30)]회의는 위원회 회원국 중에 5개국의 요구가 있을 때에 개최되었다. 그 후 2회에 걸친 IMO협약 개정을 통하여 1978년부터 모든 회원국에게 개방되었다.

주요기능은 다음과 같이 크게 3가지로 분류된다.

- 항로표지, 선박의 설계·건조·의장품 등에 관한 국제적 기준을 마련함으로써 여객, 화물 및 선박 자체의 안전 확보를 도모
- 일반화물의 컨테이너화, 다양한 가스류 및 화학제품 등 위험물운송의 증가와 초대형유조선(VLCC) 등 대형선의 출현 등에 따른 화물의 안전한 적재 및 취급을 위한 각종 기준을 제정

30) 대형 선주국으로 ① 미국, ② 영국, ③ 노르웨이, ④ 일본, ⑤ 이탈리아, ⑥ 네덜란드, ⑦ 프랑스와 ⑧ 서독이 참여하는 데는 이의가 없었다. 그러나 편의치적국인 라이베리아(당시 선박 수로는 세계 3위)와 파나마(당시 8위)에 대해서 전통 해운국들은 진정한 선박 소유국이 아니라고 주장하였다. 이 문제는 오랜 토론 끝에 헤이그의 국제사법재판소(International Court of Justice)에 조언을 구했으며, 9대 5로 라이베리아와 파나마를 뽑지 않는 것은 IMCO 협약의 규정에 위배된다고 보았다. 다시 말해 선박 보유국이란 문자 그대로 국가 등록 톤수를 기준한다고 결정되었다. 이 논쟁은 이후에도 선박과 선주국의 진정한 연계(genuine link) 문제로 이어졌다.

ㅇ 선박의 항해안전에 관한 문제로서 선원에 대한 훈련 및 자격기준과 선박충돌 방지를 위한 항행규칙 및 해상 수색 및 구조에 관한 규칙 제정 등

해사안전위원회는 매년 2회 개최되지만 총회가 개최되는 연도에는 1회씩 개최되고 있다. 이 경우에는 회기가 길어진다.[31]

해사안전위원회에서 토의된 안전관련 규정의 개정에 관한 각종 제안, 지침서 및 활동 보고서를 이사회에 제출하여야 한다.

해사안전위원회는 이러한 모든 사항을 직접 처리할 수 없기 때문에 IMO협약(IMO Convention)의 위임규정에 따라 분야별로 7개의 전문위원회를[32] 두고 있다.

회기 중에 특정 의제에 대해 관심 있는 회원국만 모여 상세히 다루고자 개최되는 작업반(Working group) 회의가 있으며, 협의된 안건을 조문으로 만들기 위하여 문구작업반 회의(Drafting group)가 개최되기도 한다. 회기와 회기 사이에 원격지에서 전자우편 등으로 토의하는 통신작업반(Correspondence group) 회의가 구성되기도 한다. 이러한 작업반 회의는 다른 회의체에서도 필요에 따라 구성되고 있다.

해사안전위원회는 이사회에 다음 사항을 제출하여야 한다.

ㅇ 안전규칙 제정 또는 위원회가 개발한 안전규칙 제정 및 개정 제안

ㅇ 위원회가 결정한 권고 및 개발한 지침

ㅇ 이전 이사회에 보고한 이후 위원회의 업무 추진 현황 보고

---

31) 일반적으로 1주간(월-금) 개최하지만 총회가 끼인 년도에는 2주간(첫 주 월-금, 다음 주 월-수 또는 첫 주 수-금, 다음 주 월-금) 개최된다.

32) 7개 전문위원회에서 안전관련 의제의 토의결과를 해사안전위원회에 보고한다. 오염예방・대응 전문위원회(PPR)는 주로 해양환경보호위원회(MEPC)에 보고하지만 해사안전위원회 의제인 경우에는 해사안전위원회에 보고한다.

(2) 해양환경보호위원회(MEPC: Marine Environment Protection Committee)

해양환경보호위원회는 1973년 제8차 총회 의결에 따라 설치되었으며 모든 회원국의 대표로 구성된다.

해양환경보호위원회는 선박에 의한 해양오염의 방지 및 규제를 위한 문제를 심의하고 이와 관련한 국제협약의 채택 및 개정에 관한 기능을 수행한다.

IMO는 창립 후 1954년 기름오염방지협약(OILPOL)을[33] 기탁 받고 해사안전위원회(MSC)에 두었으나 해양오염 문제에 관해서 큰 관심을 두고 있지 않았다.

그러나 1967년 영국 남서부 해안에서 발생한 '토리캐년호(M/T Torrey Canyon)'[34] 좌초사고는 해양오염에 대한 전 세계인의 경각심을 일깨우는 계기가 되었다. 이 사고는 유출량, 오염범위 및 피해가 예전에는 상상할 수 없었던 막대한 것이었다.[35]

유출유가 이동하여 인접 국가도 큰 어려움을 겪었으며 해양오염에 대한 여러 문제점들이 전 세계에 노출되었다. 결국 이를 계기로 해양환경보호위원회(MEPC)가 구성되었으며 해양오염 문제가 IMO에서 적극적으로 다루어지게 되었다.

---

33) (OILPOL) International Convention for the Prevention of Pollution of the Sea by Oil, 1954 as amended in 1962 and 1969

34) 120,890 DWT, 61,263 GRT, 1959년 건조

35) 1967. 2. 18일 페르시아만에서 원유 119,328톤을 싣고 영국 밀포드하벤(Milford Haven)으로 출항한 토리캐년호는 한 달 후인 3월 18일 영국 남서해육지 끝단(Lands End)과 섬들(Scilly Isles) 사이를 통과하다가 암초(Seven Stones reef)에 좌초하였다. 손상된 여러 화물창에서 같은 해 3월 20일까지 원유 약 3만 톤이 해상으로 유출되었으며, 3월 25일에는 유출유가 영국 코니쉬(Cornish) 해안에 도달하여 100마일의 연안을 오염시켰다. 3월 26일에는 강풍이 불어 선박이 부러졌으며 추가로 약 3만 톤의 원유가 유출되었다. 구난이 실패하자 3월 28일과 30일 사이에 영국군이 항공기로 선박에 인화물질을 쏟아 붇고 네이팜탄 등으로 폭격하여 잔존유와 유출유를 불태웠다. 선적국인 라이베리아 조사당국은 좌초의 원인이 오로지 선장의 태만(negligence) 때문이었다고 발표하였다.
(출처 : TORREY CANYON PRELIMINARY REPORT, CMI, https://comitemaritime.org/wp-content/uploads/2018/06/TORREY-CANYON-1.pdf)
- 토리캐년호 사고에 따라 MARPOL협약 체결뿐만 아니라, 오염피해를 구제를 위한 CLC 협약(Civil liability convention)과 Fund협약(Fund convention) 및 이러한 사고가 발생할 경우 연안국이 개입할 수 있는 권한에 관한 협약(Intervention convention)을 체결하게 된다.

이러한 일련의 과정은 당시 IMO가 UN의 전문기구로서 역할을 정립하고 해양환경 분야로 업무를 확대하는 계기가 되었다.

해양환경보호위원회는 매년 1회 이상 회의를 개최한다.[36)]

회기가 끝난 후에는 동 위원회에서 결정한 권고, 개발한 지침 및 위원회의 활동보고서를 이사회에 제출하여야 한다.

해양환경보호위원회 산하의 전문위원회로는 오염예방·대응 전문위원회(PPR)가 있어 관련 의제를 검토하고 있다.[37)]

주요 기능은 아래와 같다.

- ○ 선박에 의한 해양오염의 방지 및 규제를 위한 국제협약에 의거하여 기구에 부여되거나 부여될 수 있는 기능, 특히 이러한 협약에 규정된 규칙이나 기타 규정의 채택 및 개정에 관련된 기능의 수행
- ○ 선박에 의한 해양오염 방지와 관련된 시행을 촉진하기 위한 적절한 조치를 논의
- ○ 국가, 특히 개발도상국에 보급하기 위하여 선박에 의한 해양오염의 방지 및 규제에 관한 과학적·기술적 및 기타 모든 실질적 정보를 입수하기 위한 준비를 하고 적절한 경우 권고 및 지침 제정
- ○ 선박에 의한 해양오염의 방지 및 규제와 관계있는 지역기구와 협력 증진
- ○ 기타 국제기구와 환경 문제에 관한 협력을 포함하여 선박에 의한 해양오염의 방지 및 규제에 기여할 기구의 범위 내에 속하는 모든 문제에 관한 적절한 조치

---

36) 실제로는 매년 1회 개최되며, 총회가 열리는 해는 1주간(월-금), 총회가 열리지 않는 해는 2주간(첫 주 월-금, 다음 주 월-수 또는 첫 주 수-금, 다음 주 월-금) 개최되고 있다.

37) PPR 이외의 다른 6개 전문위원회도 해양환경보호위원회(MEPC)로부터 해양오염방지와 관련된 의제를 위임 받은 경우에 필요한 업무를 수행하고 해양환경보호위원회(MEPC)에 보고하여야 한다.

해양환경보호위원회는 이사회에 다음 사항을 제출하여야 한다.

- ○ 선박에 의한 해양오염의 방지 및 규제에 관한 규칙 제정 또는 위원회가 개발한 규칙 개정을 위한 제안
- ○ 위원회가 결정한 권고 및 개발한 지침
- ○ 이전 이사회에 보고한 이후 위원회의 업무 추진 현황 보고

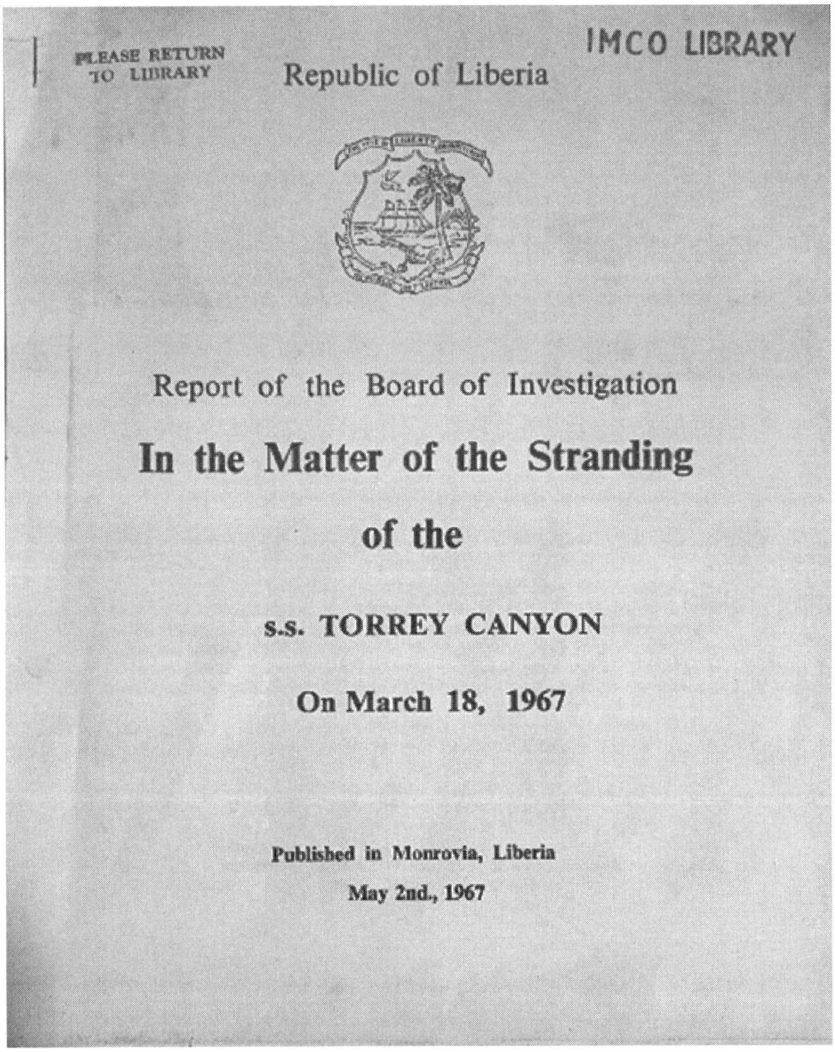

Republic of Liberia

Report of the Board of Investigation

In the Matter of the Stranding of the

s.s. TORREY CANYON

On March 18, 1967

Published in Monrovia, Liberia

May 2nd., 1967

[그림 4-5] IMO에 소장된 토래캐년호 사고조사 보고서 표지

(3) 법률위원회(LEG: Legal Committee)

법률위원회는 토리캐년호 사고에 따른 피해보상 등 법률적 제반 문제를 다루기 위하여 임시로 설치되었으나 그 후 정식 위원회가 되었다.

해상운송에서 야기되는 오염손해에 대한 책임과 보상, 구조 및 원조, 외국 항에 있는 선박·여객 및 수하물 등에 관한 법적 문제를 다루고 있으며, 기구의 업무범위 내에 속하는 모든 법률사항을 심의하고, IMO의 협약, 총회 및 이사회가 부여한 의무 또는 기타 모든 국제문서에 의해 부과되고 기구가 수락한 범위내의 의무를 수행하기 위하여 필요한 모든 조치를 취한다.

법률위원회는 유해·유독물질의 해상운송과 관련된 손해배상과 책임에 관한 국제협약(HNS 협약), 1976년 해사채권의 책임제한협약(LLMC 협약)의 개정협약 및 UN무역개발회의(UNCTAD)와 합동으로 1993년 선박우선특권 및 저당권에 관한 국제협약(MLM 협약)을 채택하였고, 1952년 선박 억류협약(ARREST 협약) 및 난파물 제거협약(WRC)의 개정작업을 수행하였다.

매년 1회 개최되며, 주요 기능은 아래와 같다.

- ㅇ 기구의 업무범위 내에 있는 모든 법률문제를 심의
- ㅇ IMO협약, 총회 또는 이사회가 부과한 의무와 기타 모든 국제 문서에 의거하여 부과되고 기구에 의해 수락된 의무를 수행하기 위해 필요한 모든 조치
- ㅇ 이사회의 요청에 의하거나 또는 업무상 이러한 행동이 유익하다고 판단하는 경우, 기구의 목적 달성을 촉진할 수 있도록 기타 기구와 긴밀한 관계 유지

법률위원회는 이사회에 다음 사항을 제출한다.

ㅇ 위원회가 제정한 국제협약 및 국제협약 개정 초안

ㅇ 이전 이사회에 보고한 이후 위원회의 업무 추진 현황 보고

(4) 기술협력위원회(TC: Technical Cooperation Committee)

IMO는 기구에서 채택한 제반 기준을 개발도상국이 시행하는데 큰 어려움을 겪는 사실에 주목하고, 이의 원활한 국제적 시행을 위해서는 개발도상국에 대한 기술협력이 필수적이라는 판단에 따라 기술협력위원회를 설치하게 되었다.

IMO의 기술협력사업은 주로 UN개발계획(UNDP)과 UN환경계획(UNEP)의 기술원조자금 그리고 기구에 기탁되는 신탁기금과 각 회원국의 기부금 등에 의존하고 있으며, 기술협력은 전문가의 파견, 장학금의 지급 또는 장비의 보급 등과 같은 형태로 개발도상국에 기술과 지식을 전달하는데 주목적을 두고 있다.

IMO는 1983년 6월에 스웨덴 제3의 도시 말뫼(Malmö)에 대학원 과정의 세계해사대학(World Maritime University)을 설립하여 고급 해사전문인력을 양성하고 있으며 이는 IMO 기술협력사업의 큰 성과로 평가되고 있다.

1989년에는 지중해에 있는 몰타의 발레타(Valletta)에 1년의 석사과정을 진행하는 국제해사법연구소(IMLI: International Maritime Law Institute)를 설립하여 개발도상국에 부족한 법률 전문가를 양성하고 있다.

1998년부터 2005년까지 이탈리아 정부와 협력하여 지중해 아드리아 해에 있는 트리에스테(Trieste)에 3개월 단기로 실무중심의 해사전문가 과정을 위해 국제해사대학(IMA: International Maritime Academy)을 운영하였다. 그 시기에 약 116개 국가로부터 749명 이상이 참여하여 교육을 받았다. 2008년에는 제노아(Genoa)에 해사안전·보안 및 환경대학(IMSSEA: International Maritime Safety, Security and Environment Academy)을 신설하고 국제해운과 관련된 IMO의 협약 및 규제를 학습하기 위한 단기 특별훈련과정을 제공하고 있다.

또한 UN의 밀레니엄 선언(2000 United Nations Millennium Declaration)에 따라 아프리카에 대한 지원 필요성이 높아져 IMO의 기술협력 프로그램(ITCP: IMO's Integrated Technical Co-operation Programme)으로 아프리카 지역 수색구조 역량강화 사업을 전개하고 있다.

우리나라도 IMO A그룹 이사국으로서 IMO를 통해 국제사회, 특히 개발도상국에 대한 기술적 · 재정적 기여도를 높여가고 있다.

기술협력위원회 다음과 같은 업무를 수행한다.

- ○ 기구가 집행기관 또는 협력기관으로서 활동하는 관련 UN 프로그램에서 제공하는 자금에 따른 기술협력사업 이행
- ○ 기구에 자발적으로 제공되는 신탁기금 및 기술협력 분야에서 기구의 활동과 관련된 문제 심의
- ○ 기술협력에 관한 사무국의 업무 검토
- ○ IMO협약, 총회 또는 이사회에서 부여한 기능과 다른 국제적 제도에 따라 양도되어 기구가 수락한 기능의 수행
- ○ 총회와 이사회의 요청이나 기구의 목적 달성을 촉진할 수 있는 업무상 이익이 되는 다른 기관과 긴밀한 관계 유지

기술협력위원회는 이사회에 다음 사항을 제출한다.

- ○ 위원회가 결정한 권고 및 개발한 지침
- ○ 이전 이사회에 보고한 이후 위원회의 업무 추진 현황 보고

(5) 해상교통간소화위원회(FAL: Facilitation Committee)

해상교통간소화위원회는 1965년 국제해상운송 간소화협약(FAL협약)[38] 채택과 관련된 문제를 토의하기 위한 회의를 지원하기 위하여 이사회가 설치한 위원회이다.

1965년 FAL협약의 채택으로 항구간의 자유로운 해상교역을 촉진하는 국제적 절차가 마련되었으며, 이 위원회는 국제항해에 종사하는 선박의 입출항시 요구되는 제반서류 및 수속절차를 간소화 및 표준화하기 위한 국가 간의 협력을 위하여 노력하고 있다.

1991년 제17차 총회에서는 FAL위원회를 IMO협약(IMO Convention)에 의한 정식 위원회로 설치하기 위한 IMO협약 개정안이 채택된 후, 2007. 12. 7일 발효요건이 충족되어 정식 위원회로 출범했다.

간소화위원회는 다음과 같은 업무를 수행한다.

- ㅇ 국제해상운송 간소화협약(FAL협약)의 개정 및 관련 규정의 채택
- ㅇ 총회나 이사회의 요청 또는 위원회의 업무영역에 따라 다른 기관과 긴밀한 관계 유지

간소화위원회는 이사회에 다음 사항을 제출한다.

- ㅇ 위원회가 결정한 권고 및 개발한 지침
- ㅇ 이전 이사회에 보고한 이후 위원회의 업무 추진 현황 보고

---

38) (FAL) Convention on Facilitation of International Maritime Traffic, 1965
- 국제항해에 종사하고 있는 선박의 입항, 정박, 출항에 관한 행위, 수속절차 등을 간소화하고 최소한도로 줄임으로써 해상교통을 원활하게 할 목적으로 제정된 협약

1.3.4 IMO 전문위원회

전문위원회는 각 위원회로부터 위임받은 세부기술규정 등을 논의하고 해당 위원회에 보고한다. 2014. 1월부터 7개의 전문위원회로 개편되어 활동하고 있으며 그 이전에는 9개의 전문위원회가 있었다.

[그림 4-6] IMO 전문위원회 개편

(1) 선박 설계 및 건조 전문위원회(SDC: Sub-Committee on Ship Design and Construction)

선박 및 해양구조물의 구조, 강도, 선형 등에 관한 사항을 담당하며, 1966년 국제만재흘수선 협약(1966 LL), 1969년 선박톤수 측정에 관한 국제협약(1969 TONNAGE)을 검토한다.

그리고 SOLAS협약 제Ⅱ-1장 중에 구조, 복원성 관련 규정 및 어선 안전에 관한 토레몰리노스협약(SFV)의[39] 제반 규정을 토의한다.

선박설계 및 건조 전문위원회(SDC)의 수임사항은 아래와 같다.

- ㅇ IMO에서 다루는 모든 선종(중소형 선박 포함), 선박 관련 디자인, 구조, 안전성, 복원성, 내항성, 배수시설 검토
- ㅇ 선박 건조 및 재료 시험 인증
- ㅇ 만재흘수선 관련 문제
- ㅇ 선박 톤수 측정 관련 문제
- ㅇ 어선과 어업인의 안전
- ㅇ 선박 검사와 인증

(2) 선박 시스템 및 설비 전문위원회(SSE: Sub-Committee on Ship System and Equipment)

선박 및 해양구조물의 각종 시스템 및 설비(구명설비 포함)에 관한 사항, 방화, 화재탐지, 소화에 관한 사항을 담당한다.

SOLAS협약 제Ⅱ-1장 중에 기관 및 전기설비, SOLAS 제Ⅲ장의 구명설비 및 장치와 관련된 규정을 검토한다.

39) (SFV) Torremolinos International Convention for the Safety of Fishing Vessels

선박시스템 및 설비 전문위원회(SSE) 수임사항은 아래와 같다.

- ㅇ IMO에서 다루는 중소형 선박을 포함한 모든 선종, 선박 관련 기계적 전기적 설비를 포함한 시스템과 장비
- ㅇ 선박 시스템과 장비의 시험 인증
- ㅇ 인명구조 장비의 적용과 배치
- ㅇ 선박 시스템과 장비 관련 사고기록 및 재난 분석

(3) 오염예방 · 대응 전문위원회(PPR: Sub-Committee on Pollution Protection and Response)

해양오염방지협약(MARPOL 73/78)의[40] 부속서 제Ⅱ장(산적유해액체물질의 오염방지) 및 대기오염방지를 위한 새로운 부속서, 평형수 관리협약, IBC,[41] IGC,[42] BCH[43] 코드 등의 관련 규정을 토의한다.

주로 해양환경보호위원회(MEPC)에 회의결과를 보고한다.[44]

---

40) 해양오염방지협약(MARPOL: International Convention for the Prevention of Pollution from Ships)

41) (IBC Code) International Bulk Chemical Code

42) (IGC Code) International Code for the Construction and Equipment of Ships Carrying Liquefied Gases in bulk, 일명 International Gas Carrier Code는 국제가스운반선 안전기준으로 1983. 6월 제정되었으며 2014. 5월 전면 개정되어 2016. 7. 1일 이후 건조 완료되는 선박을 대상으로 발효됨

43) IBC 코드의 전신이다. 1986. 7. 1일 이전에 건조된 케미컬 탱커는 BCH 코드를 준수해야 한다.

44) 의제 검토요청을 해사안전위원회(MSC)에서 받은 경우에는 해사안전위원회(MSC)에 보고한다.

오염예방・대응 전문위원회(PPR) 수임사항은 아래와 같다.

- 선박으로부터 해양환경오염 및 관련 해상활동 예방 및 통제
- 안전하고 친환경적인 선박 재활용
- 선박운송 산적화물 내 액체물질의 오염위험 및 안전성 평가
- 선박평형수 및 침전물 내의 유해수중생물 관리・통제
- 위험하고 유독한 기름물질 오염대응 협력 및 준비

(4) 화물・컨테이너운송 전문위원회(CCC: Sub-Committee on Carriage of Cargoes and Containers)

포장형태 또는 산적고체형태로 운송되는 위험물, 컨테이너를 포함한 각종화물의 안전한 제작, 적재, 고박 및 운송과 관련된 사항을 담당한다. SOLAS협약의 화물의 운송 관련, 안전한 컨테이너에 관한 국제협약(CSC)[45] 및 각종 관련 코드 등의 제반 규정을 토의한다.

화물・컨테이너운송 전문위원회(CCC) 수임사항은 아래와 같다.

- 컨테이너, 가스화물, 산적화물, 포장된 위험화물 운송 관련 협약, 코드, 기타 강제/권고 조항의 효과적인 적용
- 포장된 위험화물, 산적화물, 가스화물에 대한 오염 위험성 및 안전성 평가
- 위험물화물 운송 선박의 검사 및 인증
- 모든 화물 및 컨테이너 운송 관련 안전, 보안 문화, 환경의식의 향상
- 컨테이너와 화물운송 국제표준에 관한 정부간기구(IGO), 비정부간기구(NGO), UN 관련 기구와 협력

45) (CSC) International Convention for Safe Containers

(5) IMO 협약준수 전문위원회(III: Sub-Committee on Implementation of IMO Instruments)

IMO가 추구하는 해사안전과 해양환경 보호를 위하여 세계적으로 각국이 동질의 협약준수 수준을 갖추어 IMO 협약과 관련 법규의 실질적인 시행을 확보하기 위한 업무를 담당한다. 주로 SOLAS협약의 선박 안전운항관리, 항만국통제(PSC), 기국의 협약준수사항, 해양사고 조사업무를 토의한다.

IMO 협약준수 전문위원회(III)의 수임사항은 아래와 같다.

- ○ IMO협약(IMO Convention)에 따른 기국의 권리와 의무에 관한 종합적 검토
- ○ 기국이자 항만국 및 연안국으로서 회원국의 협약이행 수준에 대한 평가 및 분석
- ○ 항만국통제(PSC) 자료 분석 및 절차에 대한 지속적 평가로 전 세계에서 조화로운 항만국통제(PSC) 활동 증진
- ○ 위원회의 권고, 강제/비강제 지침 이행지원을 위한 제안 검토
- ○ 해양사고 관련 조사보고서 분석 및 사고교훈 발표
- ○ 검사 및 증서 조화제도(HSSC)의 이행지침 유지 및 검토를 위한 해사안전, 보안, 해양환경 보호에 관한 IMO 기준 검토

(6) 항해 · 통신 및 수색구조 전문위원회(NCSR: Sub-Committee on Navigation, Communications and Search and Rescue)

항해안전과 관련된 모든 사항을 다룬다. 특히 1972년 국제해상충돌예방규칙협약(1972 COLREG), 해상인명안전협약(SOLAS)에서 항해의 안전에 관한 규정을 중점적으로 토의한다.

또한 선박 통신, 조난시 수색 · 구조와 관련된 모든 사항을 다룬다. 특히 SOLAS 제Ⅳ장(무선통신), GMDSS, 수색 및 구조에 관한 국제협약(SAR) 관련 규정을 주로 검토한다.

항해 · 통신 및 수색구조 전문위원회(NCSR) 수임사항은 아래와 같다.

- 해양환경 보호조치를 포함한 도선사 승선, 선박교통관제(VTS), 전파항해시스템, 선박항로 보고시스템, 수로서비스 등 항해안전 관련 기국 정부의 의무 및 운영 조치
- 충돌예방, 좌초, 선교 의사결정과정, 항해계획, 위험상황 회피, 피난처 마련, 해상보안 측면의 해사지원서비스 규정 등 관련 사안 및 항해안전과 관련된 운영요건 지침
- 선교 설계, 시야각, 도선사 승선장치를 포함한 선박 탑재 항해장비와 기타 성능요건에 관한 기준
- GMDSS 및 GMDSS 종합계획과 관련하여 기국정부의 의무 및 운영 조치
- 전세계 수색구조계획 개발 및 유지와 관련된 기국정부의 의무 및 운영 조치
- 장거리 선박위치추적시스템(LRIT)[46] 관련된 기국정부의 의무 및 운영 조치

---

46) (LRIT: Long-Range Identification and Tracking) SOLAS 협약 제5장 제19-1규칙에 따라 장거리위치추적제도가 시행되었으므로 2009. 1. 1일부터 총톤수 300톤 이상 선박은 의무적으로 LRIT 장비를 설치·운영하여야 한다.
- 해적·테러 등에 대처하기 위한 해상보안을 목적으로 선박의 기국, 항만국 및 연안국에서

- ○ 국제민간항공기구(ICAO)와[47] 수색・구조(SAR)[48] 협력절차, SAR 훈련, GMDSS 조난정보 추적절차, 전파통신, SAR 관련 운영요건 및 지침
- ○ 선박탑재 통신장비, 수색・구조장비 사용을 위한 성능기준 및 작동지침
- ○ 국제전기통신연합(ITU)과[49] 해상 이동통신장비 문제 및 기술적 사안 협조

(7) 인적요소, 훈련 및 당직 전문위원회(HTW: Sub-Committee on Human Element, Training and Watchkeeping)

선원의 훈련, 자격증명 및 당직기준에 관한 국제협약(STCW)의 규정 및 각종 관련 협약에서 요구하는 선원의 훈련, 당직 및 증서 발급의 관련 규정을 토의한다.

인적요소, 훈련 및 당직 전문위원회(HTW) 수임사항은 아래와 같다.

- ○ 선원 훈련, 증서발급에 관한 최소 국제기준, 안전한 당직규정 기준 마련
- ○ 어선원에 대한 훈련, 교육증서발급에 관한 최소 국제기준
- ○ 선박의 운항과정에서 안전・보안・해양환경보호 문화
- ○ 선원의 수급 기준 검토 및 기술적・사회적・조직적・사회적 발전을 고려한 인적요소 관련 교육・훈련
- ○ 사고 보고서 및 정보 분석에 따른 교훈 등 전파
- ○ IMO 모델코스의 개정, 검토 및 최신화

전 세계 선박의 위치를 추적하는 시스템, 연안으로부터 1,000마일 이내에서 외국 선박도 추적 가능

47) (ICAO) International Civil Aviation Organization

48) (SAR) Search and Rescue

49) (ITU) International Telecommunication Union

- 안전·보안·해양환경보호 책임관계를 포함한 기구의 인적요소 전략의 적용과 개선
- 선원의 교육·훈련증서와 관련된 국제기준에 대한 정부간기구(IGO), 비정부간 기구(NGO), UN 관련 기구와 협력
- 안전·보안·해양환경보호를 위한 선원의 훈련에 관한 지침서의 개정 및 개발

1.4 평가

IMO는 UN 기구 중에서 가장 강행력이 높은 기구로 평가받고 있다. 이는 선박의 활동이 국제적이며 이러한 활동을 위해 모든 국제항행 선박은 IMO가 정한 각종 안전 및 환경 기준 등을 준수해야 하기 때문으로 볼 수 있다.

선박은 전통적인 국제법상 '기국주의(Flag State Jurisdiction)'에[50] 따라 기국 영토의 일부로 보는 기국관할이 원칙이었다. 그러나 공해에서도 선박이 조우하면 IMO가 정한 항법을 준수해야 하며, 외국의 영역인 항만에 기항하면 외국정부의 행정적·기술적 간섭을 받을 수 있는데 이 또한 IMO의 항만국통제(PSC) 제도에 기인하는 것이다. 나아가 IMO는 주권국가의 해사 행정기관의 구성과 작용에 대해 직접 평가하는 제도(IMSAS)[51] 등의 강행적 제도를 시행하고 있는데 향후 더욱 강화될 것으로 예상된다. 이러한 일련의 조치가 IMO의 국제적 위상을 강화하고 있으며 각국의 적극적인 대처를 유인하고 있다.

우리나라는 주요 조선국일 뿐만 아니라 해운수입 또한 10대 외화가득 제조업 중에 중위권에 해당할 정도를 해사산업에 대한 의존도가 높다. 따라서 IMO의 모든 활동에 대한 지속적인 관심과 적극적이고 선제적인 대응을 필요로 한다.

---

50) 영해 바깥은 공해로서 자유의 바다(Mare Liberum)라 하며, 공해에서는 기국주의의 원칙에 따라 선박 관할권은 그 선박의 기국(등록국)만이 행사한다. 다만 제네바 공해협약에 따라 노예수송, 해적행위는 예외이므로 어느 국가든지 관련 선박을 나포·처벌할 수 있다.

51) (IMSAS) IMO Member State Audit Scheme

1.5 요약

■ 총회(Assembly)

참가자격	○ 모든 회원국(정족수 : 준 회원국을 제외한 회원국의 과반수)
개최시기	○ (정기회의) 매 2년마다 1회 ○ (임시회의) 회원국 3분의 1 이상이 총회소집 요청을 사무총장에게 통고하거나 이사회가 필요하다고 인정하는 경우 통고 후 60일 이내
주요기능	○ 기구의 사업계획 및 예산·결산의 승인 ○ 이사국 선출 및 사무총장 승인 ○ 이사회의 보고서 및 상정안에 대한 심의·의결 ○ 협약 채택을 위한 국제회의 소집 등
특징	○ 최고 의결기관

■ 이사회(Council)

참가자격	○ 총회에서 선정된 40개 이사국(정족수 : 26개국) - 비 이사국인 경우에도 회의에 참석하여 발언할 수 있으나 의결에 참여할 수 없음
개최시기	○ (정기회의) 매년 2회 ○ (임시회의) 의장의 소집 또는 4개 이사국 이상의 요청 후 1개월 이내
주요기능	○ 각 위원회의 보고, 제안 및 권고에 대한 접수 및 총회에 제출 ○ 사무총장의 임명(임기만료 1년 전 선출) ○ 기구의 활동에 대하여 정기회기마다 총회에 보고 ○ 사무국 직원의 근무조건 등 결정 ○ 사업계획, 예산 및 결산을 심의 후 총회에 제출 ○ 기구의 재정명세서 작성 및 총회에 제출 ○ 총회의 회기 이외의 기간 중 기구의 제반기능 수행 ○ 기구의 효율적인 운영을 위한 사업계획 조정 ○ 타 국제기구와 협정 체결
특징	○ 기구의 실질적 권한 행사

○ 5개 위원회는 각종 기술규정의 승인·채택 등의 권한이 있으며, 연 1회 개최되지만 해사안전위원회(MSC)는 격년으로 개최되는 총회가 없는 년도에는 2회 개최된다.

- 5개 위원회와 7개 전문위원회는 모든 회원국이 회의와 의결에 참가할 수 있다.

구분	역할
MSC (해사안전위원회)	○ 선박의 설계, 건조, 의장품 등에 관한 국제적 기준 제정 ○ 화물의 안전한 적재 및 취급을 위한 각종 기준 제정 ○ 선원의 훈련, 자격기준 및 해상충돌방지를 위한 항로표지 등 항행규칙 제정 ○ 해상에서 수색 및 구조에 관한 규칙 제정 등
MEPC (해양환경보호위원회)	○ 선박에 의한 해양오염 방지 및 규제를 위한 사안 심의 ○ 해양환경보호 관련 국제협약의 채택 및 개정에 관한 기능 수행
LEG (법률위원회)	○ 해상운송에서 야기되는 오염손해에 대한 책임과 보상, 구조 및 원조 문제 심의 ○ 외국 항만에 있는 선박, 여객 및 수하물 등에 관한 법적 문제 심의
TC (기술협력위원회)	○ 협약 당사국의 원활한 협약이행 촉진 ○ 개발도상국에 대한 기술협력활동과 관련된 모든 문제를 심의·검토
FAL (간소화위원회)	○ 국제항해선박의 입출항시 요구되는 제반서류 및 수속절차 검토 ○ 이를 간소화 및 표준화하기 위한 국제적 협력 촉진

○ 7개 전문위원회는 각 위원회로부터 위임받은 세부기술규정을 논의하고 그 결과를 해당 위원회에 보고한다.

구분	안건
SDC (선박 설계 및 건조)	○ 선박 및 해양구조물의 구조, 강도, 선형 등에 관한 사항 ○ 만재흘수선협약(1966 LL), 선박 톤수측정에 관한 협약(1969 TONNAGE), SOLAS 제Ⅱ-1장 중에 구조, 복원성 관련 규정 ○ 어선 안전에 관한 토레몰리노스협약(SFV)의 제반 규정
SSE (선박 시스템 및 설비)	○ 선박 및 해양구조물의 각종 시스템 및 설비(구명설비 포함) 관련 사항, 방화 · 화재탐지 · 소화에 관련 사항 ○ SOLAS 제Ⅱ-1장 중에 기관 및 전기설비 및 SOLAS 제Ⅲ장의 구명설비 및 장치 관련 규정
PPR (오염예방 대응)	○ MARPOL 73/78 부속서 제Ⅱ장(산적유해액체물질의 오염방지) ○ 대기오염방지를 위한 새로운 부속서, 평형수 관리협약 ○ IBC, IGC, BCH 코드 등의 관련 규정
CCC (화물 · 컨테이너 운송)	○ 포장 또는 산적고체형태로 운송되는 위험물, 컨테이너를 포함한 각종 화물의 안전한 제작, 적재, 고박 및 운송과 관련되는 사안 ○ SOLAS협약의 화물운송, 안전한 컨테이너에 관한 국제협약(CSC) 및 각종 관련 코드 등의 제반 규정
III (IMO 협약준수)	○ IMO의 각종 협약과 관련 규정의 실질적인 이행 도모 관련 사안 ○ 선박의 안전운항관리, 항만국통제(PSC), 기국의 협약 준수사항, 해양사고 조사업무 토의
NCSR (항해 · 통신 및 수색 · 구조)	○ 1972년 국제해상충돌예방규칙협약(1972 COLREG) 관련 규정 ○ SOLAS 제4장(무선통신), 전세계 해상조난 및 안전제도(GMDSS), 수색 및 구조에 관한 국제협약(SAR) 관련 규정 ○ SOLAS협약의 항해안전에 관한 규정 등
HTW (인적요소, 훈련 및 당직)	○ 선원의 훈련, 자격증명 및 당직근무 기준에 관한 협약(STCW) 규정 ○ 각종 협약에 따른 선원의 훈련, 당직 및 증서 발급 관련 규정

○ IMO 사무국(Secretariat)은 보조부서 7국과 보좌부서 2실로 구성되어 있으며, 사무총장과 약 300명의 직원이 근무한다.

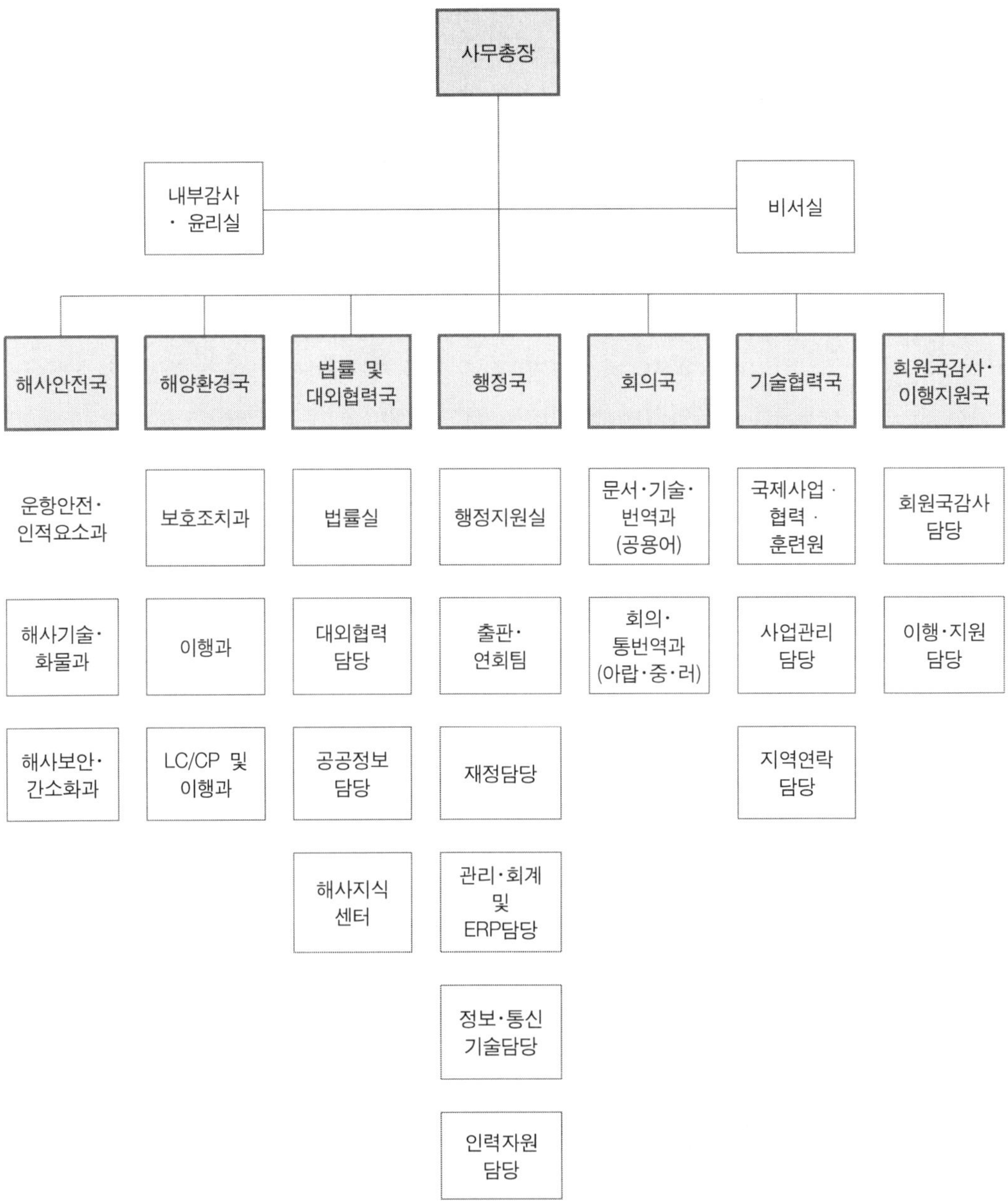

2. 해양 관련 국제기구

IMO는 UN의 해양 특별기구로서 UN사무국이나 UN의 다른 기구들과 밀접한 관계를 갖고 활동하고 있다.

UN사무국의 부서 중에서 IMO와 관련 있는 대표적인 곳은 '법률부(Office of Legal Affairs)'의 '해양ㆍ해양법과(Division of Ocean Affairs and the Law of the Sea)'이다.

이 부서가 IMO와 상호 이해가 있는 부분은 ① 기국, 연안국 및 항만국으로서 권리와 의무, ② 새로이 설치된 배타적 수역에서 각국의 권한과 책임 문제, ③ 국제항해에서 통과와 관련된 국가의 권리와 의무, ④ 인공섬, 시설물 등의 사용조건에 관한 문제이다.

협력관계인 UN 기구로는 UN무역개발회의(UNCTAD), 국제노동기구(ILO),[52] 세계무역기구(WTO)[53] 등이 있다.

UN 기구 이외에 협력관계인 정부간 특별기구로는 경제협력개발기구(OECD),[54] 세계관세기구(WCO),[55] 해운자문그룹(CSG)[56] 등이 있다.

---

52) (ILO) International Labour Organization

53) (WTO) World Trade Organization

54) OECD에는 해사교통위원회(Maritime Transport Committee)를 두고 국제 안전 및 환경 기준에 적합하지 않은 경쟁, 지원 및 경제적 문제에 대한 정책을 논의하였으나 2005년에 해산되어 IMO와 관계가 약화되었다. 그러나 OECD 규약에는 해운, 보험, 은행 및 관광과 같은 부문에서 공개경쟁을 촉구하고 있어 해운에 대한 역할은 계속되고 있다.

55) (WCO) World Customs Organization, 브뤼셀에 본부를 두고 있는 국가의 관세담당 기관의 연합체이다. 관세와 관련된 국제적 문제를 다룬다.

56) (CSG) Consultative Shipping Group, 18개 주요 해운국(한국, 일본, 캐나다, 영국, 벨기에, 덴마크, 핀란드, 프랑스, 독일, 그리스, 이탈리아, 노르웨이, 폴란드, 포르투갈, 싱가포르, 스페인, 스웨덴, 네덜란드)이 참여하는 회의체로서 덴마크 해사청(DMA)이 사무국 역할을 수행하고 있다.

2.1 UN무역개발회의(UNCTAD)

2.1.1 조직

UN무역개발회의(UNCTAD)는 1964년 설립된 UN의 정부간 협의체로서, 개발도상국의 경제개발 촉진과 남반구와 북반구의 경제 격차 해소를 위한 UN 보조기관이다. 사무국은 스위스의 제네바에 있으며, 총회(Conference)는 매 4년마다 개최되는 최고의사결정기구이다.

산하 무역개발위원회(Trade and Development Board)는 총회 결정사항의 이행을 검토·연구 및 보고한다. 무역개발위원회 산하에는 ① 상품·용역·물자 교역위원회(Commission on Trade in Goods and Services, and Commodities), ② 투자·기술·재정위원회(Commission on Investment, Technology and Related Financial Issues), ③ 기업·경영촉진·개발위원회(Commission on Enterprise, Business Facilitation and Development)의 3개 위원회가 있으며, 그 밖에 10개의 전문가회의가 있다.

2.1.2 배경

제2차 세계대전 후에 세계경제와 정치상황은 완전히 바뀌었으며, 1970년대와 1980년대에는 B그룹으로 불리는 서방의 전통적인 해운국과 77그룹으로[57] 불리는 신흥국의 이익이 대립하면서 상당한 긴장이 조성되었다.

이 시기에 선진 서방국가에서는 개발도상국이 여러모로 도움을 필요로 한다는 것에 대한 대중적 각성이 일어나기 시작했으며, 저개발국가의 개발에 도움을 주고자 교역과 원조를 촉진하기 위한 새로운 유인책에 대한 다양한 욕구가 분출되었다.

57) 1964. 6. 15일 UNCTAD 첫 회기 말미에 형성되었다.

해운의 경제적·상업적 측면에서 정부의 개입을 위해 수많은 UN 결의서가 채택되었다. 대표적으로 ① 1949년 기술원조 확장 프로그램[58], ② 1961년 제1차 UN개발 10개년 계획,[59] ③ 1961년 세계식량프로그램[60] 같은 것들이 있었으며, 이러한 노력의 과정에서 UNCTAD가 설립되었다.

2.1.3 활동

1964년 제네바에서 처음으로 UNCTAD 총회가 개최되었으며, 당시 GATT[61] 체제 밖에서 개발도상국들이 겪는 특별한 무역문제를 해결하고자 UN총회 산하의 상설기관으로 발족하였다.

UNCTAD는 정부간 협의체로서 경제적·상업적 측면에서 국제해운에 관여하였다. UNCTAD는 무역개발위원회(Trade and Development Board)의 정책 방향과 당시 분위기를 반영하여 45개 회원국으로 해운위원회(Shipping Committee)를 설립하였다.

해운위원회(Shipping Committee)는 기술적 관점에서가 아니라 경제적·상업적 측면에서 해운에 대한 심도 있는 토론과 협의를 위한 공식 조직으로 설립되었다. 이는 해운자유의 원칙이[62] 침식되는 분기점이 되었다고 볼 수 있다.

4년마다 여러 나라를 번갈아 가며 열리는 UNCTAD 총회에서[63] 해운은 항상 중요한 의제였고, 해운위원회는 매 2년마다 제네바에서 회의를 가졌다.

---

58) A programme of expanded technical assistance (1949)

59) The first UN Development Decade (1961); 이후에도 연이어 10년 계획이 수립되었다.

60) The World Food Programme (1961).

61) (GATT: General Agreement on Tariffs and Trade) 관세무역일반협정은 세계무역기구(WTO) 체제 이전의 체제이다.

62) 양국간 협정에 기초하여 배선 및 적취비율 등 각 서비스 형태를 규제하려는 양국간주의(Bilateralism)와 반대 개념이다. 당시 국제 해운계는 다각적인 화물분배방식에 따른 해운자유의 원칙이 타당한 것으로 받아 들여졌다.

63) New Delhi (1968), Santiago (1972), Nairobi (1976), Manila (1979), Belgrade (1984)

1987년 UNCTAD 총회는 해운이 다루어지지 않은 첫 번째 회의였으며 시대가 변하고 있다는 징조였다.

UNCTAD가 논의했던 주요 의제는 ① 정기선운송 협의체 운영, 가격정책 및 행동강령, ② 복합운송, ③ 항만, 개발 및 적절성과 효율성, ④ 화주의 이익보호, ⑤ 개발도상국 입장에서 상선대 개발, ⑥ 해운 협력, ⑦ 수요와 공급의 불일치, ⑧ 산적(Bulk) 교역, ⑨ 선박의 등록조건 등이 다루어 졌다.

UNCTAD는 IMO나 ILO와 같이 UN개발계획(UNDP)에서 지원하는 기술협력 프로그램에 참여하였다. UNCTAD가 개발도상국의 관리자들을 지원하기 위해 시행한 TRAINMAR 계획과 개발도상국의 선원들을 대상으로 현장실습을 포함하는 JOBMAR 계획이 대표적이다.

UNCTAD 해운위원회는 세계교역과 원조를 뒷받침하는 추진력의 일부로서 국제해운에 대한 새로운 접근과 인식을 가져왔으며, 선진국의 이익을 위해서가 아니라 해운을 포함한 다양한 방법으로 개발도상국의 성장을 촉진하기 위해 활동하였다. UNCTAD는 공평하기로 정평이 나 있었으며, 전체적인 접근방식에서 편견은 없었다. 또한 사실을 확인한다는 관점에서 문제를 공정하게 조사하고자 노력하였다. 그러나 개발도상국을 위한 최선의 이익이라는 방향에서는 목적에 맞게 경도되었다고 볼 수 있다. UNCTAD가 개발도상국을 위해 해운의 주도권을 행사하여 개선한 여러 업적은 역사가 판단할 일로 여겨지며 여러 상충되는 시각이 있을 수 있다.

1980년대 후반에서 1990년대 초반에 UNCTAD 회원국 내에서 해운에 대한 새로운 분위기가 형성되면서 선진국과 개발도상국이 대립하던 시기는 저물어 가고 있었다.

UNCTAD사무국은 1990년대 해사수송개관(Review of Maritime Transportation)에서 선진국이 재화중량톤수(DWT) 기준으로 세계 상선대의 67%를 차지하고 개발도상국이 약간 증가하여 21%를 차지하고 있다고 발표하였다. 그러나 개발도상국은 세계무역의 거의 50%를 창출하고 있었다.

이러한 변화하는 분위기는 1992년 콜롬비아에서 개최된 UNCTAD 제8차 총회에 역력히 반영되었다. 해운에 관해서 자유롭고 개방된 시장이라는 개념뿐만 아니라 개발도상국이 나아가야 할 길에 대한 것도 회원국 간에 협의가 이루어졌다. 전환점이 된 회의결과에 따라 해운위원회를 비롯한 모든 관련 위원회가 해산되었다.

해운문제는 개발·서비스 부문의 새로운 상임위원회의 작업계획에 속하게 되었으나 이후에 UNCTAD의 구조가 현행과 같이 3개 위원회로 개편되었다. 해운문제는 이론적으로는 어떤 위원회에서도 다루어 질 수 있었으나 실질적인 관심은 대폭 줄어들었다. 이후 UNCTAD의 의제는 교육, 개발, 협력 및 필수적 논쟁을 유발하지 않는 문제로 한정되었다.

UNCTAD에서 채택된 대표적인 해사협약 세 가지를 들면 아래와 같다.

① '선박등록조건에 관한 UN협약(UN Convention on Conditions for Registration of Ships, 1986)'은 선원의 고용, 관리, 통제 및 소속에 있어서 선박과 기국의 진정한 관계(Genuine link)를 규정하기 위한 내용이다. 이 협약은 발효되지 않았으며 앞으로도 발효되기 요원하다.

② '국제복합운송에 관한 UN협약(UN Convention on the International Multimodal Transport of Goods, 1980)'은 단일 사업자 책임으로 여러 교통수단이 사용될 때 화물수송 이용약관에 대한 것이다. 이 협약은 로테르담 규칙(Rotterdam Rules)으로[64] 알려진 UN국제상거래법위원회(UNCITRAL)가[65] 채택한 '전부 또는 일부 해상 화물 수송에 관한 UN협약(UN Convention on Carriage of Goods Wholly or Partly by Sea, 2009)'으로 대체될 것으로 보인다.

③ UN정기선코드로 알려진 '정기선협회체 행동강령에 관한 UN협약(United Nations Convention on a Code of Conduct for Liner Conferences, 1974)'

---

64) 국제운송규범은 '헤이그 비스비 규칙'과 '함부르크 규칙'으로 크게 양분되었으나, 이 두 협약이 운송인의 손해배상 책임 등에 차이가 있어 이를 통일할 필요성이 제기 되어서 UN국제상거래법위원회(UNCITRAL)에서 '로테르담 규칙'을 마련하였다.

65) (UNCITRAL) United Nations Commission on International Trade Law

은 순수한 교역문제로서 정기선 동맹의 시장 점유율, 가격정책, 정기선과 고객들의 관계, 동맹 회원 가입기준 등을 다루고 있다. 이 협약은 1983. 10월에 발효되었으나 사문화되어 실무에서는 사용되지 않는다.

2.2 세계노동기구(ILO)

2.2.1 조직

국제노동기구(International Labour Organization)는 1919년에 개최된 파리평화회의(Paris Peace Conference)의 산물이며, 노동 문제를 다루는 UN 전문기구로서 본부는 스위스 제네바에 있다.

설립 목적은 ① 사회정의에 기반을 둔 평화 구축, ② 최대 근무일이나 근무주를 정하는 방식으로 근무 시간과 조건에 대한 여러 사회적 불의를 완화, ③ 적정 생활 임금의 제공 및 실업 예방, ④ 고용으로부터 발생하는 고통, 질병 및 부상으로부터 노동자 보호, ⑤ 아동, 청소면 및 여성 보호에 두고 있다. 1969년 노벨 평화상을 수상할 만큼 인류평화와 밀접한 업무를 담당한다.

ILO는 총회(Conference), 이사회(Governing Body),[66] 국제노동사무국(International Labour Office)으로 구성되어 있다. 보조적으로 지역회의와 전문회의 등이 있다.

총회의 의제는 회원국이나 다른 국제기구의 요청에 따라 이사회의 전원 동의로 결정하거나, 총회에서 출석대표의 2/3가 찬성하는 경우이다.[67]

---

66) 정부대표 28명, 사용자대표 14명, 노동자대표 14명으로 구성되어있다. 정부대표는 10개의 상임이사국과 18개의 지역대표국으로 구성된다. 지역대표국은 매 3년마다 총회에서 선출된다. 이사회는 ILO의 전반적인 구조와 운영방식에 결정적인 영향을 끼친다. 총회와 모든 지역회의 및 전문회의 등의 의제를 결정하고 있다.

67) 총회에 출석한 대표자의 3분의 2가 찬성(Super majority)하는 사안은 차기총회의 의사일정에 포함시켜야 한다(헌장 제16조 제3항).

의사결정방식은 출석 대표의 과반수이고, 명백한 규정이 있는 경우에는 출석 대표의 2/3 찬성이 필요하다.[68] 단, 총회에 참석한 투표권을 갖는 대표자의 수가 전체 투표권자의 2분의 1 미만일 경우에 그 투표는 무효로 한다.

ILO 이사회(Governing Body) 회의는 1년에 세 차례 제네바에서 개최된다. 5년 임기의 사무총장을 선출하며, 기구의 작업계획안과 예산안을 작성하여 총회의 승인을 받기 위해 제출한다.

이사회의 주된 역할은 산업과 노동의 모든 측면에서 정보를 수집하고 배포하며, 협약에 기초가 되는 기술적 자료들을 취합하고 회의를 준비하는 것이다.

2.2.2 원칙

ILO에는 두 가지 기본원칙이 있는데 ① 결사의 자유와[69] ② 노・사・정 3자 협의의 원칙이다. 3자 협의체(Tripartite structure) 원칙은 다른 UN 기구와 다른 ILO만의 독특한 방식인데, 노동자, 사용자, 정부가 참여하여 운영되기 때문에 투표에도 노・사・정 3자가 함께 참여한다. 이는 모든 노동 문제를 노동자와 사용자의 지지나 협조를 통해 해결하고자 하는 방식이다.

ILO의 최종적인 의사결정 기구인 총회에[70] 각 회원국이 4명의 대표를 파견하는데 각 대표는 1인 1표를 행사하며, 모든 사안에 대해 개별적으로 투표할 권리를 갖는다. 다만 1명이 노동자 대표, 1명이 사용자 대표이나 2명이 정부대표이므로 정부의 비중을 노・사를 합한 것으로 보고 있다.

---

68) 회원국의 가입 및 재가입의 승인(헌장 제1조 제4항), ILO의 예산 승인 및 분담금 할당과 징수(헌장 제13조 제2항), 이의 제기된 의제의 심의(헌장 제16조 제 2항), 협약이나 권고 채택을 위한 최종 투표(헌장 제19조 제2항) 등

69) 결사의 자유 원칙은 ILO의 핵심 조약으로 꼽히는 ILO 조약 제87호 '결사의 자유 및 단결권의 보호에 관한 조약'과 제98호 '단결권 및 단체교섭권에 대한 원칙의 적용에 관한 조약'에 규정되어 있다.

70) 총회는 매년 6월에 제네바에서 개최되며, 최종 의사결정 기구이다. 세계 노동 및 사회문제에 관한 국제회의를 주관하기도 하며, 이사국을 선출한다. 매 2년마다 기구의 작업계획 및 예산을 승인한다.

2.2.3 활동

ILO는 해상근무의 특성을 고려하여 선원노동을 다른 부문과 다르게 취급하고 있다. 선원들은 선박에서 하루 24시간, 일주일에 7일 일하며 장기 승선하기 때문이다. 따라서 다른 분야에 적용되는 일반적인 노동기준뿐만 아니라 해사분야에 특화된 여러 국제협약과 수많은 권고서가 채택되었다.

이러한 규정은 대개 매 10년마다 또는 필요에 따라 개최되는 ILO해사회의(ILO Maritime Conferences)에서 채택되었으나 최근에는 총회에서도 다루고 있다.

ILO에는 해사문제를 전문적으로 다루는 합동해사위원회(Joint Maritime Commission)라는 전문가 기구를 두고 있다. 합동해사위원회는 3자 체제가 아니고 고용자 대표와 피고용자 대표만이 참가하는 양자체제이다. 양측 참석자는 회의 의제를 정하는 권한을 포함하여 상당한 결정권을 갖는다.

ILO와 합동해사위원회 대응을 위한 선주측 사무국은 국제해운연맹(International Shipping Federation)이 제공하고, 노동자측은 국제운수노동자연맹(International Transport Workers' Federation)이 제공하고 있다.

ILO가 만드는 협약은 낡아서 시기에 맞지 않는다는 비판이 종종 있지만 ILO는 낡은 협약을 새로운 제도로 대체하려고 많은 노력을 경주하였다. 해사 공동체는 ILO를 중심으로 10여 년간 야심차고 포괄적으로 매진하여 선원과 관련된 모든 기준을 하나의 강행 제도로 통합하려고 시도하였다. 그 결과로 2006. 2. 23일 제94차 총회에서 해사노동협약(MLC)이[71] 성공적으로 채택되었다.[72]

ILO는 협약이 채택되는 순서대로 협약 번호를 매겨왔다.[73] 1976년에 채택한 '상선의 최저기준에 관한 협약'을 ILO 제147호 협약이라고 하는 것이 그 이유

---

71) (MLC) Maritime Labour Convention

72) 2013. 8. 20일에 발효되었으며, 우리나라는 MLC 비준을 위하여 2011. 8. 4일에 「선원법」을 전부개정하고 2012. 2. 5일부터 시행하였다. 그리고 2014. 1. 9일 비준서를 ILO에 등록함에 따라 2015. 1. 9일에 국내에 발효되었다.

73) https://www.ilo.org/dyn/normlex/en/f?p=NORMLEXPUB:12000:0::NO:::

이다. 해사노동협약(MLC)은 번호 없이 채택된 예외적인 경우이며, 지난 90년간 ILO가 선원의 고용, 노동조건 등과 관련하여 채택한 광범위한 노동관련 협약과 규약을 포괄하고 있다.[74)]

2.3 국제표준화기구(ISO)

국제표준화기구(International Organization for Standardization)는 과학, 기술, 경제 분야에서 국제표준 제정과 보급을 위해 UN 주도하에 1947년에 스위스 제네바에 본부를 두고 설립된 비정부간 국제기구(NGO)이다.

ISO는 민간기구이며 독점적인 표준화 기구는 아니지만[75)] 여러 나라의 표준 제정단체 대표들로 구성되어 나라마다 다른 산업·통상 분야 표준문제를 해결하고 있다. 따라서 ISO가 제정한 표준은 국제협약이나 개별국의 표준 제정 시

74) 해사분야의 협약으로는 제22호 해원의 고용계약에 관한 협약(1926년), 제23호 해원의 송환에 관한 협약, 제53호 상선에 승무하는 선장과 직원에 대한 직무상 자격의 최저요건에 관한 협약(1936년), 제55호 선원의 질병, 상해 또는 사망의 경우에 있어서 선박소유자의 책임에 관한 협약(1936년), 제68호 선박승무원에 대한 식량 및 조리에 관한 협약(1946년), 제69호 선박조리사의 증명에 관한 협약(1946년), 제71호 선원의 연금에 관한 협약(1946년), 제73호 선원의 건강진단에 관한 협약(1946년), 제74호 유능부원의 증명에 관한 협약(1946년), 제92호 선내선원설비에 관한 협약(1949년 개정), 제113호 어선원의 건강진단에 관한 협약(1959년), 제114호 어선원의 고용계약에 관한 협약(1959년), 제125호 어선원의 자격증명서에 관한 협약(1966년), 제126호 어선의 선내 선원편의설비에 관한 협약(1966년), 제133호 선내선원설비에 관한 협약(보충규정, 1970년), 제134호 선원의 업무상 재해방지에 관한 협약(1970년), 제137호 부두에서 새로운 화물취급 방법에 대한 사회적 영향에 대한 협약(1973년), 제145호 선원의 고용 계속에 관한 협약(1976년), 제146호 선원의 연차유급휴가에 관한 협약(1976년), 제147호 商船의 최저기준에 관한 협약(1976년), 제152호 부두작업에서 작업상 안전과 보건에 관한 협약(1979년), 제163호 해상 및 항구내에서 선원복지에 관한 협약(1987년), 제164호 선원의 건강보호 및 의료에 관한 협약(1987년), 제165호 선원의 사회보장에 관한 협약(1987년 개정), 제166호 선원송환에 관한 (개정)협약(1987년), 제178호 선원근로감독협약(1996년), 제179호 선원채용 및 직업소개에 관한 협약(1996년), 제180호 선원의 근로시간 및 선박정원에 관한 협약(1996년), 제185호 선원신분증명 협약(개정)(2003년)이 채택된 이후 해사노동협약(2006년, MLC)이 번호 없이 채택되었다. 이후에 제188호 어선근로 협약(2007년) 등이 채택되었다.

75) 정보통신 표준화 관련한 공인 기구로서 ISO, ITU, IEC(국제전기기술위원회), 합동작업기구인 JTC1(ISO/IEC Joint Technical Committee 1) 등이 있다.

광범위하게 활용되어 국제적인 영향력이 크다.

ISO에서 조선 및 해양기술 분야를 다루는 위원회(Technical Committee)는 TC8이며,[76] 10개의 전문위원회(Sub committee)로 구성되어 있다. TC8에서는 339개의 ISO 표준을 출간하였으며, 127개 표준이 개발 중에 있다. 참여하고 있는 회원은 25개국이며, 24개의 옵서버 회원을 두고 있다[77].

ISO는 IMO가 신설 또는 개정하는 규제와 연계한 제품성능요건 및 시험평가방법 등의 국제표준을 지속적으로 제·개정하고 있다. 2017년 기준으로 IMO의 협약 등에 126종의 ISO 표준이 인용되고 있다.[78]

76) (Scope) Standardization of design, construction, structural elements, outfitting parts, equipment, methods and technology, and marine environmental matters, used in shipbuilding and the operation of ships, comprising sea-going ships, vessels for inland navigation, offshore structures, ship-to-shore interface and all other marine structures subject to IMO requirements.

77) (출처) https://www.iso.org/committee/45776.html

78) 한국조선해양플랜트협회, 2017, 국제해사기구 환경/안전규제 동향 파악 및 대응방안, p.97

협약 / 위원회		인용	주요 인용표준
주요 협약	SOLAS	62종	비상탈출 사다리(ISO 5489), 화물창용 압력 밸브(ISO 15364) 등
	MARPOL	8종	방수 철제 해치(ISO 5778), 선박재활용 시스템(ISO 30000) 등
IMO 위원회	MSC	24종	선박 접안성능 시험방법(ISO 13643-1~6) 등
	MEPC	2종	방수 철제문(ISO6042) 등
	FAL	2종	전자 항구 승인용 핵심자료(ISO 28005-2) 및 구조
IMO 전문 위원회	NCSR	6정	선박용 나침반(ISO 8728)
	SDC	15종	위생배수시스템(ISO 15749-1), 여객선용 전등 배치(ISO 15370) 등
	SSE	4종	비상탈출용 호흡장비(ISO 23269-1) 등

〈표 4-1〉 ISO TC8 구성

Reference	Title
ISO/TC 8/SC 1	Maritime safety Sub committee
ISO/TC 8/SC 2	Marine environment protection Sub committee
ISO/TC 8/SC 3	Piping and machinery Sub committee
ISO/TC 8/SC 4	Outfitting and deck machinery Sub committee
ISO/TC 8/SC 6	Navigation and ship operations Sub committee
ISO/TC 8/SC 7	Inland navigation vessels Sub committee
ISO/TC 8/SC 8	Ship design Sub committee
ISO/TC 8/SC 11	Intermodal and Short Sea Shipping Sub committee
ISO/TC 8/SC 12	Ships and marine technology - Large yachts Sub committee
ISO/TC 8/SC 13	Marine technology Sub committee

2.4 정부간 국제기구(IGO), 비정부간 국제기구(NGO)

해양과 관련 있는 대부분의 정부간 국제기구(IGO)나 비정부간 국제기구(NGO)는 IMO에 등록되어 활동하고 있다.

2019년 말 기준으로 정부간 국제기구(IGO) 64개, 비정부간 국제기구(NGO) 81개가 등록되어 있다.[79)]

IMO가 비정부간 국제기구(NGO)에 자문지위를 부여하는 이유는 IMO의 특정한 활동과 관련된 자문기구의 정보나 전문적인 조언을 구할 수 있다는 것이며, IMO의 결정에 따른 영향을 직접적으로 받는 많은 자들이 자신들의 조직을 통해 IMO에 의견을 개진할 수 있도록 하려는 것이다.

79) (출처) http://www.imo.org/en/About/Membership/Pages/Default.aspx

자문지위 신청에 대한 심사는 IMO 이사회에서 담당하며, 신청기관의 설립 목적과 기능이 IMO의 정신, 기능, 원칙과 조화를 이루어야 한다. 그렇지 않다면 이사회는 부적격 의견으로 총회에 보고하여 등록을 받아주지 않는다. 등록된 기구라 할지라도 IMO의 활동에 공헌하지 못하거나 기구의 성격이 변질되면 이사회의 심의를 거쳐 총회 결정에 따라 활동이 정지되거나 탈퇴된다.[80]

자문지위를 갖게 된 기구는 IMO의 각종 회의체에 참석하여 발언할 수 있으나 의결에는 참여할 수 없으며, IMO에 신규의제 문서를 독립적으로 제출할 수 없기 때문에 필요하다면 회원국과 협력하여 제출하여야 한다.

비정부간국제기구(NGO)로는 국제표준화기구(ISO), 세계선급연합회(IACS), 발틱국제해운동맹(BIMCO), 국제항로표지협회(IALA), 국제해법회(CMI),[81] 국제해운협회(ICS),[82] 해양무선산업협회(CIRM),[83] 국제항만협회(IAPH),[84] 세계자연기금(WWF),[85] 그린피스[86] 등이 등록되어 활동하고 있다.

2017년 제118차 IMO 이사회에서 대표적인 조선국가인 한국, 중국, 일본 3개국이 주도하여 설립한 국제조선연합회(ASEF)에[87] 대한 IMO 자문지위 부여에 대한 심사가 이루어졌으며 총회의 승인을 받아 현재 활동 중이다.

IMO는 다른 정부간 국제기구(IGO)와 공동의 이해가 있는 문제에 대해 최대한 조정하고 협력하고자 협정을 체결하고 있다. 등록된 IGO는 IMO의 각종 회의에 참관자(Observer)로 참여하고 의장의 요청에 따라 발언할 수 있으나 투표권은 없다. 관행적으로는 의제토론 말미에 의장이 IGO에게도 발언 기회를 주고 있다.

---

80) Guidelines on the grant of consultative status, IMO Basic Documents Vol. I,

81) Comité Maritime International

82) International Chamber of Shipping

83) Comité International Radio-Maritime(해양 전자산업에 종사하는 비영리 협회)

84) International Association of Ports and Harbors

85) World Wide Fund for Nature

86) GREENPEACE International

87) (ASEF) Active Shipbuilding Experts' Federation, 세계 10개국 조선협회 또는 대표 조선사가 기술협력, 구제규정·표준 대응 및 주도를 위해 설립한 단체

정부간 국제기구(IGO) 중에 대표적 기관으로는 국제이동통신기구(IMSO),[88] 국제수로기구(IHO),[89] 아시아·태평양항만국통제단(Tokyo MoU),[90] 유럽연합 집행위원회(EC),[91] 국제구조위성협정단(COSPAS-SARSAT),[92] 국제해양사고 조사기관포럼(MAIIF),[93] 경제협력개발기구(OECD) 등이 있다.

---

88) International Mobile Satellite Organization

89) International Hydrographic Organization

90) Memorandum of Understanding on Port State Control in the Asia-Pacific Region

91) European Commission(유럽연합의 회원국 정부의 상호동의에 의해 5년 임기로 임명되는 위원들로 구성된 초국가적 독립 기구)

92) International COSPAS-SARSAT Programme Agreement

93) Marine Accident Investigators' International Forum

쉬어가기 4

□ 국제협약 가입절차에 대해서 살펴보자.

① 정부 가입제안

협약문 및 번역문 준비 ➡ 관계부처 협의 ➡ 법제처 심사 ➡ 차관회의 ➡ 국무회의 ➡ 대통령 결재 ➡ 국회 이송

② 국회 동의 (사안에 따라 국회 동의절차 불요)

상임위 심사 ➡ 법사위 심사 ➡ 본회의 의결 ➡ 정부 이송

- (국회 동의요청 결정기준) 대한민국 헌법 제60조 ① 국회는 상호원조 또는 안전보장에 관한 조약, 중요한 국제조직에 관한 조약, 우호통상항해조약, 주권의 제약에 관한 조약, 강화조약, 국가나 국민에게 중대한 재정적 부담을 지우는 조약 또는 입법사항에 관한 조약의 체결·비준에 대한 동의권을 가진다.

③ 정부 가입

국무회의 ➡ 대통령 결재 ➡ 비준서를 국제기구에 기탁 ➡ 관보게재 ➡ 공 포

제 5 장

해사안전 행정실무

제5장 해사안전 행정실무

전 세계를 이어주는 바다를 항해하는 선박에게는 국내외의 각종 기준이 적용된다. 공해에서도 항법을 준수하여야 하며 외국의 영해에서 무해통항권을 향유하더라도 외국 정부가 설정한 통항로를 따라야 한다.

선박뿐만 아니라 IMO 회원국의 해사관청 또한 IMO가 정한 각종 기준을 준수하기 위한 체제를 갖추어야 하며 IMO는 이를 촉진하기 위해 직접 회원국에 대한 감사를 시행하고 있다.

이 장에서는 '항만국통제(PSC)'와 같은 국제적 제도와 '유조선 통항금지구역'과 같은 우리나라 고유의 제도 등 국내외 해사안전 및 해양환경 보호 제도를 소개한다.

1. 국제 행정실무

IMO에서 개발한 여러 안전제도 중에 「해사안전법」 근거를 두고 있는 대표적 제도는 IMO 회원국 감사제도(IMSAS), 항만국통제(PSC), 국제안전관리규약(ISM Code)과 배타적 경제수역(EEZ: Exclusive Economic Zone) 등에서 난파물 제거(WRC)에 관한 내용을 꼽을 수 있다.

1.1 IMO 회원국 감사제도(IMSAS)

'IMO 회원국 감사제도(IMSAS)'는 IMO가 선박안전과 해양환경 보호 등의 실효성을 확보하기 위해 각 회원국에 대하여 ① 국제협약의[1] 국내 수용 및 이행 실태, ② 해양안전 관리조직 및 인력의 적정성, ③ 정부업무 대행기관에 대한 관리ㆍ감독체계 등에 대하여 감사하는 제도이다.[2]

따라서 감사 대상기관은 국제협약 시행 주체인 체약국[3] 정부와 정부업무 대행기관이다. 우리나라의 경우 체약국 정부인 해양수산부[4] 및 해양경찰청 업무 일부가 포함된다. 정부대행기관으로는 한국선급(KR), 프랑스선급(BV), 해양교통안전공단 및 해양수산연수원 등이 포함되나 정부권한 대행체제와 지도ㆍ감독 관계를 파악하는 수준으로 한정된다.

---

1) 여기서 국제협약이란 주요 6개 협약(SOLAS, MARPOL, STCW, LL, TONNAGE, COLREG)과 이와 관련된 의정서 등을 말한다.

2) 국제민간항공기구(ICAO)의 항공안전평가제도(USOAP: Universal Safety Oversight Audit Program)에서 유래하였다.

3) 체약국(Contracting government)은 협약에 가입한 회원국이며, 협약당사국이라고도 한다. 회원국(Member state)과는 구분되며, IMO 회원국은 비준한 협약에 대해서는 체약국이고 비준하지 않으면 단지 회원국이다.

4) 소속기관인 중앙해양안전심판원, 해양조사원, 지방해양항만청을 포함한다.

1.1.1 배경

IMO는 설립 목적에 따라 해양안전과 해양환경 보호를 위한 국제협약과 결의서 등을 지속적으로 개발하고 개정함으로써 해양사고를 예방하고 효율적인 해운을 지원해 왔다.

그럼에도 불구하고 해양오염사고 등 대형 해양사고가 지속적으로 발생하자[5] IMO는 주요 원인이 일부 회원국이 국제협약 등 IMO가 제정한 해양안전과 환경보호 관련한 제도(IMO instruments) 이행 능력과 의지가 부족하여 국제협약 등의 실효성이 확보되지 않는데서 비롯된다고 보았다.

---

5) 1989. 3. 24일 알래스카 연안에서 유조선 Exxon Valdez호 좌초로 약 3만7천 톤의 원유를 유출, 1993년 영국 연안에서 단일선체 유조선 Braer호(89.730 DWT)의 좌초사고로 인하여 약 96,200㎘(84,700톤)의 원유와 1,700㎘(1,500톤)의 연료유가 유출, 1996년 영국 연안에서 단일선체 유조선 Sea Empress호(147,273 DWT)의 좌초사고로 81,800㎘(72,000톤)의 원유와 420㎘(370톤)의 연료유 유출, 1999년 프랑스 브리타니 연안의 비스케이 만에서 유조선 Erika호(19,666 GT)의 침몰사고로 화물인 약 31,000톤의 Bunker-C유 중에서 약 22,500㎘(19,800톤)가 유출되었다. 2002년 스페인 북서해안에서 단일선체 유조선 Prestige호(42,820GT, 81,564 DWT)의 침몰사고로 인하여 화물로 적재되었던 77,000톤의 Bunker-C유 중에서 71,600㎘(63,000톤)가 유출되었고, 2003년 파키스탄 카라치 항 입구에서 유조선 Tasman Spirit호(87,584 DWT)의 좌초・침몰로 약 34,100㎘(30,000톤)의 원유가 유출되었으며, 2007년 한국 서해 태안 앞바다에서 단일선체 유조선 Hebei Spirit호(146,848 GT)의 충돌사고로 인하여 12,547㎘(10,800톤)의 원유가 유출되었다. (출처 : 김광수, 2013, 대형 기름유출사고와 방제조치에 관한 연구, 한국환경안전학회지 Vol. 19, No. 2, pp. 129-137)

1.1.2 도입

2003년 제23차 IMO 총회에서 협약 당사국의 불성실한 의무 이행을 방지하기 위한 대책으로 '자발적 회원국 감사제도(VIMSAS)에[6] 관한 결의서'를[7] 채택하였으며, 향후 감사절차 등을 마련하여 시행하기로 하였다.[8]

2005년 제24차 IMO 총회에서는 감사 원칙과 절차(Framework and Procedure) 등을[9] 개발하였고, 협약에 따른 회원국의 구체적인 의무사항 등을[10] 제시함에 따라 2006년부터 '자발적 회원국 감사제도(VIMSAS)'를 시행할 수 있었다.

2006년부터 2007년간 25개 회원국이 VIMSAS에 참여하였으며, 우리나라는 2007년 4월에 8일간 자발적으로 감사를 받았다. 그러나 자발적 신청에 따른 감사였기 때문에 해사행정 시스템에 문제가 있을 것으로 추측되는 국가에서는 수감신청을 하지 아니하였기에 소기의 성과를 거두기 곤란하였다.

2009년 제26차 IMO 총회에서는 자발적 제도를 강제화하는 결의서가[11] 채택되었으며 향후 추진일정을 결정하였다.[12]

---

6) (VIMSAS) Voluntary IMO Member State Audit Scheme

7) IMO A.946(23), VOLUNTARY IMO MEMBER STATE AUDIT SCHEME

8) '채택(Adoption)'이란 결의가 이루어진 것이며, 시행은 발효요건이 완성되어야 하므로 '발효(Entry into force)'나 시행(Enforcement)과는 구분된다.

9) IMO A.974(24), FRAMEWORK AND PROCEDURES FOR THE VOLUNTARY IMO MEMBER STATE AUDIT SCHEME

10) IMO A.973(24), CODE FOR THE IMPLEMENTATION OF MANDATORY IMO INSTRUMENTS

11) IMO A.1018(26) FURTHER DEVELOPMENT OF THE VOLUNTARY IMO MEMBER STATE AUDIT SCHEME

12) 2012년 IMO 제20차 기국준수전문위원회(FSI) 회의에서 채택한 추진일정에 따르면 ① 총회 28차('13.11)에서 IMO협약이행규약(III Code) 채택, ② MSC 94('14.5) 및 MEPC 66('14.3)에서 관련 협약 개정안 채택, ③ 회원국 수락 절차, ④ 2016.1.1. 발효하는 계획에 따라 2016년부터 시행중이다.
- IMO는 2014년부터 기존 9개의 전문위원회를 7개로 개편함에 따라 기국준수전문위원회(FSI)는 현재 IMO협약준수전문위원회(III)로 변경되었다.

2013년 28차와 2015년 29차 IMO 총회에서는 감사에 실질적으로 활용되는 결의서 세 건이 채택되었다.

제28차 IMO 총회에서는 ① '감사 원칙과 절차(Framework and Procedure)에 관한 결의서'와[13] ② 체약국이 기국, 연안국, 항만국으로서 준수해야할 기본적인 사항을 제시한 'IMO협약이행규약(III Code)에 관한 결의서'를[14] 채택하였고, ③ 제29차 IMO 총회에서는 체약국이 기국, 연안국, 항만국으로서 준수해야할 구체적 사항을 나열한 '의무사항 색인목록(Non-exhaustive list of obligations)에 관한 결의서'를 채택하였다.[15] 이 색인목록은 지난 총회 이후 새로이 발효된 제도를 반영하기 위하여 매 총회마다 개정되고 있다.

1.1.3 감사 규정

감사에 사용되는 결의서는 아래와 같은 세 종류이다.

① IMO협약이행규약(III Code)에 관한 결의서

② 감사 원칙과 절차(Framework and Procedure)에 관한 결의서

③ 의무사항 색인목록(Non-exhaustive list of obligations)에 관한 결의서

---

13) IMO A.1067(28) FRAMEWORK AND PROCEDURES FOR THE IMO MEMBER STATE AUDIT SCHEME

14) IMO A.1070(28) IMO INSTRUMENTS IMPLEMENTATION CODE (III CODE)

15) IMO A.1105(29), 2015 NON-EXHAUSTIVE LIST OF OBLIGATIONS UNDER INSTRUMENTS RELEVANT TO THE IMO INSTRUMENTS IMPLEMENTATION CODE (RESOLUTION A.1070(28))

(1) IMO협약이행규약(III Code)에 관한 결의서

IMO협약이행규약(III Code)은 감사의 기준(Audit standard)을 정하고 있으며, 최신판은 2013. 12. 4일에 채택된 A.1070(28)이다. 이 코드는 네 개의 장으로 구성된다.

- 제1장은 공통사항으로 ① 이 코드의 목적, ② 목적 달성을 위한 체약국의 전략 수립, ③ 해양안전과 환경보호를 위해 체약국이 수행해야 하는 활동, ④ 감사대상 협약의 범위와 체약국의 조치, ⑤ 새로운 감사대상 협약 등이 채택될 때 체약국의 초기조치, ⑥ 체약국의 전략을 관련기관에 전파, ⑦ 체약국이 협약 등의 각종 요구사항에 대응한 활동을 전개하고 있다는 기록 관리, ⑧ 체약국이 협약 등의 효율적인 이행을 위해 개선해야할 사항이 수록되어 있다.[16)]

- 제2장에는 기국이 준비해야 할 사항이며 ① 의무와 책임의 효율적 집행에 관한 사항, ② 정부업무 대행에 관한 사항, ③ 협약 등의 준수에 관한 사항, ④ 안전 및 환경관련 감독관에 관한 사항, ⑤ 해양사고 조사관에 관한 사항, ⑥ 정기적 시행평가에 관한 사항이 수록되어 있다.[17)]

- 제3장은 연안국에 관한 사항으로서 ① 권리와 의무를 다하기 위한 정책의 규정화 및 안전조치[18)] 시행, ② 사고통계 관리 및 분석, 오염방제 조직, 해양사고 조사를 위한 국제적 협력에 관한 사항, ③ 정기적 시행평가에 관한 사항이 수록되어 있다.[19)]

---

16) PART 1 (COMMON AREAS) Objective, Strategy, General, Scope, Initial actions, Communication of information, Records, Improvement

17) PART 2 (FLAG STATES) Implementation, Delegation of authority, Enforcement, Flag State surveyors, Flag State investigations, Evaluation and review

18) 해사통신설비, 기상정보 및 경보, 수색구조, 수로서지, 항로, 선위보고제도, VTS, 항로표지에 관한 사항

19) PART 3 (COASTAL STATES) Implementation, Enforcement, Evaluation and review

○ 제4장은 항만국에 관한 사항으로서 ① 권리와 의무를 다하기 위한 정책의 규정화 및 안전조치[20] 시행, ② 항만국통제 시행에 관한 사항, ③ 정기적 시행 평가에 관한 사항이 수록되어 있다.[21]

(2) 감사 원칙과 절차에 관한 결의서

감사 원칙과 절차(Framework and Procedure)에 관한 결의서 최신판은 2013. 12. 5일에 채택된 A.1067(28)이다. 이 결의서의 부속서(Annex)는 두 개의 장과 여섯 개의 부록(Appendix)으로 구성된다.

○ 제1장은 회원국감사를 위한 원칙적 사항을 규정하고 있다. 해상안전과 환경보호를 위한 IMO의 제도(IMO instruments)를[22] 여섯 종류로 나누어 감사 대상으로 규정하였다.

---

20) 협약이 정한 쓰레기 수용시설, 항만국통제 시행, 연료공급자에 대한 등록 유지

21) PART 4 (PORT STATES), Implementation, Enforcement, Evaluation and review

22) 협약을 나열하지 않은 것은 협약뿐만 아니라 협약과 관련된 제도들을 포괄하기 위한 것이다. 대표협약은 아래와 같다.

협 약 명 칭	발효	주요내용
해상인명안전협약(SOLAS 74)	'80. 5.	선박 구조 · 설비 기준 및 선박 안전운항제도
해양오염방지협약(MARPOL 73/78)	'83.10.	해양오염방지 구조 · 설비 및 오염물질 배출 허용 기준
해상충돌예방에 관한 국제협약 (COLREG 72)	'77. 7.	선박 충돌예방 항법
선원의 훈련, 자격증명 및 당직에 관한 국제협약(STCW 78)	'84. 4.	선원의 자격 및 훈련 기준
국제만재흘수선협약(LL 66)	'68. 7.	화물적재허용량 및 복원성 기준
선박톤수측정협약(TONNAGE 69)	'82. 7.	선박 크기(톤수) 측정 기준

1) 해상인명안전(Safety of life at sea)

2) 선박오염방지(Prevention of pollution from ships)

3) 선원의 훈련, 자격증명 및 당직에 관한 기준(Standards of training, certification and watchkeeping for seafarers)

4) 만재흘수선(Load lines)

5) 선박톤수측정(Tonnage measurement of ships)

6) 해상충돌방지규정(Regulations for preventing collisions at sea)

○ 제2장은 회원국감사를 위한 절차와 여섯 개의 부록으로 구성된다. 감사를 실시하기 위해 또는 감사를 받기 위해 필요한 세세한 절차에 관한 사항으로서 ① 감사준비, ② 감사전 점검사항, ③ 감사시행, ④ 보고서 작성, ⑤ 회원국의 수정조치계획, ⑥ 사후감사, ⑦ 기록관리, ⑧ 감사흐름도이다.

(3) 의무사항 색인목록에 관한 결의서

수감 기관에서 감사에 대비하여 준비하여야 할 의무사항들을 도표 형태의 목록으로 정리한 것이다.[23)]

색인목록은 2년마다 개최되는 총회에서 최신화 작업이 이루어지고 있으며, 초안은 IMO협약준수전문위원회(III)에서 검토하고 해사안전위원회(MSC)를 거쳐 총회에 상정되는 과정을 거치므로 IMSAS 대응과 관련된 정부와 유관기관은 초안 작성 단계인 'IMO 협약준수 전문위원회(III)' 회의부터 관심을 가져야 한다.

---

23) 의무사항 색인목록에 관한 제30차 총회 결의서 번호는 IMO A.1121(30)이며 제31차 총회에서 새로운 결의서 A.1141(31)로 갱신되었다.
- A.1141(31) 2019 NON-EXHAUSTIVE LIST OF OBLIGATIONS UNDER INSTRUMENTS RELEVANT TO THE IMO INSTRUMENTS IMPLEMENTATION CODE (III CODE)

<표 5-1> Example of Non-Exhaustive List of Obligations

Annex 1

OBLIGATIONS OF CONTRACTING GOVERNMENTS/PARTIES

The following table contains a non-exhaustive list of obligations, including those obligations imposed when a right is exercised.

	OBLIGATIONS OF CONTRACTING GOVERNMENTS/PARTIES	
SOURCE	**SUMMARY DESCRIPTION**	**COMMENTS**
TONNAGE 1969		
Article 1	General obligation under the Convention	
Article 5(2)	Force majeure	
Article 8	Issue of a certificate by another Government	
Article 10	Cancellation of certificate	
Article 11	Acceptance of certificates	
Article 15	Communication of information	
LL 1966 and LL PROT 1988[1]		
Article 1	General obligation under the Convention	
	General obligations	LL PROT 1988 only (Article I)
Article 7(2)	Force majeure	
Article 17	Issue or endorsement of certificates by another Government	amended by LL PROT 1988
Article 20	Acceptance of certificates	
Article 25	Special rules drawn up by agreement	
Article 26	Communication of information	
	Communication of information	LL PROT 1988 only (Article III)

1.1.4 감사 실무

감사의 세부내용은 감사 원칙과 절차(Framework and procedure)에 관한 결의서의 부속서 제2장에 ① 감사준비, ② 감사전 점검사항, ③ 감사시행, ④ 보고서 작성, ⑤ 회원국의 수정조치계획, ⑥ 사후감사, ⑦ 기록관리, ⑧ 감사 흐름도로 규정되어 있다.

(1) 감사준비(PLANNING)

IMO는 회원국 수와 감사기간 및 인력 등을 고려하여 2016년부터 전 회원국에 대한 7년 주기로 감사를 시행하기로 하였다. IMO 사무총장은 최소한 감사 18개월 전에는 대상국을 공표한다. 갑작스런 사유로 감사를 받지 못하는 회원국은 감사 6개월 전에는 문서로 연기신청을 하여야 한다.

- (감사 일정) 감사를 시행하기 위해서 우선 회원국과 IMO 사무총장이 협력각서(Memorandum of Cooperation)를[24] 체결하고 감사시기 등을 조정한다. 감사팀장은 회원국과 세부 감사일정을 수립한다.
- (감사관) 감사관은 경영관리시스템[25] 교육과정, 국제안전관리규약(ISM Code) 심사관 교육과정 또는 IMO회원국 감사관 교육과정을 이수한 자로서 관리자급 이상이어야 하며, IMO의 6개 공식 언어[26] 중 하나를 완벽히 구사하여야 한다. 그리고 행정조직의 기능과 IMO의 협약에 관해 충분한 지식을 갖추어야 하며, 컴퓨터로 문서를 작성할 수 있어야 한다.

---

24) 감사 원칙과 절차에 관한 결의서, A.1067(28) 부록 제1번(Appendix 1) MODEL MEMORANDUM OF COOPERATION
- 회원국과 IMO의 책임, 감사범위, 면책특권, 분쟁해결절차 등에 관해 합의한 양해각서

25) 주로 ISO 1901 '품질관리시스템(Quality management systems)'을 말한다.

26) 영어, 불어, 스페인어, 러시아어, 중국어, 아랍어

○ (감사팀) 회원국이 제출한 감사관 후보 명단 중에서 IMO 사무총장이 인정하는 자를 감사관은 지명하며 팀을 구성한다. 회원국은 감사관의 이력을 제출받아 수락여부를 결정할 수 있다. 감사팀은 지리적 또는 국적의 대표성이 있는 자들로 구성되어야 한다.

(2) 감사전 점검사항(PREPARING FOR THE AUDIT)

감사팀장은 감사에 착수하기 전에 감사 대상국에 사전 감사질의서(Pre-audit questionnaire)를[27] 보내 일반적인 현황을 파악하는데 감사 착수 3달 전에는 회신되어야 한다.

○ (사전질의서) 질의서에는 협약별 관장부서, 전문인력, 등록선박, 항만, 협약의 국내 규정화 절차, 가입협약, 부적합사항 재발방지, 정부업무 위임, 협약 위반 선박 조치방법, 항해안전정보나 수색구조정보 교환을 위한 통신망, 수로조사, 해양사고조사, 항만국통제 체제 등에 관한 내용이 포함된다. 감사팀장은 팀원들과 협의하여 추가질의서를 송부할 수 있다. 수감국가는 사전회의를 신청할 수 있다.

○ (감사계획 수립) 감사계획에는 감사장소, 감사기간, 착수회의 및 종료회의 일자, 전담 연락관 1인, 필요한 서류, 목록, 잠정감사일정, 사전질의서 요약서, 현지답사계획, 문서목록, 사용언어 등에 관해 규정하여야 한다.

---

27) 감사 원칙과 절차에 관한 결의서, A.1067(28) 부록 제2번 PRE-AUDIT QUESTIONNAIRE

(3) 감사 시행(CONDUCTING THE AUDIT)

감사는 협력양해각서에 따라 감사팀과 회원국이 합의한 일정에 따라 진행된다.

감사팀은 감사원칙(Framework)에서 정하고 있는 목적, 전략, 방침을 감사정책으로 따라야 하고, 언론 인터뷰를 하게 되면 회원국의 공무원이 참석해야 하며 감사의 사명과 목적을 설명하는 정도로 한정된다.

○ (착수회의) 현장감사에 착수하기 전에 감사팀과 회원국은 감사계획에 따라 착수회의를 개최한다.

회의는 감사팀장이 주재하고 회원국의 고위급이 참석하여 감사팀에게 브리핑을 하여야 한다.

착수회의 내용은 ① 참석자 소개, ② 감사의 연혁과 목적, ③ 감사의 범위와 목적을 포함하여 감사계획에 대한 검토 및 확정, ④ 감사수행시 사용되는 방식과 절차에 대한 간단한 소개, ⑤ 감사팀과 회원국의 연락관 지정, ⑥ 시설과 행정지원 사항, ⑦ 회원국의 지방사무소나 관계기관 방문계획, ⑧ 종료회의 및 감사팀과 회원국의 관리직 중간회의의 일자 · 장소, ⑨ 감사의 부적합사항 및 관찰사항에 대한 서류작업 절차,[28] ⑩ 감사 부적합사항 및 관찰사항에 대한 보안 유지, 예를 들어 감사관과 피감사자는 감사 부적합사항 및 관찰사항을 어떻게 관리하고 어떻게 처리할 지에 관해 합의하여야 한다. ⑪ 가능한 한 잠정보고서 초안과 요약문서 초안은 종료회의 시에 준비되어야 한다.

수감국가는 감사팀에게 근무장소, 개인용 컴퓨터, 복사기, 팩스를 제공하고 가능한 한 인터넷과 전자메일을 사용할 수 있는 시설을 제공해야 한다. 관련 시설에 출입할 수 있도록 하여야 하며, IMO 제도와 관련된 규정 같은 기록이나 파일을 열람할 수 있도록 하여야 하며, 인터뷰 대상으로 선정된 자를 만날 수 있도록 하여야 한다.

---

28) A.1067(28) Appendix 4 참조

○ (감사) 회원국 공무원이 감사관과 동행하여야 하며, 증거물은 직원 인터뷰와 서류심사, 회원국 책임기관의 활동상황을 관찰하여 수집한다. 감사관이 관찰사항이나 부적합사항이 있는 것으로 합리적인 믿음이 생기면 회원국의 책임 있는 공무원과 협의하고 자세히 기록하여야 한다.[29] 감사팀은 종료회의 전에 회원국에게 관찰사항이나 부적합사항을 제공하여 회원국이 조기에 해결책을 찾아내도록 지원해야 한다.

○ (종료회의) 감사 종료회의에서는 회원국의 모든 감사 관련자에게 감사팀이 지적한 모든 부적합사항과 관찰사항을 설명하여야 한다. 회원국이 감사사항을 명확히 이해할 수 있고 수정조치를 시작할 수 있도록 하여야 한다. 가장 중요한 문제를 강조하여야 하며 감사팀의 발견사항이나 부적합사항을 자세하게 설명하여야 한다.

종료회의에서는 잠정보고서와 요약문에 포함될 부적합사항과 관찰사항을 간략히 소개하여야 한다. 감사팀장은 회원국과 회원국이 취해야할 수정조치의 내용과 필요성에 관한 제안을 포함하여 후속조치에 대해 협의하여야 한다. 감사팀장은 회원국에게 수정조치계획과[30] 최종보고서 마감 일자를 알려주어야 한다.

종료회의 순서는 ① 감사의 범위와 목적에 대한 재검토, ② 감사절차 요약, ③ 잠정보고서 초안과 요약서 초안에 포함된 부적합사항과 관찰사항 소개, ④ 지역사무소 및 관련기관 방문정보, ⑤ 회원국의 향후 조치사항 순으로 진행한다.

감사팀장과 회원국이 임의로 감사 종료회의 전이나 후에 감사팀과 회원국의 관계 공무원들이 참석하는 전문가 회의를 개최할 수 있다.

---

29) ① 관찰사항이나 부적합사항 상세(제목, 문서의 번호와 발행일 등을 포함한다), ② 정보 획득 장소

30) A.1067(28) Appendix 4 MODEL APPENDIX FORMS FOR AUDIT REPORTS

(4) 보고서 작성(REPORTING)

감사보고서를 준비할 때 지켜야할 원칙으로는 ① 감사 종료회의에 브리핑할 부적합사항 및 관찰사항, 잠정보고서와 최종보고서는 모순이 없어야 하며, ② 부적합사항과 관찰사항은 객관적 증거에 의한 것이어야 하며, ③ 부적합사항과 관찰사항은 명확하고 간결하게 작성되어야 하며, ④ 일반적이고 모호한 표현은 피하여야 하며, ⑤ 부적합사항과 관찰사항은 객관적으로 제시할 수 있어야 하며, ⑥ 일반적으로 사용되는 해사용어가 사용되어야 하고 두문자 약어나 특수용어는 피하여야 하며, ⑦ 개인이나 지위에 대한 비판을 피하여야 한다.

감사팀과 사무총장은 오직 수감국가에서만 보고서를 공개할 수 있는 권한을 갖고 있으므로 감사시에 획득한 자료, 문서, 보고서에 대하여 보안을 유지하여야 한다.

감사를 마치는 대로 감사팀장은 점검표, 관련 기록 및 보고서를 사무총장이 재검토하고 이후의 다른 감사자료로 대체될 때까지 안전하게 보존하여야 한다.

- (잠정보고서) 잠정보고서는 회원국에게 부적합사항과 관찰사항을 제시하는 공식보고서의 하나이다. 회원국의 수정조치계획은 잠정보고서에 근거해야 한다. 잠정보고서는 최종보고서를 준비하는 기초가 되며 최종보고서가 완성되면 잠정보고서를 대체한다.

  잠정보고서는 수감국가, 감사팀과 사무총장만 활용할 수 있으며 비밀로 취급되어야 한다.

  잠정보고서에 포함되는 내용은 아래와 같다.

  1) 개요
     ① 배경, ② 감사팀원, ③ 회원국의 관계 공무원, ④ 협조에 대한 감사

  2) 감사의 범위, 목적 및 활동사항

  3) 회원국의 해사분야 활동사항(일반적 서술)
     ① 일반사항, ② 기국, ③ 연안국, ④ 항만국

4) 부적합사항

5) 관찰사항

6) 견해 및 권고할 수 있는 사항
① 긍정적인 개발 분야, ② 추가적 개발 분야

7) 부록

8) 부속서

감사팀의 잠정보고서에 대해 부동의 하는 내용은 회원국에서 부속서에 기록할 수 있다. 회원국과 감사팀은 부적합사항이나 관찰사항에 대해 부동의가 발생하지 않도록 모든 노력을 길울여야 하며, 부적합사항이나 관찰사항에 대한 유효성이나 해석의 측면에서 어떠한 우려라도 있을 때는 감사팀에게 알려야 한다. 서로 의견이 엇갈릴 때는 협의하고 가능한 한 해결하여야 한다. 해결이 되지 않는다면 어떤 의견이든지 간에 잠정보고서에 부속서로 붙인 모든 의견은 최종보고서에 부속서로 첨부되어야 한다. 첨부 목적은 그와 같은 불일치를 해결하기 위한 것이다.

○ (요약서) 수감국가에 대한 상세한 사항과 감사 관련기관 등이 포함되는 요약서는[31] 감사기준에 회원국이 적합한지와 IMO의 제도를 적절히 수행하고 있는지에 대한 부적합사항과 관찰사항을 요약하여 제공하는 것이다. 요약서는 감사개시 전에 회원국에서 승인한 바에 따라 감사팀에서 준비하여 사무총장이 발표하기 전에 수감국가의 의견과 최종승인을 받기 위해 제시한다.

○ (최종 감사보고서) 최종적인 실제 보고서이다. 양식은 잠정보고서의 구조 및 내용과 유사해야 한다. 여기에는 회원국이 제출한 수정조치, 수감국가에서 식별한 근본원인과 수정조치상황의 이행정보 및 해결되지 않은 문제의 요약이 포함된다. 최종 감사보고서는 감사팀이 준비하며 만약 사무총장이 대중에게 공개하지 않거나 감사 전에 피감사 국가에서 회원국에게 승인하지 않았다면 수감국가, 감사팀과 사무총장만이 활용할 수 있다.

31) A.1067(28) Appendix 5 MODEL EXECUTIVE SUMMARY REPORT

감사팀장이 준비한 최종보고서에 근거하여 사무국은 정기적으로 여러 회원국에 대한 감사에 따른 교훈을 포함하여 국명 표기 없이 감사 종합요약보고서를 발간한다.

○ (수정조치계획의 이행현황에 대한 회원국의 의견) 수정조치계획의 이행 현황과 관련된 내용을 수감국가에서 요청하면 수감국가의 의견으로 포함시킨다. 그런 의견은 감사전에 회원국이 승인한 권한에 따라 접수하는 대로 활용하며 사무국이나 감사팀장의 확인이 필요하지는 않다.

○ (감사팀장의 활동 보고서) 감사팀장은 별도로 감사수행에 관하여 보고서를 준비한다. 보고서에는 감사에 긍정적인 요소나 어려웠던 점, 감사 계획과 수행을 개선할 수 있는 제안이 포함된다. 감사 전반에 관한 피드백을 제공하는 것으로 감사제도의 품질 확보를 위해 필수적인 부분이며, 사무총장이 감사계획을 개선할 용도로 사용된다.

모든 피드백과 권고사항 및 관심을 요청하는 조치들은 사무총장이 관리하며 필요하다면 감사관이 사용할 수 있도록 하여야 한다.

○ (회원국의 피드백) 회원국은 감사수행에 관한 보고서를 준비할 수 있다. 보고서에는 감사에 긍정적인 요소나 어려웠던 점, 감사 계획과 수행을 개선할 수 있는 제안이 포함된다. 감사 전반에 관한 피드백을 제공하는 것은 감사제도의 품질확보를 위해 필수적인 부분으로 사무총장이 감사계획을 개선하는 용도로 사용된다.

(5) 회원국의 수정조치계획(MEMBER STATE'S CORRECTIVE ACTION PLAN)

회원국의 수정조치계획은 감사에서 회원국이 감사기준에 적합하도록 조치하도록 제안된 사항에 관한 것이다. 여기에는 회원국의 대응이 포함될 수 있다. 수정조치는 적절한 시간 내에 감사원칙을 고려하여 각 감사결과에 대하여 수립하는 것이다. 회원국의 조치계획에는 감사에 대응하는 정보를 포함하여 각 감사사항이나 관찰한 바에 관한 대응을 포함한다. 구체적인 조치계획 정보를 포함하여야 하며 각 조치의 개시와 완료 일시를 포함하여 회원국이 날인한 것이어야 한다.

회원국의 조치계획은 감사팀장과 사무총장에게 합의된 잠정보고서를 수령한 날로부터 90일 이내에 제출하여야 하며, 예외적인 경우에는 회원국에게 기한을 연장해 줄 수 있다.

부록 제4번에[32] 명시된 형태로 준비한 잠정보고서 및 요약서에 대해 회원국의 수정조치계획은 관련된 회원국의 사전 승인에 따라 사무총장이 모든 회원국과 대중에게 공개되어야 한다.

감사 최종보고서에는 회원국이 제안한 가능한 수정조치계획에 대한 정보를 포함하여야 한다. 만약 회원국이 수정조치계획을 제출하지 않아도 된다면 최종보고서는 수정조치계획을 포함하지 않고 작성된다.

(6) 사후감사(AUDIT FOLLOW-UP)

사후감사는 가능한 한 회원국이 수정조치를 완료한 이후에 수정조치 계획의 이행 현황을 살펴보기 위해 이루어져야 한다. 그러나 감사 이후 3~4년이 지나서는 아니 된다.

사후감사는 보통 서류심사 형태로 진행된다. 회원국이 제출한 서류만으로는 수정조치가 충분히 이행되었다고 검증할 수 없을 때는 사무총장이 사후 현장감사를 고려하여야 한다.

현장감사가 필요한 경우에 일반감사규정에 따른 감사절차가 적용된다. 다만 차이점은 감사 대상이며, 사후감사는 추가관찰이나 개선이 필요한 것으로 초기 감사 중에 식별된 문제로 한정된다.

사후감사팀은 감사의 범위에 따라 필요한 감사관과 감사팀장으로 구성한다. 가능한 한 당초 감사에 참여한 감사관이 사후감사에 적어도 한 명은 포함되어야 한다.

---

32) A.1067(28) Appendix 4 MODEL APPENDIX FORMS FOR AUDIT REPORTS

(7) 기록관리(RECORDS)

모든 기록은 사무총장이 관리한다. 기록에는 ① 잠정보고서 및 최종보고서, ② 요약서, ③ 수정조치, ④ 감사팀장의 활동보고서 및 ⑤ 사후감사보고서이다.

(8) 감사 흐름도

감사 흐름도는 부록 제6번에[33] 수록되어 있다.

Appendix 6

AUDIT PROCESS

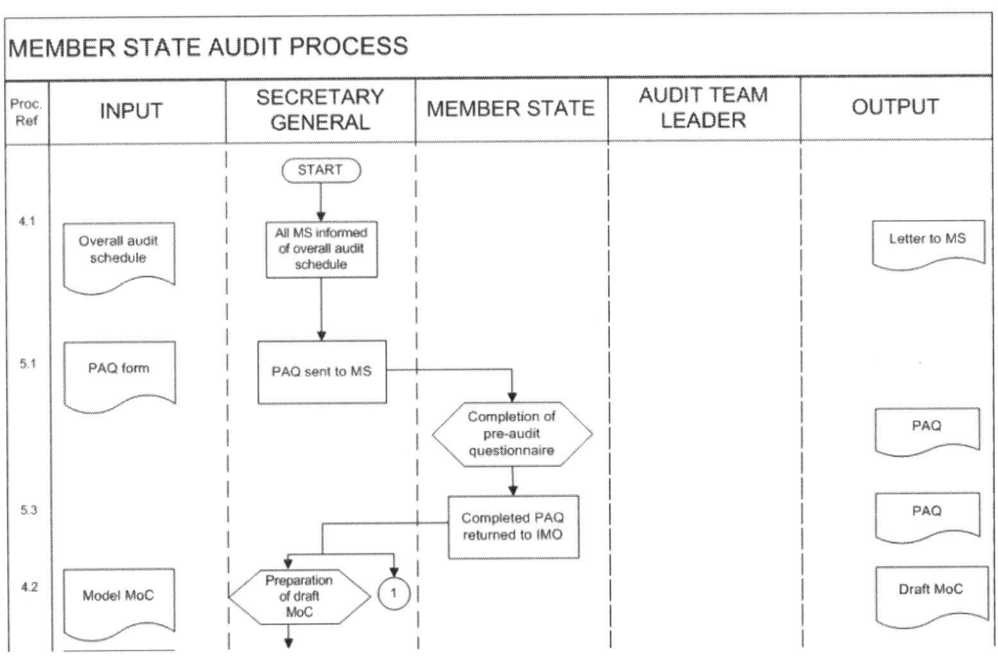

[그림 5-1] Example of Audit Process

33) A.1067(28) Appendix 6 AUDIT PROCESS

1.1.5 제도의 성과 및 대응 시사점

국제민간항공기구(ICAO)가 항공안전 분야에 도입하여 성과를 거두고 있는 항공안전평가제도(USOAP)는 평가내용을 공개함에 따라 그 시행효과가 항공업계에 직접적으로 미치고 있다.

우리나라 항공안전 분야의 경우에 2000년 ICAO의 평가에서 저등급, 2001년 미국 연방항공청(FAA)의 평가에서 2등급 판정을 받아 여러 사회적·경제적 물의를 야기하였으며 연간 약 2천억 원의 손실이 예견된 바 있다.

1등급 회복을 위해 19종의 법령을 재·개정하였으며 전문인력 49명을 충원하고 항공안전본부를 신설하였다. 그리고 2008년에 ICAO의 평가에서 최고수준으로 재평가되었다.

IMO의 회원국감사제도(IMSAS) 또한 항공분야의 사례를 따라 도입되었기 때문에 향후 감사결과를 공표하는 방향으로 나아갈 것이라고 합리적으로 추론할 수 있다.

비록 우리나라가 IMO의 자발적 회원국 감사제도 시기에 몇 가지 경미한 사항이 지적된 바 있고, 본 감사에서 잘 대응한다 할지라도 담당자들의 개인능력과 순발력에 의존하기에는 사안이 중대하다 아니할 수 없다.

특히 우리나라는 세계 수위의 조선국가이며, 해운산업은 장기간 우리나라 10대 외화가득 산업의[34] 중위권 매출에 해당하는 해운수지를 기록해 오고 있으므로 IMO의 회원국감사에서 문제가 발생할 경우 국가경제에 미치는 영향력이 클 것이다. 따라서 항공분야 이상의 전문 대응조직을 신설하고 지속적으로 활동을 펼칠 필요성이 매우 높다.

---

34) (출처) http://stat.kita.net/stat/world/major/KoreaStats12.screen
http://www.index.go.kr/potal/main/EachDtlPageDetail.do?idx_cd=1261

1.2 항만국통제(PSC)

항만국통제(PSC: Port State Control)는 선박이 기항하는 국가인 항만국(Port State)에서 자국의 관할권 내로 입항하는 외국적 선박에 대하여 해당 선박이 국제협약의 기준에 따른 시설과 운항능력을 확보하고 있는지를 점검함으로써 선원 및 선박의 안전과 해양환경 보호를 목적으로 하는 제도이다.

1.2.1 개요

IMO와 ILO는 항만국통제의 시행에 필요한 각종 국제협약을 채택·시행하고 있으며, 선박의 제반 안전문제에 이해관계가 있는 국제기구의 회원국은 자국선의 시설과 운영을 협약요건에 맞추어야 할 의무를 가진다.

선박은 전통적으로 기국의 영토 일부로 인정되어 왔으므로 협약 요건을 준수하는 것은 협약 당사국인 기국에 위임되어 있다.[35] 그런데 선박이 타국의 항만에서

---

35) UNCLOS 제94조(기국의 의무) 1. 모든 국가는 자국기를 게양한 선박에 대하여 행정적·기술적·사회적 사항에 관하여 유효하게 자국의 관할권을 행사하고 통제한다.
  2. 모든 국가는 특히,
    (a) 일반적으로 수락된 국제규칙이 적용되지 아니하는 소형 선박을 제외하고는 자국기를 게양한 선명과 세부사항을 포함하는 선박등록대장을 유지한다.
    (b) 선박에 관련된 행정적·기술적·사회적 사항과 관련하여 자국기를 게양한 선박, 그 선박의 선장, 사관과 선원에 대한 관할권을 자국의 국내법에 따라 행사한다.
  3. 모든 국가는 자국기를 게양한 선박에 대하여 해상안전을 확보하기 위하여 필요한 조치로서 특히 다음 사항에 관한 조치를 취한다.
    (a) 선박의 건조, 장비 및 감항성
    (b) 적용가능한 국제문서를 고려한 선박의 인원배치, 선원의 근로조건 및 훈련
    (c) 신호의 사용, 통신의 유지 및 충돌의 방지
  4. 이러한 조치는 다음을 보장하기 위하여 필요한 사항을 포함한다.
    (a) 각 선박은 등록전과 등록후 적당한 기간마다 자격있는 선박검사원에 의한 검사를 받아야 하며, 선박의 안전항행에 적합한 해도·항행간행물과 항행장비 및 항행도구를 선상에 보유한다.
    (b) 각 선박은 적합한 자격, 특히 선박조종술·항행·통신·선박공학에 관한 적합한 자격을 가지고 있는 선장과 사관의 책임아래 있고, 선원은 그 자격과 인원수가 선박의 형태·크기·기관 및 장비에 비추어 적합하여야 한다.

통제를 받는다는 것은 그러한 요건의 충족 여부를 항만국이 확인한다는 점에서 기국에 대한 일종의 협력으로 간주되어야 한다.

항만국은 국제협약이 정한 기준에 미달되는 선박에 대해 결함사항(Deficiency)의 시정을 요구하거나, 안전과 환경에 중대한 영향을 미치는 결함이 발견되는 경우에는 시정될 때까지 선박을 출항정지(Detention)[36] 할 수 있다.

또한 연안국이 국제협약을 준수하지 않는 외국의 기준미달선(Substandard ship)에 대한 통제를 시행하는 것은 자국 연안에서 일으킬 수 있는 사고를 방지하고 해운산업을 보호할 목적도 띄고 있다고도 볼 수 있다.

(c) 선장 · 사관 및 적합한 범위의 선원은 해상에서 인명안전, 충돌의 방지, 해양오염의 방지 · 경감 · 통제 및 무선통신의 유지와 관련하여 적용가능한 국제규칙에 완전히 정통하고 또한 이를 준수한다.

5. 제3항과 제4항에서 요구되는 조치를 취함에 있어서, 각국은 일반적으로 수락된 국제적인 규제 조치, 절차 및 관행을 따르고, 이를 준수하기 위하여 필요한 조치를 취한다.
6. 선박에 관한 적절한 관할권이나 통제가 행하여지지 않았다고 믿을 만한 충분한 근거를 가지고 있는 국가는 기국에 그러한 사실을 통보할 수 있다. 기국은 이러한 통보를 접수한 즉시 그 사실을 조사하고, 적절한 경우, 상황을 개선하기 위하여 필요한 조치를 취한다.
7. 각국은 다른 국가의 국민에 대한 인명손실이나 중대한 상해, 다른 국가의 선박이나 시설, 또는 해양환경에 대한 중대한 손해를 일으킨 공해상의 해난이나 항행사고에 관하여 자국기를 게양한 선박이 관계되는 모든 경우, 적절한 자격을 갖춘 사람에 의하여 또는 그 입회 아래 조사가 실시되도록 한다. 기국 및 다른 관련국은 이러한 해난이나 항행사고에 관한 그 다른 관련국의 조사실시에 서로 협력한다.

36) 항만국통제 점검 시 선박의 감항성, 인명의 안전 및 해양환경에 중대한 지장을 초래하는 결함사항이 식별된 경우, 선박 또는 선원의 안전이 확보될 때까지 해당선박의 출항을 정지시키는 항만국의 규제조치

- (출항정지시 고려요소) 안전항해 가능여부, 화물의 안전한 취급 및 운반 가능 여부, 기관의 안전한 작동여부, 추진기와 타기의 적정여부, 효과적 화재진압 가능 여부, 신속한 퇴선 및 구조가능 여부, 환경오염방지 여부, 적정한 복원성 보유 여부, 적정한 수밀성 확보 여부, 조난상황에서 적정한 통신가능 여부 등
- (일반적 고려사항) 최우선 고려요소, 적정한 증서의 구비 여부, 최소승무정원의 승선여부

1.2.2 도입 배경 및 조직 현황

제2차 세계대전 이후에 물동량이 폭증하였으며 선박량 증가와 함께 편의치적선(Flag of Convenience)이 출현하였고 이러한 선박에 의한 대형 오염사고가 발생하였다. 대표적으로 1967년 라이베리아 선적의 유조선 토리캐년호(M/T Torrey Canyon)와 1978년 아모코카디즈호(M/T Amoco Cadiz)[37] 해양오염 사고를 꼽을 수 있다.

선박이 등록된 기국, 특히 편의치적국의 안전관리 능력을 보완하기 위한 별도의 조치가 필요하다는 의견이 국제적으로 대두되어 영국은 전통적인 해운국의 지지를 받아 1975. 3월에 UN해양법협약(UNCLOS) 성안을 위한 제3차 회의에서 외국적 선박 통제에 관한 규정을 제안하였다.

1982. 12. 10일에 UN해양법협약이[38] 채택되었으며, 동 협약 제218조[39] 및 제

37) 233,690 DWT, 109,700 GRT, 1974년 건조

38) 정식 명칭은 The United Nations Convention on the Law of the Sea이며, The Law of the Sea Convention, The Law of the Sea treaty 또는 두문자로 UNCLOS라 한다. 1994. 11. 16일 발효되었고 우리나라는 1995. 12. 1일 국회 비준 동의를 거쳐, 1996. 1. 29일 UN에 비준서를 기탁함에 따라 1996. 2. 28일에 발효되었다.

39) 제218조(항만국에 의한 법령집행) 1. 선박이 어느 국가의 항구나 연안정박시설에 자발적으로 들어온 경우 그 국가는 권한 있는 국제기구나 일반외교회의를 통하여 수립된 적용가능한 국제규칙과 기준에 위반하여 자국의 내수, 영해 또는 배타적 경제수역 밖에서 행하여진 그 선박으로부터의 배출에 관하여 조사를 행하고 증거가 허용하는 경우에는 소송을 제기할 수 있다.
2. 제1항에 따른 소송은, 자국의 내수, 영해나 배타적 경제수역에서 배출 위반이 발생한 국가나 기국 또는 배출 위반으로 인하여 피해를 입었거나 위협을 받는 국가에 의하여 요청되거나 또는 위반이 소송을 제기하는 국가의 내수, 영해나 배타적 경제수역에서 오염을 초래하거나 오염을 초래할 위험이 있는 경우를 제외하고는, 다른 국가의 내수, 영해나 배타적 경제수역에서 배출 위반에 관하여 제기될 수 없다.
3. 선박이 어느 국가의 항구나 연안정박시설에 자발적으로 들어온 경우 그 국가는 어떤 국가가 자국의 내수, 영해나 배타적 경제수역에서 발생하였거나 이들 수역에 대하여 피해를 입히거나 피해의 위협을 주었다고 판단되는 제1항에 언급된 배출 위반에 관한 조사요청을 할 경우, 실행가능한 한 이에 응한다. 그 국가는 위반이 발생한 장소에 관계없이 기국이 배출 위반에 관한 조사요청을 하는 경우에도 마찬가지로 실행가능한 한 응한다.
4. 이 조에 따라 항만국이 수행한 조사기록은 기국이나 연안국이 있으면 기국이나 연안국에 전달된다. 위반이 연안국의 내수, 영해나 배타적 경제수역에서 발생한 경우 이러한 조사를 기초로 하여 항만국이 제기한 소송은 제7절에 따를 것을 조건으로, 연안국의 요청에 따라 중단될 수 있다. 이러한 경우 사건의 증거와 기록은 항만국의 당국에 제공된 보석금이나 그 밖의 재정적 담보와 함께 연안국에 이송된다. 이러한 이송이 행하여지는 경우 항

219조에[40] 항만국통제의 근거가 마련되었다.

UN해양법협약에 외국선박에 대한 연안국의 권리 조항이 채택되자 유럽 14개국은 같은 해에 항만국통제에 관한 양해각서(MOU)를 체결하고 협의체로 'Paris MOU'를 결성하였다.

호주는 이미 1972년에 자국법을 근거로 외국적 선박에 대한 안전점검을 시작하였으며, 미국도 1978년부터 자국법에 의한 외국적 선박 점검을 시행하고 있었다.

우리나라는 1986. 9. 1일 부산항과 인천항에서 처음으로 항만국통제를 시행하였으며, 1989년에 전국 항만으로 확대하였다.

1994년에는 'Paris MOU'를 모델로 아시아 태평양 지역 국가들이 모여 'Tokyo MOU'를 체결하고 협의체를 구성하였다. 그리고 공동으로 점검자료 관리를 위한 시스템(APCIS)을[41] 운영하고 있다.

전 세계에 지역별 PSC MOU는 9개가 있으며 미국은 단독으로 시행하고 있다.

만국에서 소송은 계속되지 아니한다.

40) 제219조(오염방지를 위한 선박감항성 관련조치) 제7절에 따를 것을 조건으로, 각국은 요청에 의하거나 자발적으로 자국 항구나 연안정박시설에 있는 어떠한 선박이 선박의 감항성에 관하여 적용되는 국제규칙과 기준을 위반함으로써 해양환경에 대해 피해를 입힐 위험이 있다고 확인한 경우, 실행가능한 한 그 선박의 항행을 금지시키기 위한 행정조치를 취한다. 각국은 그 선박이 가장 가까이 있는 적절한 수리장소까지만 운항하도록 허가할 수 있고 또한 위반원인이 제거되는 즉시 항행을 계속하도록 허가한다.

41) (APCIS) Asia Pacific Computerized Information System

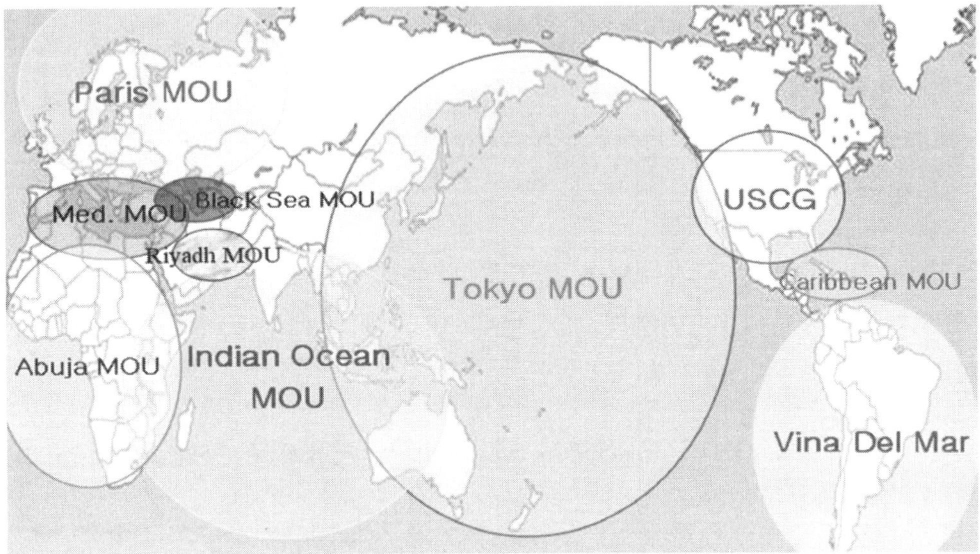

[그림 5-2] Regional PSC regimes

〈표 5-2〉 Regional PSC MOUs

구분	채택일 (가입국)	회원국
Paris MOU (유럽지역)	1982.07.01	27개국
Vina Del Mar MOU (남미지역)	1992.11.05	13개국
Tokyo MOU (아 · 태지역)	1993.12.02	21개국
Caribbean MOU (카리브해 지역)	1996.02.09	24개국
Mediterranean MOU (지중해 지역)	1997.07.11	12개국
Indian Ocean MOU (인도양 지역)	1998.06.05	18개국

구분	채택일 (가입국)	회원국
Abuja MOU (서 · 중앙아프리카)	1999.10.22	19개국
Black Sea MOU (흑해 지역)	2000.04.07	6개국
Riyadh MOU (아라비아 지역)	2004.06.30	6개국
U.S.C.G (미국)	-	1개국

1.2.3 국제법적 근거

바다의 대헌장으로 불리는 UN해양법협약(UNCLOS)은 바다의 거의 모든 면에 대한 광범위한 법체계를 다루고 있는데 그 중에는 해상에서 선박 활동에 관한 규정도 있다.

해양환경 보호와 보존에 관한 규정인 제12장에는42) 선박운항에 기인하는 해양오염 방지에 대한 다양하고 상세한 규정들을 담고 있다. 항만국통제(PSC)에 관해서도 기국정부의 이행의무, 연안국의 권한, 기타 보완규정 등이 기술되어 있다.

제12장에 속한 제218조 및 제219조에 따라 항만국은 자국 항만에 입항하는 외국 선박이 국제협약의 기준을 위반하여 자국 내수면, 영해 또는 배타적 경제수역(EEZ)에서 오염물질을 배출하는지 여부를 조사할 수 있으며, 증거가 충분한 경우 소송까지 제기할 수 있다. 또한, 해당 선박의 감항성이43) 국제협약의 기준에 미달하는 경우에는 출항을 통제하여야 하며, 필요하다면 수리를 위하여 가장 가까운 인근 항만으로 이동을 허락하고, 기준미달 상태가 해소된 경우에는 즉시 항해를 허락하여야 한다.

대표적인 국제협약으로는 ① 1974 해상인명안전협약(SOLAS), ② 73/78 해양오염방지협약(MARPOL), ③ 1966 만재흘수선협약(Load Line), ④ 1969 선박톤수측정협약(TONNAGE), ⑤ 1978 선원의 훈련, 자격증명 및 당직기준에 관한 협약(STCW) 및 ⑥ 2006 해사노동협약(MLC) 등이 있다.

항만국통제(PSC) 절차와 관련된 규정은 ① 해상인명안전협약(SOLAS 74/88)의44) 경우에 제1장 제19규칙, 제9장 제6.2규칙, 제11-1장 제4규칙, 제11-2장의 제9규칙,

---

42) UNCLOS PART XII. PROTECTION AND PRESERVATION OF THE MARINE ENVIRONMENT

43) 감항성(Seaworthiness) : 선박이 목적지까지 안전하게 항해할 수 있는 능력으로서 악천후를 견딜 수 있는 선체구조와 복원성, 장비와 인력 등이 갖추어 져야 한다. 해상에서 마주하게 될 일반적인 모든 위험에서 안전하게 항해하기에 적합한 상태이며, 해상보험약관에 묵시적 보증조항이다.

44) SOLAS 1974, as modified by SOLAS Protocol 1988

② 만재흘수선 협약(LL 66/88)[45] 제21조, ③ 해양오염방지협약(MARPOL) 부속서1의 제5조, 제6조 및 제11규칙, 부속서2의 제16.9규칙, 부속서3의 제8규칙, 부속서4의 제13규칙, 부속서5의 제8규칙, 부속서6의 제10규칙이다. ④ 선원의 훈련, 자격증명 및 당직기준에 관한 협약(STCW 1978) 제10조, ⑤ 선박톤수 측정협약(TONNAGE 1969) 제12조, ⑥ 유해방오도료통제협약(AFS 2001) 제11조, ⑦ 선박평형수관리협약(BWM 2004) 제9조이다.[46]

국제노동기구(ILO)에서 채택한 해사노동협약(MLC)에도[47] 관련 규정이 있다.

○ 1974 해상인명안전협약(SOLAS 74/88)

관련 규정은 제1장 제19규칙, 제9장 제6.2규칙, 제11-1장 제4규칙, 제11-2장의 제9규칙에 있다.

SOLAS협약은 선박의 안전과 관련된 선박의 구조, 복원성, 구명설비, 소화설비 및 무선설비를 포함한 항해장비 등에 관한 사항을 규정하고 있다.

SOLAS 제1장 제19규칙에 항만국제통제는 협약증서의 유효 여부를 확인하도록 규정하고 있으며, 선박상태가 협약기준에 적합하지 않다고 믿을 만한 명백한 근거가 있는 경우에는 추가적 조치를 취한다. 따라서 증서가 유효하지 않거나 명백한 근거가 있는 경우에는 선박의 출항을 정지시키고 협약기준에 적합하도록 필요한 조치를 취하거나, 적절한 수리장소로 항해할 수 있도록 조치를 취한다.

45) LL 1966, as modified by LL Protocol 1988

46) PSC 절차와 관련된 규정은 2017년 제30차 총회 결의서인 IMO A.1119(30)에 기술되어 있으며, 2019년 제31차 총회에서 갱신된 결의서 A.1138(31)로 대체되었다.

47) (MLC) Maritime Labour Convention, 2006

항만국통제에 관한 SOLAS의 규정은 더욱 발전되어 동 협약 제11장 제4규칙에 의하여 선장과 선원들이 선박의 안전에 관한 필수적 선상 조치에 익숙한지 여부까지 점검할 수 있게 되었는데 이는 선박의 물적관리에 추가하여 인적관리까지 항만국통제 범위에 포함시킨 것으로써, ISM Code의 시행과 연계한 선박안전관리의 획기적 전환점이었다고 평가된다.

○ 1966 만재흘수선협약(LL 66/88)

만재흘수선협약은 선박의 만재흘수선 지정 및 표시에 관한 사항을 규정하고 있다.

제21조에는 항만국통제를 유효한 협약증서 소지여부를 확인하는 것으로 한정하고 있으며, 이를 위하여 시행하는 항만국통제 범위는 ① 증서상의 허용 범위를 초과한 적재 여부, ② 만재흘수선 위치가 증서와 일치 여부, ③ 선박의 불합리한 개조 여부를 확인하는 것이다.

항만국통제 결과로 결함사항이 발견되는 경우의 사후처리에 대하여는 SOLAS 제1장 제19규칙의 규정과 유사하게 규정하고 있다.

○ 73/78 해양오염방지협약(MARPOL 73/78)

관련규정은 부속서1의 제5조, 제6조 및 제11규칙, 부속서2의 제16.9규칙, 부속서3의 제8규칙, 부석서 4의 제13규칙, 부속서5의 제8규칙, 부속서6의 제10규칙이다

MARPOL협약 부속서1의 제5조 및 제6조에 따라 시행하는 항만국통제는 SOLAS협약과 대동소이하며, 다른 점은 외국선박이 MARPOL협약의 규정에 적합하지 않다는 것을 이유로 항만당국이 입항을 거부할 수 있고, 당해 선박에 의한 오염행위의 감시와 발견을 위하여 항만국통제를 시행할 수 있다는데 있다. 따라서 오염행위가 발견되는 경우 항만국은 소송절차를 취하는 등 SOLAS에 비하여 더욱 엄격한 통제사항을 포함하고 있으며, MARPOL협약에도 SOLAS협약 제11-1장 제4규칙과[48] 같이 선장과 선원

48) Chapter XI-1 Reg. 4(운항요건에 관한 항만국통제) 1. 타 당사국 정부의 항내에 있는 선박

들의 오염방지업무에 대한 숙지 여부를 통제할 수 있도록 여섯 개 부속서에 각각 관련규정을 신설하였다.

○ 1978 선원의 훈련, 자격증명 및 당직기준에 관한 협약 (STCW 1978)

STCW협약 제10조에 의하여 시행하는 항만국통제는 선원들이 유효한 자격증서를 보유하고 있는지에 대한 점검이며 일반적인 절차는 SOLAS협약의 경우와 대동소이하다.

○ 1969 선박톤수측정협약(TONNAGE 1969)

TONNAGE협약 제12조는 협약을 채택한 기국의 선박은 다른 체약국의 항만에서 그 국가의 항만국통제관이 점검하려는 경우에 따라야 한다고 규정하고 있다. 이러한 점검은 선박이 유효한 국제톤수증서를 소지하고 있는지 여부와 선박의 주요제원 등이 증서상의 기재된 내용과 같은지 여부만을 확인하는 것이다.

점검시 국제톤수증서상의 결함이 있는 경우라 할지라도 항만국은 이로 인하여 선박의 지연을 초래할 수 없으며, 또한 선박의 제원 중 다른 증서상의 내용과 상이하여 총톤수나 순톤수에 영향을 미치는 경우에는 지체 없이 기국정부에 통보하여야 한다고 규정하고 있다.

'Tokyo MOU'에서는 결함사항 발견시 시정을 요구하는 경고서한(Letter of Warning)을 선장에게 발급하고 즉시 출항토록 조치하도록 규정하고 있다.

은, 선장이나 선원이 그 선박의 안전에 관련된 필수적인 본선절차를 숙지하고 있지 못하다고 간주할 수 있는 분명한 이유가 있을 경우, 선박의 안전과 관련된 운용요건과 관련하여 그 정부에 의하여 정당히 권한을 부여받은 검사관의 운항요건에 관한 통제에 따라야 한다.

2. 이 규칙의 제1항에 정의된 상황에서 통제를 시행하는 당사국 정부는 그 상황이 현 협약의 요건에 따라서 정상적인 상태가 될 때까지 해당 선박이 출항을 하지 못하도록 하는 조치를 취하여야 한다.
3. 제1장 제19규칙에 규정된 항만국통제에 관한 절차는 이 규칙에도 적용되어야 한다.
4. 이 규칙의 어떠한 사항도 규칙들에서 특별히 규정하는 운항요건에 대한 통제를 시행하는 협약 당사국 정부의 권한 및 책임을 제한하는 것으로 해석되어서는 아니 된다.

o 해사노동협약(MLC)

해사노동협약(MLC 2006)은 국제노동기구(ILO) 설립 초기부터 꾸준히 마련하였으나 중복되고 최신화하지 못한 선원 직업소개, 최저연령, 근로시간 등에 관한 39개 협약과 29개의 권고를 단일의 협약으로 통합하여 2006. 2. 23일에 채택하였으며, 2013. 8. 20일에 발효된 협약이다.

그간 항만국통제의 근거가 되었던 ILO협약 제147호 '상선의 최저기준에 관한 협약'은[49] 해사노동협약(MLC)에 통합되었다.[50]

협약에 따른 회원국의 의무는 ① 협약에 의한 책무를 완수하기 위하여 채택한 법령 또는 기타 조치의 이행, ② 협약 요건의 준수를 보장하기 위하여 자국 국기를 게양하는 선박에 대한 효과적인 관할권 행사 및 통제, ③ 자국 국기를 게양하는 선박으로 하여금 협약 요건에 따른 해사노동적합증서[51] 및 해사노동적합선언서의 강제 비치, ④ 자국 항만에 입항하는 외국적 선박에 대한 협약요건 준수 여부 점검, ⑤ 자국 관할영역에 있는 선원 모집 및 직업소개 업체에 대한 관할권 행사 및 통제이다.

---

49) ILO 협약 제147호 '1976년 상선의 최저기준에 관한 협약'은 동 협약에 부속된 여러 ILO 협약을 근거로 기국에 관계없이 등록된 모든 상선에서 준수되어야 할 안전, 사회보장, 선내 고용 및 주거시설에 관한 최저 기준을 정을 정하고 있다. 따라서 기국이 제147호 협약을 비준했는가에 관계없이 비준국은 자국의 항구에 기항하는 외국선박에 대하여 선박이 협약 기준에 일치하지 않는다는 불평불만이나 증거를 근거로 점검할 수 있었다. 제147호 협약 채택 이전에는 국제규칙이 단지 안전과 외부환경에 위협을 가할 수 있는 선박의 상태에만 관심을 가졌던 것에 비하면 혁신적인 것이었다. 또한 항만국은 안전이나 건강에 명백히 해로운 선내 상태를 시정하기 위하여 그 선박이 협약을 비준하지 않은 국가에 등록된 선박이라 하더라도 출항정지를 포함한 조치를 할 수 있었다.

50) 우리나라는 MLC 비준을 위하여 2011. 8. 4일에 「선원법」을 전부 개정하고 2012. 2. 5일부터 시행하였다. 그리고 2014. 1. 9일 비준서를 ILO에 등록함에 따라 2015. 1. 9일에 협약이 국내에 발효되었다.

51) 해사노동적합증서의 인증검사 : 「선원법」제137조에 따라 다음 선박의 어느 하나에 해당하는 선박에 대하여 선원의 근로 및 생활 요건이 해사노동협약과 선원관계법령의 기준에 적합한지 여부를 확인하기 위한 검사

1.2.4 국내법적 근거

1997. 12. 17일 일부개정된 「선박안전법」에서 처음으로 항만국통제에 관한 근거가 신설됨에 따라 해사법규에서 항만국통제라는 용어가 일반적으로 사용된다. 「해사안전법」에 있는 '외국선박 통제' 또한 항만국통제와 같은 용어이다. 항만국통제는 통제를 시행하는 주체를 기준으로, 외국선박통제는 통제대상을 기준으로 하고 있으며 다른 용어지만 같은 뜻이다.

「선박안전법」 제68조에서 항만국통제를 '외국선박의 구조·설비·화물운송방법 및 선원의 선박운항지식 등이 대통령령으로 정하는 선박안전에 관한 국제협약에 적합한지 여부를 확인하고 그에 필요한 조치'를 하는 것으로 정의하고 있다.[52)]

52) 선박안전법 제68조(항만국통제) ① 해양수산부장관은 외국선박의 구조·설비·화물운송방법 및 선원의 선박운항지식 등이 대통령령으로 정하는 선박안전에 관한 국제협약에 적합한지 여부를 확인하고 그에 필요한 조치(이하 "항만국통제"라 한다)를 할 수 있다.
② 해양수산부장관은 제1항의 규정에 따른 항만국통제를 하는 경우 소속 공무원으로 하여금 대한민국의 항만에 입항하거나 입항예정인 외국선박에 직접 승선하여 행하게 할 수 있다. 이 경우 당해 선박의 항해가 부당하게 지체되지 아니하도록 하여야 한다.
③ 해양수산부장관은 제1항에 따른 항만국통제의 결과 외국선박의 구조·설비·화물운송방법 및 선원의 선박운항지식 등이 제1항에 따른 국제협약의 기준에 미달되는 것으로 인정되는 때에는 해당선박에 대하여 수리 등 필요한 시정조치를 명할 수 있다.
④ 해양수산부장관은 제1항에 따른 항만국통제 결과 선박의 구조·설비·화물운송방법 및 선원의 선박운항지식 등과 관련된 결함으로 인하여 해당 선박 및 승선자에게 현저한 위험을 초래할 우려가 있다고 판단되는 때에는 출항정지를 명할 수 있다.
⑤ 외국선박의 소유자는 제3항 및 제4항에 따른 시정조치명령 또는 출항정지명령에 불복하는 경우에는 해당명령을 받은 날부터 90일 이내에 그 불복사유를 기재하여 해양수산부장관에게 이의신청을 할 수 있다.
⑥ 제5항의 규정에 따라 이의신청을 받은 해양수산부장관은 소속 공무원으로 하여금 당해 시정조치명령 또는 출항정지명령의 위법·부당 여부를 직접 조사하게 하고 그 결과를 신청인에게 60일 이내에 통보하여야 한다. 다만, 부득이한 사정이 있는 때에는 30일 이내의 범위에서 통보시한을 연장할 수 있다.
⑦ 시정조치명령 또는 출항정지명령에 대하여 불복이 있는 자는 제5항 및 제6항의 규정에 따른 이의신청의 절차를 거치지 아니하고는 행정소송을 제기할 수 없다. 다만, 「행정소송법」 제18조제2항 및 제3항의 규정에 해당되는 경우에는 그러하지 아니하다.
⑧ 제3항 내지 제7항의 규정에 따른 외국선박에 대한 조치 및 이의신청 등에 관하여 필요한 사항은 대통령령으로 정한다.

점검기준이 되는 선박안전에 관한 국제협약은 「선박안전법」 시행령 제16조에서 ① 해상에서의 인명안전을 위한 국제협약, ② 만재흘수선에 관한 국제협약, ③ 국제 해상충돌 예방규칙 협약, ④ 선박톤수 측정에 관한 국제협약, ⑤ 상선의 최저기준에 관한 국제협약, ⑥ 선박으로부터의 오염방지를 위한 국제협약, ⑦ 선원의 훈련·자격증명 및 당직근무에 관한 국제협약으로 정하고 있다.[53]

이외에도 항만국통제 근거법령으로는 「해사안전법」,[54] 「해양환경관리법」,[55]

---

53) 선박안전법 시행령 제16조(항만국통제의 시행) ① 법 제68조제1항에서 "대통령령으로 정하는 선박안전에 관한 국제협약"이란 다음 각 호의 협약을 말한다.
1. 「해상에서의 인명안전을 위한 국제협약」
2. 「만재흘수선에 관한 국제협약」
3. 「국제 해상충돌 예방규칙 협약」
4. 「선박톤수 측정에 관한 국제협약」
5. 「상선의 최저기준에 관한 국제협약」
6. 「선박으로부터의 오염방지를 위한 국제협약」
7. 「선원의 훈련·자격증명 및 당직근무에 관한 국제협약」
② 제1항제5호의 「상선의 최저기준에 관한 국제협약」을 적용할 때 1994년 3 월31일 이전에 용골(龍骨)이 거치된 선박에 대하여는 같은 협약의 적용으로 인하여 선박의 구조 또는 거주설비의 변경이 초래되지 아니하는 범위에서 항만국통제를 실시한다.

54) 해사안전법 제55조(외국선박 통제) ① 해양수산부장관은 대한민국의 영해에 있는 외국선박 중 대한민국의 항만에 입항하였거나 입항할 예정인 선박에 대하여 선박 안전관리체제, 선박의 구조·시설, 선원의 선박운항지식 등이 대통령령으로 정하는 해사안전에 관한 국제협약의 기준에 맞는지를 확인할 수 있다.
② 해양수산부장관은 제1항에 따른 확인 결과 외국선박의 안전관리체제, 선박의 구조·시설, 선원의 선박운항지식 등이 국제협약의 기준에 미치지 못하는 경우로서, 해당 선박의 크기·종류·상태 및 항행기간을 고려할 때 항행을 계속하는 것이 인명이나 재산에 위험을 불러일으키거나 해양환경 보전에 장해를 미칠 우려가 있다고 인정되는 경우에는 그 선박에 대하여 항행정지를 명하는 등 필요한 조치를 할 수 있다.
③ 해양수산부장관은 제2항에 따른 위험과 장해가 없어졌다고 인정할 때에는 지체 없이 해당 선박에 대한 조치를 해제하여야 한다.
④ 제1항에 따른 확인 및 제2항에 따른 조치에 필요한 사항은 해양수산부령으로 정한다.

55) 해양환경관리법 제59조(해양오염방지를 위한 항만국통제) ①해양수산부장관은 우리나라의 항만·항구 또는 연안에 있는 외국선박에 설치된 해양오염방지설비등, 방오시스템 및 선박에너지효율이 해양오염방지에 관한 국제협약에 따른 기술상의 기준에 적합하지 아니하다고 인정되는 경우에는 그 선박의 선장에 대하여 해양오염방지설비등, 방오시스템 및 선박에너지효율 관련 설비 등의 교체·개조·변경·수리·개선이나 그 밖에 필요한 조치(이하 "항만국통제"라 한다)를 명령할 수 있다.
② 항만국통제의 시행에 필요한 절차는 「선박안전법」 제68조 내지 제70조의 규정을 준용한다.

「선원법」56), 「선박직원법」57), 「국제항해선박 및 항만시설의 보안에 관한 법률」을58) 들 수 있다.

---

56) 선원법 제132조(외국선박에 대한 점검) ① 해양수산부장관은 소속 공무원에게 국내 항(정박지를 포함한다. 이하 같다)에 있는 외국선박에 대하여 다음 각 호의 사항을 점검하게 할 수 있다.
1. 기국에서 발급한 승무정원증명서와 그 증명서에 따른 선원의 승선 여부
2. 선원당직국제협약의 항해당직 기준에 따른 항해당직의 시행 여부
3. 선원당직국제협약에 따른 유효한 선원자격증명서나 그 면제증명서의 소지 여부
4. 해사노동협약에 따른 해사노동적합증서 및 해사노동적합선언서의 소지 여부
5. 해사노동협약에 따른 선원의 근로기준 및 생활기준의 준수 여부
② 해양수산부장관은 제1항에 따라 점검을 할 경우 소속 공무원으로 하여금 그 선박에 출입하여 장부·서류 및 그 밖의 물건을 점검하고, 해당 선원에게 질문하거나 선원의 근로기준 및 생활기준 등에 대하여 직접 확인하게 할 수 있다.
③ 제1항제1호부터 제3호까지의 규정에 해당하는 사항에 대한 점검은 「선박안전법」 제68조에 따른다.

57) 선박직원법 제17조(외국선박의 감독) ① 해양수산부장관은 소속 공무원으로 하여금 대한민국 영해 안에 있는 외국선박에 승무하는 선박직원에 대하여 다음 각 호의 사항을 검사하거나 심사하게 할 수 있다.
1. 「선원의 훈련·자격증명 및 당직근무의 기준에 관한 국제협약」 또는 「어선 선원의 훈련·자격증명 및 당직근무의 기준에 관한 국제협약」에 적합한 면허증 또는 증서를 가지고 있는지 여부
2. 「선원의 훈련·자격증명 및 당직근무의 기준에 관한 국제협약」 또는 「어선 선원의 훈련·자격증명 및 당직근무의 기준에 관한 국제협약」에서 정한 수준의 지식과 능력을 갖추고 있는지 여부
② 해양수산부장관은 제1항에 따른 검사 또는 심사를 한 결과 그 선박직원이 제1항 각 호의 요건을 충족하지 못한다고 인정할 때에는 그 외국선박의 선장에게 그 요건을 충족하는 선박직원을 승무시키도록 문서로 통보하여야 한다. 이 경우 해양수산부장관은 대한민국에 있는 해당 국가의 영사(해당 선박이 소속된 선적국가의 영사를 말하며, 영사가 없는 경우에는 가장 가까운 곳의 외교관 또는 해운당국을 말한다)에게 그 선장으로 하여금 적합한 선박직원을 승무시키게 하는 데에 필요한 조치를 하도록 문서로 통보하여야 한다.
③ 해양수산부장관은 제2항 전단에 따른 통보를 받은 그 외국선박의 선장이 제1항 각 호의 요건을 충족하는 선박직원을 승무시키지 아니한 경우에 항행을 계속하는 것이 인명 또는 재산에 위험을 초래하거나 해양환경보전에 장해가 될 염려가 있다고 인정할 때에는 그 외국선박에 대하여 항행정지를 명하거나 그 항행을 정지시킬 수 있다.
④ 해양수산부장관은 제3항에 따른 위험과 장해가 없어졌다고 인정할 때에는 지체 없이 항행을 하게 하여야 한다.
⑤ 제1항에 따른 검사 및 심사의 방법과 검사 및 심사를 하는 소속 공무원의 자격에 관하여는 「선박안전법」 제68조 및 제76조에 따른다.

58) 국제항해선박 및 항만시설의 보안에 관한 법률 제19조(항만국통제) ① 해양수산부장관은 대한민국의 항만 안에 있거나 대한민국의 항만에 입항하려는 외국 국적의 국제항해선박의 보

「해양환경관리법」, 「선원법」, 「선박직원법」에서는 「선박안전법」에 따른 점검절차를 준용하여 항만국통제를 시행한다고 규정하고 있다.

안관리체제가 협약 등에서 정하는 기준에 적합한지 여부를 확인·점검하고 그에 필요한 조치(이하 "항만국통제"라 한다)를 할 수 있다.
② 항만국통제를 위한 확인·점검의 절차는 유효한 국제선박보안증서등의 비치 여부만을 확인하는데 한정되어야 한다. 다만, 해당 선박이 협약 등에서 정하는 기준에 적합하지 아니하다는 명백한 근거로서 해양수산부령으로 정하는 사유가 있는 때에는 그러하지 아니하다.
③ 해양수산부장관은 제1항에 따른 확인·점검의 결과 제2항 단서에 따른 명백한 근거가 있거나 유효한 국제선박보안증서등을 제시하지 못하는 선박에 대하여는 출항정지·이동제한·시정요구·추방 또는 이에 준하는 조치를 명할 수 있다.
④ 대한민국의 항만에 입항하려는 외국 국적의 국제항해선박은 그 항만에 입항하기 24시간 이전에 해양수산부령으로 정하는 바에 따라 해당 선박의 보안에 관한 정보(이하 "선박보안정보"라 한다)를 해양수산부장관에게 통보하여야 한다. 다만, 기상악화 등 급박한 위험을 피하기 위하여 긴급히 입항하거나 해양수산부령으로 정하는 사유가 있는 경우에는 입항과 동시에 선박보안정보를 통보할 수 있다.
⑤ 해양수산부장관은 제4항에 따라 통보받은 선박보안정보를 해양수산부령으로 정하는 바에 따라 해양경찰청장에게 통보하여야 한다.
⑥ 해양수산부장관은 제4항에 따라 통보받은 선박보안정보를 검토한 결과 제2항 단서에 따른 명백한 근거가 있다고 인정되는 선박에 대하여는 이동제한·시정요구·선박점검 또는 입항거부 등의 조치를 명할 수 있다. 이 경우 해당 선박으로 인하여 그 항만에 정박하고 있는 다른 선박 또는 항만시설에 보안사건이 발생할 수 있다고 인정될 만한 상당한 근거가 있는 때에는 추가적으로 그 사실을 관계 국가보안기관에 통보하여 필요한 조치를 하도록 하여야 한다.
⑦ 해양수산부장관은 제3항 및 제6항의 조치를 취하려는 때에는 사전에 그 취지를 해당 외국 국적의 국제항해선박소유자 또는 선장에게 통지하여야 한다.
⑧ 해양수산부장관은 제3항 및 제6항의 조치를 취한 때에는 해당 선박에 대하여 국제선박보안증서등을 교부한 국가의 정부에 그 사실을 통보하여야 하며, 선박의 입항이 거부되거나 추방된 때에는 해당 선박의 다음 기항지 국가 및 그 연안국의 정부에 해양수산부령으로 정하는 사항을 통보하여야 한다.
⑨ 외국 국적의 국제항해선박소유자 또는 선장은 제3항 및 제6항에 따른 출항정지·이동제한·시정요구·추방·선박점검 또는 입항거부 등의 명령(이하 "시정명령등"이라 한다)이 위법하거나 부당하다고 생각되는 경우에는 해양수산부령으로 정하는 바에 따라 시정명령등을 받은 날부터 90일 이내에 그 불복사유를 기재하여 해양수산부장관에게 이의신청을 할 수 있다.
⑩ 제9항에 따라 이의신청을 받은 해양수산부장관은 소속 공무원으로 하여금 그 시정명령등의 위법·부당 여부를 직접 조사하게 하고 그 결과를 신청자에게 60일 이내에 통보하여야 한다. 다만, 부득이한 사정이 있는 때에는 30일의 범위에서 통보시한을 연장할 수 있다.
⑪ 시정명령등에 대하여 불복하는 자는 제9항 및 제10항에 따른 이의신청의 절차를 거치지 아니하고는 행정소송을 제기할 수 없다. 다만, 「행정소송법」 제18조제2항 및 제3항에 해당되는 경우에는 그러하지 아니하다.
⑫ 제3항 및 제6항에 따른 시정명령등의 세부내용, 제4항에 따른 선박보안정보의 통보절차 및 제9항에 따른 이의신청 등에 관하여 필요한 사항은 해양수산부령으로 정한다.

그러나 항만국통제 실무에 있어서 포괄적인 국내법령보다는 구체적인 국제적 표준인 'IMO 통제절차서(Procedures for Port State Control)'를 따라 점검과 통제를 시행하도록 권장할 수 있다. 이 절차서는 수시로 보완되고 있으므로 되도록 최신판을 확인하여야 한다.

1.2.5 통제 절차서(PROCEDURES FOR PORT STATE CONTROL)

항만국통제 절차서는 여러 협약과 IMO협약이행규약(III Code)에서 항만국통제 시행과 관련된 조항을 색인하고, 선박·장비 또는 선원에 대한 점검 및 결함사항 발굴을 일관성 있게 집행하기 위한 사항을 제공하고 있다.

이 절차서는 IMO 총회가 열릴 때마다 지난 총회 이후로 발효되거나 개정된 제도를 반영하기 위해 갱신되고 있다.[59]

절차서에는 적용대상 협약 14가지를[60] 나열하고 있지만 기본적으로 발효된 협약

---

59) IMO A.1138(31) PROCEDURES FOR PORT STATE CONTROL, 2019

60) ① the International Convention for the Safety of Life at Sea, 1974, as amended (SOLAS 1974);
② the Protocol of 1988 relating to the International Convention for the Safety of Life at Sea, 1974 (SOLAS PROT 1988);
③ the International Convention on Load Lines, 1966 (LL1966);
④ the Protocol of 1988 relating to the International Convention on Load Lines, 1966 (LL PROT 1988);
⑤ the International Convention for the Prevention of Pollution from Ships, 1973, as modified by the 1978 and 1997 Protocols, as amended (MARPOL);
⑥ the International Convention on Standards of Training, Certification and Watchkeeping for Seafarers, 1978, as amended (STCW 1978);
⑦ the International Convention on Tonnage Measurement of Ships, 1969 (TONNAGE 1969);
⑧ the International Convention on the Control of Harmful Anti-fouling Systems on Ships, 2001 (AFS 2001);
⑨ the Convention on the International Regulations for Preventing Collisions at Sea, 1972 (COLREG 1972);
⑩ the International Convention on Civil Liability for Oil Pollution Damage, 1969 (CLC 1969);

중에 기국이 가입한 협약에 대해서만 항만국통제관이 점검할 수 있다. 그러나 협약에 가입하지 않은 국가의 선박에게 더 우대적인 조치를 제공할 수 없다.[61)]

모든 체약국은 원칙적으로 모든 비체약국 선박에게 더 우대적인 조치를 제공할 수 없기 때문에 항만국통제 절차에 따라 그에 상응하는 조사(Survey)가 이루어져야 한다. 점검(Inspection)은 안전과 해양환경 보호를 위한 목적에 상응한 수준에서 시행된다.

o 비체약국 선박 통제(SHIPS OF NON-PARTIES)

비체약국 선박이라서 SOLAS, Load Lines, MARPOL, AFS 또는 BWM 증서를 갖고 있지 않고, 선원들도 STCW 증서를 갖고 있지 않을 때 항만국통제관은 확립된 항만국통제 절차의 원칙을 고려하여 선박이나 선원이 승선원들에게 위험하지 않고 해양환경에 비합리적인 위해를 끼치지 않다고 확신할 수 있어야 한다. 선박이나 선원이 협약증서는 아니더라도 어떤 증서를 갖고 있으면 그 내용을 보아 선박을 평가하는데 고려할 수 있다.

그런 선박의 상태, 장비 및 선원관련 서류와 기국의 최소승무정원 기준은 관련협약의 제정목적과 조화로워야 한다. 그렇지 않으면 안전과 해양환경 보호에 상응할만한 수준이 되는데 필요한 제한을 가하여야 한다.

---

⑪ the Protocol of 1992 to amend the International Convention on Civil Liability for Oil Pollution Damage, 1969 (CLC PROT 1992);

⑫ the International Convention on Civil Liability for Bunker Oil Pollution Damage, 2001 (BUNKERS 2001);

⑬ the International Convention for the Control and Management of Ships' Ballast Water and Sediments, 2004 (BWM 2004); and

⑭ the Nairobi International Convention on the Removal of Wrecks, 2007 (NAIROBI WRC 2007)

61) ‘No more favourable treatment’라는 규정은 ① 해상인명안전협약 의정서(SOLAS PROT 1988) 제I(3)조 1.5.1, ② 해양오염방지협약(MARPOL)의 제5(4)조, ③ 선원의 훈련, 자격증명 및 당직근무 기준에 관한 협약(STCW) 제10(5)조, ④ 유해방오도료통제협약(AFS 2001) 제3(3)조, ⑤ 선박평형수관리협약(BWM 2004) 제3(3)조에 근거한다.

○ 협약 미적용 선박 통제(SHIPS BELOW CONVENTION SIZE)

협약이 적용되는 크기 미만의 선박에 대해서는 기국이나 대행기관이 발행한 증서를 확인하는데 그친다. 협약 미적용 대상이라서 적용할 규정이 없는 경우에 항만국통제관의 업무는 선박이 환경이나 안전 측면에서 수용할 정도의 기준을 따르는지 평가해야 하며, 평가요소는 예정된 항해에 비추어 선박의 종류나 크기 및 장비와 화물의 성격을 고려하여 항해하기에 적절한지 검토는 것이다.

○ 항만국통제관의 자격 및 교육(QUALIFICATION AND TRAINING REQUIREMENTS OF PSCOs)

항만국통제관은 자국의 선박검사관 자격과 경험을 갖추어야 하며 주요 선원들과 영어로 대화할 수 있어야 한다.

항만국통제관에 대한 교육내용은 최신의 IMO 표준교육과정을 고려하여 항만국통제를 시행하는데 필요한 관련협약에 대한 지식이어야 한다.

항만국통제관의 자격과 교육요건을 정할 때에 당국은 국제적으로 합의된 제도와 자국 항만에 입항하는 선박의 종류에 부합하도록 하여야 한다.

활동요건(Operational requirements) 점검을 수행하는 항만국통제관은 선장이나 기관장의 자격이 있어야 하며 적절한 선박경험을 갖추어야 한다. 아니라면 해사 관청에서 인정한 기관에서 발행한 자격증을 갖추어야 하며, 적합한 기술이 있다고 인정할 수 있는 특별훈련과정을 수료하거나 활동요건 점검을 수행하는데 필요한 경험과 훈련을 받아 정부가 자격을 부여한 자여야 한다.

항만국통제와 관련된 제도에 대한 최신 지식을 갖추기 위해 정기적인 교육이 이루어져야 한다.

(1) 점검 실무(PORT STATE INSPECTIONS)

항만국통제는 ① 정부 스스로 결정하여 시행하거나, ② 다른 정부에서 제공한 정보나 요청에 따라 시행하거나, ③ 선원 · 전문단체 · 협회 · 무역기구 또는 선박의 안전, 선원 및 여객 또는 해양환경보호와 이해관계가 있는 개인이 제공한 선박의 정보에 따라 시행한다.

당국은 지정된 검사관이나 대행기관(Recognized Organization)에게 자국 선박에 대한 검사나 점검을 위임할 수 있다. 관련 협약에 따른 항만국통제를 시행하는 자는 정부가 승인한 자만이 승선, 점검, 시정 및 출항정지 조치를 할 수 있다고 숙지하여야 한다.

정부는 일반적으로 항만국통제관을 임명하겠지만 경우에 따라 특별한 경우에만 항만국통제관의 권한을 부여할 수도 있다.

선박이 부당하게 지체되거나 출항정지를 당하지 않도록 가능한 모든 노력을 기울여야 한다. 부당한 지체나 출항정지가 있었다면 손실이나 손해에 대해 보상받을 권리가 있다.

① 초기 점검(INITIAL INSPECTIONS)

선종, 건조연도, 크기에 따라 적용되는 국제협약의 규정을 사전에 확인한다.

승선 전에 선박 부근에서 전체적인 외관을 보아 도장상태, 부식, 점식(点蝕) 및 수리가 되지 않은 손상부위 등을 확인한다.

승선하여 선장이나 책임 있는 사관과 만나 IMO 통제절차서 부록12에[62] 나열된 서류 점검을 요청한다.

62) IMO A.1138(31) Appendix 12 List of certificates and documents

종이 또는 전자파일 형태의 증서 중에 전자 증서일 경우에는

① 증서나 접속할 곳(Web site)이 전자증서 사용에 관한 지침(FAL.5/Circ.39/Rev.2)과 일치해야 한다.

② 증서의 유효성 확인을 위한 수단이 선박에 있어야 한다.

③ 컴퓨터로 증서를 볼 수 있을 때는 증서가 선내에 있는 것으로 본다.

1969 선박톤수증서를 점검할 때는 IMO 통제절차서 부록10번에[63] 따라야 한다.

1978 선원의 훈련, 자격증명, 당직기준에 관한 협약(STCW 1978)에 따른 증서나 서류 검사를 시행할 때는 IMO 통제절차서 부록11을[64] 따라야 한다. 증서나 필요한 서류목록은 STCW Code의 표 B-I/2에 있다.

관련 협약에 따른 증서가 유효하고 선박에 대한 전반적인 인상이 정비가 잘된 것으로 보이면 항만국통제관은 보고받았거나 관찰한 결함사항에 집중한다.

초기 점검을 시행할 때 항만국통제관은 관련 협약에 따른 증거의 유효성 여부뿐만 아니라 선박의 전반적인 상태를 살펴야 하는데 장비, 선교, 선수루(Forecastle), 화물창 및 화물구역, 기관실, 도선사 승하선 설비 등을 포함한다.

SOALS협약 제9장 국제안전관리규약(ISM Code)에[65] 따른 절차 시행은 IMO 통제절차서 부록8의[66] 지침을 활용한다. 그러나 항만국통제관은 선박에 대한 인상이나 관찰한 바에 따라 선박이나 장비 또는 선원에게 중대한 결함이 있다고 믿을 만한 명백한 증거(Clear ground)가 있다면 더욱 구체적인 점검을 실시하여야 한다.

---

63) IMO A.1138(31) Appendix 10 Guidelines for port State control under TONNAGE 1969

64) IMO A.1138(31) Appendix 11 Guidelines for port State control officers on certification of seafarers, manning and hours of rest

65) International Management Code for the Safe Operation of Ships and for Pollution Prevention

66) IMO A.1138(31) Appendix 8 Guidelines for port State control officers on the ISM Code

② 일반적 절차지침(General procedural guidelines for PSCOs)

항만국통제관은 IMO 통제절차서 부록1과[67] 같이 항만국통제관을 위한 우수사례규약을[68] 준수해야 하며, 모든 의무를 수행함에 있어 전문적 판단을 하여야 하고, 필요하다면 다른 자와 상의하는 것도 고려해야 한다.

항만국통제관은 승선할 때 선장이나 선주의 대표가 항만국통제관 신분증 제시를 요구하면 제시하여야 한다. 이 신분증은 항만국통제관이 정부로부터 권한을 부여받은 업무를 수행하는 증거서류로 인정되어야 한다.

더욱 구체적인 점검을 수행해야할 명백한 증거가 있다면 선장에게 즉시 알려야 하며, 선장은 증서발급을 책임지는 관청이나 대행기관을 접촉하고 그들의 방선을 요청할 수 있을 것이다.

선원으로부터 보고나 불만사항이 접수되어 점검을 시행한 것이라면 정보 출처를 밝히지 말아야 한다.

통제를 시행하게 되면 선박이 부당하게 지체되거나 출항정지 되지 않도록 가능한 모든 노력을 기울여야 한다. 또한 항만국통제의 목적은 선박이 안전하지 않거나 해양환경에 비합리적인 위해를 가할 수 있는 채로 출항하지 못하게 하는 것이라는 점을 염두에 두어야 한다. 항만국통제관은 선박이 결함을 시정할 때까지 잡아두거나 어떤 결함이 있더라도 예정된 항해의 특별한 여건에 따라 항해를 허락할지 결정할 때 전문적인 판단을 내려야 한다.

모든 장비가 고장 나고 예비 부속품이나 교체 부품이 준비되지 않을 때도 항만국통제관이 안전한 다른 수단이 있다고 보았다면 부당한 지체가 발생하여서는 아니 된다.

---

67) IMO A.1138(31) Appendix 1 Code of Good Practice for port State control officers conducting inspections within the framework of the regional Memoranda of Understanding and Agreement on Port State Control

68) MSC-MEPC.4/Circ.2, Code of Good Practice for Port State Control Officers

출항정지를 위한 증거가 선박이 겪은 우발적 손상의 결과라면 아래 경우에는 출항정지를 명령해서는 아니 된다.

① 관련서류 발행책임이 있는 기국정부, 지정된 대행기관에 통지토록 규정한 협약에 대한 응분의 고려

② 선장이나 회사에서 입항 전에 자세한 사고 및 피해 상황과 기국정부에 통지한 정보를 항만당국에 제출

③ 선박측에서 항만당국이 인정하는 수준으로 적절한 시정조치 시행

④ 항만당국이 시정완료 통지를 받고 안전, 건강 또는 환경에 명백한 위협이 되는 결함사항이 해결되었다고 인정

선박 출항정지는 많은 문제를 낳는 심각한 사안이므로 다른 이해관계자와 함께 조치하는 것이 항만국통제관에게 유리한다.

예를 들어 선주의 대리인에게 상황 개선을 위한 제안을 요구할 수 있을 것이다. 항만국통제관은 관련 증서를 발행하는 책임이 있는 기국의 대표나 대행기관과 상의하는 것도 고려해 볼 수 있다. 그리고 선주의 제안이나 그들이 제시하는 추가 요청을 놓고 협의하는 것도 고려해 볼만 하다.

여러 측면에서 항만국통제관의 판단력을 제한하지 않고 다른 관계자가 개입토록 한다면 선박을 더 안전하게 하는 결과를 낳을 것이고, 출항정지 상황과 관련된 후속 논쟁을 피할 수 있을 것이며, '부당한 지체'라는 법정 다툼의 경우에도 유리한 증거가 될 것이다.

점검한 항만에서 결함사항이 시정될 수 없을 때 항만국통제관은 적절한 조건을 결정하고 선박이 다른 항만으로 항해하도록 허락할 수 있다. 그런 상항에서 항만국통제관은 차항지의 권한 있는 당국과 기국에 통지가 이루어졌는지 확인해야 한다.

기국에 출항정지를 통지할 때 출항정지를 야기한 결함사항의 심각성에 대한 평가가 충분히 자세하게 다루어져야 한다.

회사나 그 대표는 항만국의 권한에 의해 취해진 출항정지에 대해 재고를 요청할 수 있는 권한이 있다. 그러나 재고요청이 있다 해서 출항정지가 풀려서는 아니 된다. 항만국통제관은 선장에게 재고요청권에 대해 적절히 알려줘야 한다.

항만국통제를 일률적으로 실행하기 위해서 항만국통제관은 '일반적 절차지침(General procedural guidelines for PSCOs)'을 발췌하여 항만국통제를 시행할 때 참조할 수 있도록 하여야 한다.

항만국통제관은 IMO 통제절차서의 부록에 실려 있는 세부지침에 정통하여야 한다.

③ 명백한 증거(CLEAR GROUNDS)

항만국통제관이 협약적용 대상인 외국선박에 대한 점검을 실시할 때는 유효한 증서를 선내에 갖고 있는지 확인하여야 한다. 선박이나 장비의 상태가 증서에 기술된 내용과 다르다고 믿을 만한 '명백한 증거'가 없다면 서류심사와 선박, 장비 및 선원에 대한 전체적인 상태를 점검하는 것에 그쳐야 한다.

명백한 증거란 더욱 자세한 점검을 시행하는 근거가 되며,

① 관련 협약에서 요구하는 주요한 장비나 장치가 없을 때

② 선박 서류의 유효기한이 지났을 때

③ 관련협약과 IMO 통제절차서 부록12에서[69] 요구하는 문서가 선내 없거나, 불완전하거나, 유지관리가 되어있지 않거나, 되어 있더라도 부실한 때

④ 항만국통제관의 관찰과 전체적인 인상을 통해 선체나 구조물이 심각하게 노후화되었거나 선체구조, 수밀 및 풍우밀 상태가 위험하다고 보이는 결함이 있을 때

69) IMO A.1138(31) Appendix 12 List of certificates and documents

⑤ 항만국통제관의 관찰과 전체적인 인상을 통해 안전, 오염방지 또는 항해 장비에 중대한 결함이 있다고 보일 때

⑥ 선장이나 선원이 선박의 안전과 오염방지에 관한 선내 필수장비의 작동에 서툴거나 그러한 작동을 수행한 적이 없다는 증거나 정보가 있을 때

⑦ 주요 선원들이 서로 또는 선내 다른 사람들과 대화가 곤란하다는 징조가 있을 때

⑧ 잘못된 조난신호가 발령되었으나 적절한 취소절차가 없었을 때

⑨ 선박이 기준미달선으로 보인다는 정보가 담긴 보고나 불만사항이 접수되었을 때

④ 상세 점검(MORE DETAILED INSPECTIONS)

선박에 유효한 증서가 없거나, 선박에 대한 전체적 인상에서 증서의 기재사항과 선박이나 장비의 상태가 일치하지 않는다거나, 선장이나 선원이 필수적 절차에 숙달되지 않았다고 믿을 만한 명백한 증거가 있다면 자세한 점검이 시행되어야 한다.

선박의 상태나 선장 및 선원들이 선내 필수 절차에 대한 숙련도가 상세점검이 필요한 경우가 아니라면 모든 장비와 절차에 대해 한 국가에서 모두 점검해야 된다는 것은 아니다.

또한 이러한 상세점검 절차는 STCW 당사국인 기국의 선박에 대해 항만국의 선원 자격증명 절차를 따르도록 하거나, 항만국 선박에 부과하고 있는 부가적 조치를 외국선박의 통제절차에 부과하려는 것이 아니다.

(2) 위반 및 출항정지(CONTRAVENTION AND DETENTION)

선박의 결함사항에 따라 기준미달선박으로 분류하고 시정조치를 요구하며 필요할 경우 선박 출항정지에 관한 내용을 설명하고 있다.

① 기준미달선박 확인(IDENTIFICATION OF A SUBSTANDARD SHIP)

일반적으로 선체, 기계류, 장비 및 작동상태가 관련협약에서 요구하는 기준보다 현저히 낮거나 선원들이 안전승무정원서(Safe manning document)와 일치하지 않을 때 다음과 같이 기준미달선으로 본다.

① 협약이 요구하는 주요한 장비나 장치가 없을 때

② 협약에 따른 장비와 장치의 성능이 기준과 다를 때

③ 정비불량 등으로 장비나 선박이 현저히 노후 되었을 때

④ 선원의 작동능력이 미흡하거나 필수 작동절차에 익숙하지 않을 때

⑤ 선원이나 선원증서의 수가 부족할 때

이러한 증거들이 전체적으로나 개별적으로 선박의 감항성을 없애거나, 선박이나 선내 인명에 위험을 초래하거나, 해양환경에 비합리적인 위해를 가하는데도 출항할 예정이라면 기준미달선을 분류하여야 한다. 항만국통제관은 IMO 통제절차서 지침에[70] 따른 출항정지 적용을 고려해야 한다.

---

70) IMO A.1138(31) Appendix 2 Guidelines for the detention of ships

② 결함사항에 대한 정보 제출(SUBMISSION OF INFORMATION CONCERNING DEFICIENCIES)

기준미달선으로 보이는 선박에 대한 정보는 선원이나 전문단체, 협회, 운송연맹 또는 어떤 개인이라도 선박, 선원 및 여객의 안전과 해양한경 보호에 관심이 있다면 어느 누구나 항만국의 권한 있는 관청에 제출할 수 있다.

이런 정보는 사건의 내용을 적절히 기술하거나 결함으로 의심되는 내용을 문서로 제출해야 한다. 구두로만 정보가 전달되면 항만국에서 기록을 남길 목적으로 정보를 제공한 개인이나 단체를 확인하여 서면보고서를 작성해야 한다. 참관하는 항만국통제관은 이러한 정보를 수집하고 신고자가 그리 할 수 없을 때에는 항만국통제관의 보고서 일부로 제출하여야 한다.

조사를 필요로 하는 정보는 선박에 도착한 후에 가능한 한 빨리 당국이 필요한 조치를 취할 수 있는 적절한 시간이 주어지도록 제출되어야 한다.

관련협약에 따라 어느 당국이 기준미달선에 대한 정보를 접수하고 조치를 취해야 하는지 결정해야 한다. 잘못된 당국에 제출된 정보는 즉시 조치할 수 있는 당국으로 바로 이관되어야 한다.

③ 기준미달 혐의 선박에 대한 항만국의 조치(PORT STATE ACTION IN RESPONSE TO ALLEGED SUBSTANDARD SHIPS)

기준미달이나 오염 위험이 있는 것으로 의심되는 선박에 대한 정보는 접수하는 대로 당국에서 즉시 그 문제를 조사해야 하며 상황에 맞게 조치해야 한다.

출항정지 대상이 되는 기준미달선 정보를 접수한 당국은 기국의 선박분야 해사, 영사 또는 외교 대표에게 즉시 통지하여 점검을 시행토록 하거나 점검에 협조하도록 요청해야 한다. 마찬가지로 기국을 대신하여 관련증서를 발급한 대행기관에도 통지하여야 한다. 그렇다고 관련협약의 체약국으로서 항만국이 관련협약에 따라 주어진 권한을 적절히 행사해야할 책임이나 항만국통제의 권한을 경감시키는 것은 아니다.

정보를 입수한 항만국은 시간이 충분하지 않거나 출항 전에 파견할 항만국 통제관이 없다거나 하여 조치를 취할 수 없을 때는 되도록 그 정보를 차항지의 권한 있는 당국과 기국, 적절하다면 그 항만의 대행기관에게도 전달해야 한다.

④ 시정조치에 대한 항만국의 책임(RESPONSIBILITIES OF PORT STATE TO TAKE REMEDIAL ACTION)

항만국통제관이 IMO 통제절차서 부록2에[71] 상술한 바와 같은 기준미달선이라고 간주하는 선박에 대해 항만당국은 출항허가 이전에 선박, 승객 및 선원의 안전을 지키고 환경에 위해를 제거하기 위한 시정조치가 되었는지 확인해야 한다.

⑤ 출항정지 지침(GUIDANCE FOR THE DETENTION OF SHIPS)

선박의 적격결함일람표(list of qualifying defects)만을 참조하여 기준미달선이라고 규정하기에는 적절하지 않은 경우에도 IMO 통제절차서 부록2에 선박 출항정지를 위한 지침을 활용한다.

⑥ 점검 일시중지(SUSPENSION OF INSPECTION)

선박 및 장비의 전반적인 상태와 선원들이 상태를 고려할 때 명백히 기준미달이라고 밝혀지더라도 항만국통제관은 예외적으로 점검을 일시 중지할 수 있다.

점검을 일시 중지하기 전에 항만국통제관은 IMO 통제절차서 부록2에 제시된 영역의 출항정지에 해당하는 결함사항을 적절하게 기록해 두어야 한다.

점검 중지는 선박이 관련 제도의 규정에 적합하다고 책임 있는 당국에서 확인하기 위해 필요한 조치를 수행할 때까지 이어질 수 있다.

---

71) IMO A.1138(31) Appendix 2 Guidelines for the detention of ships

선박이 출항정지 되고 점검이 중지된 경우에 항만당국은 책임 있는 당국에 지체 없이 통지하여야 한다. 통지는 출항정지 정보를 포함하여 선박이 모든 관계규정에 적합하다고 당국에 통지할 때까지 중지되었다는 것도 적시하여야 한다.

⑦ 출항정지와 해제 확인을 위한 절차(PROCEDURES FOR RECTIFICATION OF DEFICIENCIES AND RELEASE)

항만국통제관은 탐지한 모든 결함사항이 시정되었는지 확인하기 위해 노력해야 한다.

안전이나 환경에 명백히 위험한 결함사항이 아니더라도 특별한 경우가 아니라면 출항허가를 받기 전에 위험이 제거되었는지 확인해야 한다. 확인된 결함사항이 개별적으로나 또는 연계되거나 하여 계속 위험으로 작용하지 못하도록 적절한 조치를 취해 선박의 특정 작업을 공식적으로 중지시키거나 출항정지 시키는 조치도 포함될 수 있다.

점검한 항만에서는 출항정지를 야기한 결함사항을 수리할 수 없을 때는 선장이 그 선박을 수리할 수 있는 가장 적절한 곳을 선택하고 항만국통제 당국이 동의하여 출항을 허가할 수 있다. 이 때 항만국과 기국이 합의한 조건이 준수되어야 한다. 그 조건에는 승객이나 선원의 안전 및 다른 선박에게 위해를 끼치지 않고 해양환경에 비합리적인 위협이 되지 않을 때까지 항해하지 않는다는 보장이 있어야 한다. 또한 문제가 된 선박에 대해 시정조치를 하겠다는 기국정부의 확답이 포함될 수도 있다. 항만당국은 선박의 차항지 당국 및 관련기관에 이러한 상황을 통지해야 한다. 통지할 때는 IMO 통제절차서 부록14의[72] 양식을 활용한다. 정보를 접수한 당국은 통지한 당국에게 IMO 통제절차서 부록15로[73] 알려주어야 한다.

---

72) IMO A.1138(31) Appendix 14 Report of deficiencies not fully rectified or only provisionally rectified

73) IMO A.1138(31) Appendix 15 Report of action taken to the notifying authority

모든 결함 시정을 위한 노력이 이루어진 상태라면 남은 결함사항 시정이 가능한 항만으로 항해를 허가할 수 있다.

점검한 항만당국과 합의사항을 지키지 않고 출항한 선박이 있으며 항만당국은 즉시 기국, 모든 관련 당국 및 차항지가 알려져 있다면 차항지에 경보를 보내야 한다.

수리 목적으로 차항지로 가기로 한 선박이 지정된 항만에 기항하지 않으면 수리지의 항만당국은 기국과 출항정지를 하였던 항만당국이 적절한 조치를 취할 수 있도록 통지하고 관련 있는 다른 당국에도 통지하여야 한다.

(3) 보고 요건(REPORTING REQUIREMENTS)

보고는 항만국으로서, 기국으로서, 해양오염방지협약 위반 혐의에 대한 보고의 세 종류가 있다.

① **항만국 보고**(PORT STATE REPORTING)

항만당국은 점검결론으로 선장에게 점검결과와 항만국통제관이 시행한 상세한 조치, 선장이나 회사가 취한 수정조치 목록을 기술한 서류를 제공해야 한다. 이 보고서는 IMO 통제절차서 부록13의[74] 양식을 따라 작성되어야 한다.

항만국통제를 시행할 때 당국이 외국선박이 기준미달선이라는 정보에 따라 입항을 거부하는 관할권을 행사할 때는 즉시 선장과 기국에 입항을 거부하는 이유를 통지해야 한다.

출항정지를 하는 경우에는 가능한 한 빨리 기국정부에 적어도 최초통지는 하여야 한다. 이러한 통지가 구두로 이루어졌으면 뒤이어 문서로 확인해 주어야 한다.

---

74) IMO A.1138(31) Appendix 13 Report of inspection in accordance with IMO port State control procedures

통지에는 최소한 선명, IMO 번호, IMO 통제절차서 부록13의 양식 A와 B 사본, 출항정지 시간 및 출항정지서 사본을 포함해야 한다.

마찬가지로 기국을 대신해 관련증서를 발급한 대행기관에도 적절히 통지하여야 한다. 상기 당국에는 출항정지 해제에 대한 것도 문서로 알려주어야 한다. 최소한 선명, IMO 번호, 출항정지 해제 시간 및 IMO 통제절차서 부록13의 양식 B 사본을 포함해야 한다.

결함이 있는 채로 출항이 허가된 선박에 대해서 항만당국은 모든 사실을 차항지의 당국, 기국 및 대행기관에 적절히 알려야 한다.

체약국으로서 출항정지를 하였다면 해상인명안전협약(SOLAS) 제I장 제19규칙, 해양오염방지협약(MARPOL) 제11조, 만재흘수선협약(LL) 제21조 또는 선원의 훈련, 자격증명 및 당직기준에 관한 국제협약(STCW) 제10조 제3항에 따라 보고서를 IMO에 제출해야 한다. 결함보고서는 IMO 통제절차서 부록13이나 16의 양식에 맞추어 작성되어야 한다. 보고서 제출은 항만당국이나 지역별 PSC MOU에서 전자적 수단으로 할 수도 있다.

결함보고서 사본은 IMO에 보내는 것 외에도 관련 당국과 관련 증서를 발급한 대행기간에도 지체 없이 보내야 한다.

보고서를 보낼 기국의 관청, 담당, 전화번호 및 주소, 점검을 시행하는 기국 사무소의 주소를 IMO에 제공하여야 한다.[75)]

비체약국 선박이나 협약 기준보다 작은 선박에 대한 결함사항은 기국과 관련 기관에 보내지만 IMO에 보낼 필요는 없다.

75) MSC-MEPC.6/Circ.15 (National contact points for safety and pollution prevention and response), which may be amended, the IMO Internet Home Page and the GISIS module on contact points (출처 : http://gisis.imo.org/Public).

② 기국 보고(FLAG STATE REPORTING)

선박이 출항정지 되었다는 보고서를 접수한 기국과, 대행기관도 포함되면 대행기관은, 출항정지 내용에 대한 수정조치를 되도록 빨리 IMO에 알려야 한다. 기국이 IMO 통제절차서 부록17의[76] 양식을 사용하거나 GISIS를[77] 통해 전자적으로 제출할 수 있다.

항만국통제 사무소, 본부 및 점검기관에 대한 담당 전화번호와 주소를 IMO에 제출하여야 한다.

③ 해양오염방지협약 위반 혐의에 대한 보고(REPORTING OF ALLEGATIONS UNDER MARPOL)

해양오염방지협약(MARPOL)의 조항 중에서 배출관련 조항을 위반했다거나 결함이 있다는 주장에 대한 보고는 결함이나 위반 혐의를 관찰한 이후 6일 이내에 되도록 빨리 기국에 전달되어야 한다. 보고서 양식은 되도록 IMO 통제절차서 부록13이나[78] 16을[79] 따라 작성되어야 한다. 배출조항에 대한 위반이 의심될 때 정보는 최소한의 위반 증거에 더해 IMO 통제절차서 첨부3과[80] 4에서[81] 특정하고 있는 내용을 포함해야 한다.

---

76) IMO A.1138(31) Appendix 17 Comments by flag State on detention report

77) (GISIS) Global Integrated Shipping Information System, IMO 운영 정보교환 누리집

78) IMO A.1138(31) Appendix 13 Report of inspection in accordance with IMO port State control procedures

79) IMO A.1138(31) Appendix 16 Format for the Report of contravention of MARPOL (article 6)

80) IMO A.1138(31) Appendix 3 Guidelines for investigations and inspections carried out under MARPOL Annex I

81) IMO A.1138(31) Appendix 4 Guidelines for investigations and inspections carried out under MARPOL Annex II

결함이나 위반에 대한 협의 보고서를 받는 대로 기국과, 대행기관도 포함되면 대행기관도, 결함이나 위반 협의에 관한 즉각적인 조치보고서를 당국에 제출토록 통보해야 한다. 당국과 IMO는 그런 조치가 완료 되는대로 자세한 결과를 통보받아야 하며 적절히 IMO연례보고서에 포함되어야 한다.

(4) 평가 절차(REVIEW PROCEDURES)

IMO에서 결함사항과 대응한 시정조치에 대한 정보를 취합할 때, 절차에 따라 제 때 관련 협약의 당사국에게 배포할 수 있도록 요약보고서를 작성하여야 한다. 결함보고서를 요약할 때는 해당 기국의 특징적인 조치나 의견을 표시하여야 한다.

관련 위원회는 IMO의 여러 제도를 더욱 일관성 있고 효과적으로 적용할 수 있도록 정기적으로 결함사항 요약보고서를 평가하여야 하며, 관련 협약의 당사국이 호소하는 어려움과 특히 개발도상국이 항만국으로서 안고 있는 역량에 대해 깊이 관심을 가져야 한다. 그런 어려움 해결을 위한 관련 위원회의 권고는 IMO의 관련 제도에 적절히 반영되어야 하며, 항만국통제 절차 및 의무와 관련된 문서 개정이 이루어져야 한다.

1.2.6 이의신청 실무

항만당국의 부당한 지체나 출항정지로 인해 손실이나 손해가 발생하면 선박측은 이에 대해 보상받을 권리가 있다.

일반적으로 선박측이 기국이나 정부대행기관에 이의를 신청하며, 신청을 받은 기국이나 정부대행기관이 처분한 항만당국에 재고를 요청한다. 항만당국은 당초 처분을 조사하여 기국이나 정부대행기관에 결과를 통지한다.

만약 항만당국이 당초 처분을 번복하기로 하면 그 사실을 Tokyo MOU 사무국과 공동전산망(APCIS) 관리자에게도 통지하여야 한다. 그러나 항만당국에 대한 이의신청이 받아들여지지 아니하면 처분을 받은 날로부터 120일 이내에 관련 자료를 첨부하여 Tokyo MOU 사무국에 재심(Submission of a case for review)을 요청할 수 있다.

사무국은 가능한 한 기국과 항만국을 제외하고 알파벳 순서로 3개 당국을 선택하여 '출항정지 재심 조사단(Detention Review Panel)'을 구성한다. 사무국은 항만국에 이의신청이 있었음을 알리고 필요하다면 관련 자료의 제출을 요청할 수 있다.

조사단은 기국이나 정부대행기관 및 항만국이 제출한 자료에 기초하여 절차적·기술적 측면을 조사한다. 사무국은 조사단의 의견을 최종보고서로 준비하여 기국이나 정부대행기관에게 적절히 통지한다.

조사단의 견해가 기국이나 정부대행기관의 이의신청을 지지하는 경우에 항만국은 취한 결정을 재고하도록 요청받게 된다.

조사단의 결정은 구속력이 없지만 항만국에게 공동전산망(APCIS)에 이미 입력된 항만국통제 점검 데이터를 수정하고, 그 사실을 사무국과 공동전산망(APCIS) 관리자에게 통지하도록 하는데 대한 정당성이 부여된다.

조사단의 권고는 재정적 손해배상을 요청하기 위한 근거로 사용될 수 없다. 사무국은 기국이나 정부대행기관에 항만국이 취한 또는 취하지 않은 조치를 통지한다.

법적인 절차를 따를 경우에는 「해사안전법」과 「선박안전법」에서 권리구제를 위한 이의신청 제기절차를 따른다.

1.2.7 항만국통제의 성과

항만국통제 제도는 기준미달선박의 국제항행을 차단함에 따라 선원과 선박의 안전에 직접적으로 기여하고 있으며, 해운회사에 대해 지속적이고 체계적인 안전관리를 효과적으로 유인하고 있다.

또한 IMO에서 제정하는 각종 제도의 정착 및 실효성을 보장하고 있으며, 해운의 공정한 경쟁을 유도하는데도 기여하고 있다고 볼 수 있다.

IMO가 주도하는 과감한 해양환경 보호정책과 주권국가의 해사 행정기관의 구성과 작용에 대해 개입하는 제도를 도입하는 데에도 항만국통제의 성공적인 정착이 가교가 되었다고 볼 수 있다.

궁극적으로는 IMO의 사명이자 인류공동의 선(善)이라 할 수 있는 해양안전과 환경보호에 기여하고 있는 성공적 제도이다.

[그림 5-3] 항만국통제관의 서류점검

[그림 5-4] 항만국통제 소화기기 작동 점검

1.3 국제안전관리규약(ISM Code)

IMO는 꾸준히 선박의 설비와 구조를 강화하고, 능력 있는 선원이 승선하도록 각종 협약을 마련하고 시대에 맞게 수시로 개정함으로써 해양안전 및 해양환경 보호를 위한 성과를 거두어 왔다.

그러나 대형 해양사고는 계속되었으며, 1980년대 후반에는 여러 사고에 대한 조사 결과에서 육상 관리부서의 잘못이 주요 원인으로 지목됨에 따라 해운회사의 부실한 선박 관리가 중대 관심사로 떠올랐다.

대표적인 사고로는 1987. 3. 6일 벨기에 지브뤼헤(Zeebrugge) 항구에서 선수문을 닫지 않은 채 출항한 후 전복되어 총 승선원 여객 459명, 선원 80명 중 193명이 사망한 로로(Roll-on/Roll-off) 여객선 '헤럴드 오브 프리 엔터프라이즈(Herald of Free Enterprise)'호 사고가 있었다.[82)]

---

82) 사고조사보고서(REPORT OF COURT NO. 8074 FORMAL INVESTIGATION)에는 여객이 적어도 150명, 선원 30명으로 188명이 사망한 것으로 기록되어 있으나 최종 193명이

IMO는 1987년 말에 개최된 제15차 총회에서는 해사안전위원회(MSC)와 해양환경보호위원회(MEPC)가 합동으로 선박과 육상 모두에게 적용하기 위한 로로 여객선의 안전한 운항과 관련되는 지침 개발을 요구하였다.[83]

IMO는 사고의 원인으로 선수문 개폐 확인장치와 같은 선박 설비 문제뿐만 아니라 선수문을 담당하던 선원의 피로, 그러한 시설이나 장비 및 근로조건을 제공하는 육상 경영진에 대한 문제까지 검토가 필요하다고 보았다.

그리하여 IMO는 해양안전 및 해양환경 보호를 위해 선박의 물리적 안전성 및 선원의 자질향상뿐만 아니라 해운기업의 육상과 해상을 아우르는 안전관리시스템을 마련하고자 국제안전관리규약(ISM Code)을 도입하게 되었다.

국제안전관리규약(ISM Code)이 성안 중이던 1990. 4. 7일 노르웨이 해상에서 로로 여객선 스칸디나비안 스타(Scandinavian Star) 화재사고로 여객 383명과 선원99명, 총 482 중에 159명이 사망한 사고가 발생하였으며,[84] 이 사고는 ISM Code의 채택과 시행을 촉진하는 계기가 되었다.

1.3.1 도입 연혁

IMO는 1989년 제16차 총회에서 해사안전위원회(MSC)와 해양환경보호위원회(MEPC)가 개발하여 보고한 '안전한 선박 운항과 해양환경 보호를 위한 경영관리 지침'을 채택함으로써 해운회사의 책임에 관해 규정하기 시작하였다.[85] 그리고 1991년 제17차 총회에서 일부 개정이 이루어졌다.

사망한 것으로 알려져 있다

- (출처 : DEPARTMENT OF TRANSPORT, Report of Court No. 8074: mv HERALD OF FREE ENTERPRISE, UK, p. 8, 71)

83) IMO A.596(15), 1987, SAFETY OF PASSENGER RO-RO FERRIES

84) SWECO Fire Protection Engineering and Risk Management, 2009, Fire Investigation report of SCANDINAVIAN STAR, Malmö, Sweden, p. 5, 17

85) IMO A.647(16), 1989, GUIDELINES ON MANAGEMENT FOR THE SAFE OPERATION OF SHIPS AND FOR POLLUTION PREVENTION

1993. 5월에 개최된 해사안전위원회(MSC)는 국제안전관리규약(ISM Code) 초안을 확정하고, 그해 말에 개최된 제18차 총회에서 현재 형태의 국제안전관리규약(ISM Code)을 채택하였다.86) 그리고 묵시적 수락절차를87) 활용하여 시행을 앞당기기 위해 해상인명안전협약(SOLAS) 제9장을 신설하여 국제안전관리규약(ISM Code)을 강제화하기로 결정하였다.

1994. 5월에는 해상인명안전협약(SOLAS) 당사국 회의를88) 개최하고 국제안전관리규약(ISM Code)의 전면적이고 조속한 시행을 강행하고자 SOLAS협약에 '선박의 안전운항을 위한 관리'라는 제목으로 제9장을 추가하였다.89)

1995년 제18차 총회에서는 국제안전관리규약(ISM Code)의 통일적 시행과 어느 정부에서 다른 정부가 발행한 증서의 인정 등에 관해 합의를 이끌 필요성에 따라 '정부에 의한 ISM Code 이행 지침'을 채택하였다.90) 이 후 여러 차례 개정을 거쳐 현재에 이르고 있다.91)

---

86) IMO A.741(18), 1993, INTERNATIONAL MANAGEMENT CODE FOR THE SAFE OPERATION OF SHIPS AND FOR POLLUTION PREVENTION (INTERNATIONAL SAFETY MANAGEMENT (ISM) CODE)

87) 새로운 협약으로 제정하게 되면 일정 국가 수 또는 전 세계 상선대의 일정 비율 이상이 가입해야 발효된다는 발효조건을 두는데 각 국가는 협약에 가입한다는 뜻을 담은 비준서를 IMO에 기탁해야 하는 명시적 수락절차를 따라야 한다. 그러나 묵시적 수락절차는 이미 발효된 기존 협약에 새로운 제도를 추가하고 이에 반대하는 국가만 의견을 제시함으로써 새로운 제도의 조속한 시행을 기대할 수 있다.

88) 협약을 제정할 때는 각국의 외교대표가 참석하는 '외교회의'를 개최하여 채택한다. 협약의 개정 등을 위해 관련 있는 국가만 모여 개최하는 외교회의를 '당사국 회의'라고 한다.

89) SOLAS협약에서는 세부 절차를 두지 않고 제9장 제5규칙에서 '안전관리시스템은 ISM Code의 규정에 따라 유지되어야 한다.'라고만 규정되어 있다. 따라서 ISM Code에 세부절차규정이 있다.

90) IMO A.788(19), 1995, GUIDELINES ON IMPLEMENTATION OF THE INTERNATIONAL SAFETY MANAGEMENT (ISM) CODE BY ADMINISTRATIONS

91) ISM Code Amendments: Timeline

- (2002.7.1.) The ISM Code was initially amended by Resolution 104(73), adding definitions and chapter 13 to 16.
- (2006.7.1.) The ISM Code was further amended by Resolution 179(79), inserting new sections to the forms of the DOC (Document of Compliance) and SMC (Safety

1.3.2 적용 대상

SOLAS 제9장을 신설함으로써 강제화 된 ISM Code는 1998년부터 모든 체약국에 단계적으로 적용되어, 1998. 7. 1일부터 국제항해에 종사하는 모든 여객선, 500톤 이상의 유조선, 케미컬탱커, 가스운반선, 산적화물운반선, 고속화물선에 적용되었고, 2002. 7. 1일부터는 국제항해에 종사하는 총톤수 500톤 이상의 모든 화물선과 이동식 해양구조물에 적용되고 있기 때문에 현재는 모든 SOLAS협약 적용선박에서 시행되고 있다.

우리나라는 1997. 6. 3일에 '선박안전경영규정'을 해양수산부 고시로[92] 제정하여 ISM Code를 도입하였으며, 1998. 7. 1일부터 국내에 발효시켰다. 현재는 「해사안전법」 제46조에 근거를 두고 선박의 안전관리체제를 수립토록 규정하고 있다.

대상선박은 SOLAS협약 보다 강화되어 내항운송 여객선을 제외한 모든 여객선, 수면비행선박(WIG: Wing In Ground effect ship), 100톤 이상의 유류·가스류 및 화학제품류를 운송하는 선박 등이 포함되어 있다.[93]

Management Certificate).

- (2009.1.1.) The ISM Code was amended by Resolution 195(80), adding text to the forms of the full term and interim DOC and the SMC Certificates.
- (2010.7.1.) ISM Code Resolution 273(85) entered into force, introducing among others amended definitions, addition of cross references, risk requirements, specific intervals for implementation and SMS review effectiveness criteria.
- (2015.1.1.) The latest amendments by Resolution 353(92) entered into force, updating and crosslinking the existing IMO documents

92) 해양수산부 고시 제1997-55호 "국제안전관리규약 시행을 위한 선박안전경영 규정"

93) 해사안전법 제46조(선박의 안전관리체제 수립 등) ② 다음 각 호의 어느 하나에 해당하는 선박(해저자원을 채취·탐사 또는 발굴하는 작업에 종사하는 이동식 해상구조물을 포함한다. 이하 이 조 및 제47조부터 제54조까지의 규정에서 같다)을 운항하는 선박소유자는 안전관리체제를 수립하고 시행하여야 한다. 다만, 「해운법」 제21조에 따른 운항관리규정을 작성하여 해양수산부장관으로부터 심사를 받고 시행하는 경우에는 안전관리체제를 수립하여 시행하는 것으로 본다.

1. 「해운법」 제3조에 따른 해상여객운송사업에 종사하는 선박
2. 「해운법」 제23조에 따른 해상화물운송사업에 종사하는 선박으로서 총톤수 500톤 이상의 선박[기선(機船)과 밀착된 상태로 결합된 부선(艀船)을 포함한다]
3. 국제항해에 종사하는 총톤수 500톤 이상의 어획물운반선과 이동식 해상구조물

1.3.3 주요 내용

ISM Code에 따라 해운회사는 안전관리시스템(SMS: Safety Management System)을 갖추어야 하는데 ISO에서 제품 및 서비스의 품질 향상을 위해 제정한 ISO 9002를 원용하고 있다.

구체적으로는 선박과 선사에서 안전관리 체계를 기술한 문서를 각각 보유하고 있어야 하며, 이 문서는 정부 또는 정부대행기관으로부터[94] 심사를 받고 적합하다는 인증서를 발급 받아야 하는 체제이다.

해운회사는 안전관리적합증서(DOC: Document of Compliance)를 선박은 선박안전관리증서(SMC: Safety Management Certificate)를 갖추어야 한다. 유효한 증서가 아닐 경우에는 항만국통제의 출항정지 사유에 해당한다.

이 규약은 A장에서 '시행(Implementation)에 관한 12개 규정이 있으며, B장에서 증서 및 확인(Certification and Verification)에 관한 4개 규정이 있다. 그리고 네 가지 증서양식이 첨부에 포함되어 있다.

---

4. 수면비행선박
5. 그 밖에 대통령령으로 정하는 선박

해사안전법 시행령 제15조(안전관리체제를 수립·시행해야 하는 선박) ① 법 제46조제2항 제5호에서 "대통령령으로 정하는 선박"이란 다음 각 호의 어느 하나에 해당하는 선박을 말한다.

1. 「해운법」 제23조에 따른 해상화물운송사업에 종사하는 선박으로서 총톤수 100톤 이상 500톤 미만의 유류·가스류 및 화학제품류를 운송하는 선박(기선과 밀착된 상태로 결합된 부선을 포함한다)
2. 「선박안전법 시행령」 제2조제1항제3호가목 본문에 따른 평수(平水)구역 밖을 운항하는 선박으로서 다음 각 목의 어느 하나에 해당하는 부선이나 구조물을 끌거나 미는 선박
   가. 총톤수가 2천톤 이상이거나 길이가 100미터 이상인 부선
   나. 길이가 100미터 이상인 구조물
   다. 각각의 부선의 총톤수의 합이 2천톤 이상인 2척 이상의 부선
   라. 밀리거나 끌리는 각각의 구조물의 길이의 합이 100미터 이상인 2개 이상의 구조물
   마. 밀리거나 끌리는 부선이나 구조물의 길이의 합이 100미터 이상인 부선과 구조물
3. 국제항해에 종사하는 총톤수 500톤 이상의 준설선(浚渫船)

94) 우리나라는 1997. 7. 7일 한국선급(KR)을 ISM Code 인증심사기관으로 지정하였다.

○ (A장 내용) 아래와 같이 12가지 규정으로 구성되어 있다.

1) 일반사항(General)

- 정의(Definitions)
- 목적(Objectives)
- 적용(Application)
- 안전관리시스템 운영요건(Functional requirements for a Safety Management Systems (SMS))

2) 안전 및 환경보호 방침(Safety and environmental protection policy)

3) 사업장의 책임 및 권한(Company responsibilities and authority)

4) 안전관리 책임자로 지정된 자(Designated person(s))

5) 선장의 책임 및 권한(Master's responsibility and authority)

6) 자원과 인원(Resources and personnel)

7) 선내 작업(Shipboard operations)

8) 비상 대책(Emergency preparedness)

9) 부적합사항, 사고 및 위험상황에 대한 보고 및 분석(Reports and analysis of non-conformities, accidents and hazardous occurrences)

10) 선박 및 설비 정비(Maintenance of the ship and equipment)

11) 서류화(Documentation)

12) 사업장의 검증, 검토 및 평가(Company verification, review and evaluation)

○ (B장 내용) 네 가지 규정으로 구성된다.

13) 증서 발급 및 정기적 검증(Certification, and periodical Verification)

14) 임시증서 발급(Interim Certification)

15) 검증(Verification)

16) 증서의 양식(Forms of Certificates)

○ (첨부 양식) ① 안전관리적합증서(DOC), ② 선박안전관리증서(SMC), ③ 임시안전관리적합증서(Interim DOC), ④ 임시 선박안전관리증서(Interim SMC)가 있다.

이외에 IMO는 ISM Code 시행을 위하여 세 가지 지침을 제공하고 있다. ① 회사에서 규약 운영을 위한 지침[95], ② 준사고의 보고[96], ③ 지정된 안전관리자의 자격, 교육 및 경험에 대한 지침이다.[97]

1.3.4 안전관리체제(SMS) 수립

ISM Code에 따라 선박소유자가 그 선박과 사업장에 대하여 수립해야 하는 안전관리체제에는 「해사안전법」 제46조 제4항에 따라 다음 각 호의 사항이 포함되어야 하며 이는 ISM Code A장과 같은 내용이다.

1. 해상에서의 안전과 환경 보호에 관한 기본방침

2. 선박소유자의 책임과 권한에 관한 사항

---

95) IMO MSC-MEPC.7/Circ.8, 2013, REVISED GUIDELINES FOR THE OPERATIONAL IMPLEMENTATION OF THE INTERNATIONAL SAFETY MANAGEMENT (ISM) CODE BY COMPANIES

96) IMO MSC-MEPC.7/Circ.7, 2008, GUIDANCE ON NEAR-MISS REPORTING

97) IMO MSC-MEPC.7/Circ.6, 2007, GUIDANCE ON THE QUALIFICATIONS, TRAINING AND EXPERIENCE NECESSARY FOR UNDERTAKING THE ROLE OF THE DESIGNATED PERSON UNDER THE PROVISIONS OF THE INTERNATIONAL SAFETY MANAGEMENT (ISM) CODE

3. 안전관리체제의 시행을 위한 안전관리책임자와 안전관리자의 임무에 관한 사항

4. 선장의 책임과 권한에 관한 사항

5. 인력의 배치와 운영에 관한 사항

6. 선박의 안전관리체제 수립에 관한 사항

7. 선박충돌사고 등 발생 시 비상대책의 수립에 관한 사항

8. 사고, 위험 상황 및 안전관리체제의 결함에 관한 보고와 분석에 관한 사항

9. 선박의 정비에 관한 사항

10. 안전관리체제와 관련된 지침서 등 문서 및 자료 관리에 관한 사항

11. 안전관리체제에 대한 선박소유자의 확인ㆍ검토 및 평가에 관한 사항

안전관리체제에 대한 세부사항은 「해사안전법」 시행규칙 제33조에 따른 별표 11에 기술되어 있으며[98] SOLAS 적용선박에 대한 사항은 아래와 같다.

98) 해사안전법 제46조(선박의 안전관리체제 수립 등) ① 해양수산부장관은 제2항에 따른 선박을 운항하는 선박소유자가 그 선박과 사업장에 대하여 해양수산부령으로 정하는 바에 따라 선박의 안전운항 등을 위한 관리체제(이하 "안전관리체제"라 한다)를 수립하고 시행하는 데 필요한 시책을 강구하여야 한다.

- 해사안전법 시행규칙 제33조(안전관리체제의 수립 및 시행) 법 제46조제1항 및 같은 조 제4항에 따른 선박의 안전운항 등을 위한 관리체제(이하 "안전관리체제"라 한다)의 수립 및 시행은 별표 11에 따른다.

■ 해사안전법 시행규칙 [별표 11]

안전관리체제의 수립 · 시행

1. 여객선 및 국제항해에 종사하는 500톤 이상의 여객선 외의 선박

구분	내용
가. 해상에서의 안전 및 환경보호에 관한 기본방침	1) 다음 사항을 포함하는 안전관리목표가 수립되어야 한다. 가) 선박의 안전운항 및 안전한 작업환경의 제공 나) 식별된 모든 위험에 대한 안전장치의 수립 다) 안전 및 환경보호에 대한 비상대책을 포함하여 육상직원 및 해상종사원의 지속적인 안전관리기술의 향상 2) 1)에 따라 수립된 안전관리목표를 달성하기 위한 방침을 수립하고, 육상직원 및 해상종사원이 이를 이행 · 유지하고 있는지 여부를 확인하여야 한다.
나. 선박소유자의 책임 및 권한에 관한 사항	1) 안전관리체제와 관련된 육상직원 및 해상종사원의 책임 · 권한 및 상호관계를 규정하고 문서화하여야 한다. 2) 안전관리책임자 및 안전관리자의 임무수행에 필요한 자원 및 육상지원을 적절하게 제공하여야 한다.
다. 안전관리책임자의 선임 및 임무에 관한 사항	1) 최고경영자와 직접 협의할 수 있는 권한을 가진 육상직원으로서 영 제16조 및 별표 3에서 정한 자격요건을 갖춘 자를 안전관리책임자 및 안전관리자로 선임하여야 한다. 2) 안전관리책임자는 안전관리자를 지휘하고, 선박의 안전운항 및 오염방지활동을 감시하며, 필요한 자원과 육상지원이 적절하게 제공되는지 여부를 확인하여야 한다. 3) 안전관리자는 2)에서 규정한 임무와 관련하여 안전관리책임자를 보좌한다.
라. 선장의 책임 및 권한에 관한 사항	1) 다음 사항에 대하여 선장의 책임을 명확히 규정하여야 한다. 가) 안전관리목표 및 방침의 시행 나) 해상종사원이 안전관리체제를 준수하는데 필요한 동기의 부여

구분	내용
	다) 간단명료한 지시 및 지침의 시달 라) 안전관리체제의 준수여부 확인 마) 안전관리체제의 검토 및 그에 대한 결함사항의 안전관리책임자에게의 보고 2) 다음 사항에 대하여 선장의 최우선적인 결정권한과 책임을 규정하여야 한다. 가) 선박의 안전 및 오염방지를 위한 대응조치 나) 필요시 회사에 대한 지원요청
마. 인력의 배치 및 운영에 관한 사항	1) 선장에 대하여 다음 사항을 확인하여야 한다. 가) 해상종사원을 지휘할 수 있는 적절한 자격보유 나) 회사의 안전관리체제에 대한 숙지 다) 선장의 임무를 안전하게 수행하는데 필요한 지원의 제공 2) 회사는 다음 사항을 보장하여야 한다. 가) 관련 국제협약 및 국내법에 따라 자격이 인정되고 해당 자격증서를 가진 건강한 해상종사원의 승선 나) 모든 측면에서 선박의 안전운항을 유지하기 위하여 필요한 적정한 해상종사원의 승선 3) 신규채용되거나 임무가 변경된 종사원이 안전관리체제와 관련하여 해당 업무에 익숙할 수 있도록 절차를 수립하여야 하며, 모든 해상종사원에 대하여 해당 선박의 출항 전에 필수적으로 제공되어야 하는 지침을 문서화하여 제공하여야 한다. 4) 안전관리체제와 관련된 종사원들이 관련 법령 · 규칙 · 규약 및 지침을 충분히 이해하고 있는지 여부를 확인하여야 한다. 5) 안전관리체제를 지원하는데 필요한 훈련절차를 수립 · 유지하고 관련된 종사원이 훈련을 받을 수 있도록 하여야 한다. 6) 안전관리체제와 관련된 필요한 정보를 해상종사원들이 사용하거나 이해할 수 있는 언어로 제공할 수 있도록

구분	내용
	절차를 수립하고, 그들이 임무를 수행하는데 효과적으로 의사소통을 할 수 있도록 하여야 한다.
바. 선상운용(船上運用) 계획의 수립에 관한 사항	1) 선박의 안전과 오염방지에 관한 주요 선상운용계획 및 지침을 작성하는 절차를 수립하여야 한다. 2) 1)에 따른 업무는 명확히 규정되고 자격이 있는 자에게 부여하여야 한다.
사. 비상대책의 수립에 관한 사항	1) 선박의 잠재적인 비상상황을 파악하고 이에 대한 대응절차를 수립하여야 한다. 2) 1)에 따른 비상상황에 대응하기 위한 훈련 및 연습계획을 수립하여야 한다. 3) 선박과 관련한 위험·사고 및 비상상황에 대하여 선박 및 사업장의 조직이 언제든지 대응할 수 있는 조치계획을 수립하여야 한다.
아. 사고, 위험상황 및 안전관리체제의 결함에 관한 보고와 분석에 관한 사항(인도양지역)	1) 안전관리체제를 개선하기 위하여 부적합사항, 사고 및 위험발생에 대하여 보고하고, 조사·분석하는 절차를 수립하여야 한다. 2) 1)에 따른 조사·분석의 결과에 대한 시정조치 절차를 수립하여야 한다.(17개국)
자. 선박의 정비에 관한 사항	1) 선박이 관련 법령 및 자체수립한 정비계획에 따라 정비·유지되고 있는지 여부를 확인하는 절차를 수립하여야 한다. 2) 1)에 따른 절차 수립에는 다음 사항이 포함되어야 한다. 가) 주기적인 검사 나) 가)의 검사에 관한 모든 부적합사항(추정원인을 포함한다)의 보고 및 시정조치 다) 가) 및 나)의 활동에 대한 기록유지 3) 갑자기 작동이 정지될 경우를 대비하여 선박의 안전과 관련하여 중요한 설비 및 기능을 식별할 수 있는 절차를 수립하여야 한다. 4) 3)에 따른 절차 수립에는 설비 및 기술적 체계를 향상

구분	내용
	시키는 방법과 지속적으로 사용하지 아니하는 예비설비 및 기술적 체계에 대한 정기적인 시험이 포함되어야 한다. 5) 2)가)에 따른 주기적인 검사 및 4)에 따른 설비 및 기술적 체계의 향상방법은 선박의 일상적인 운항정비에 포함하여야 한다.(서중앙아프리카 지역)
차. 문서 및 자료관리에 관한 사항(19개국)	1) 안전관리체제와 관련된 모든 문서 및 자료를 관리하는 절차를 수립하여야 한다. 2) 문서관리와 관련하여 다음 사항을 시행하여야 한다. 가) 모든 관련 부서에서는 안전관리체제와 관련하여 효력이 있는 문서만을 사용할 것 나) 문서의 개정은 권한을 부여받은 자가 검토 · 승인할 것 다) 무효화된 문서는 신속히 폐기할 것 3) 문서는 가장 효과적인 방법으로 관리되어야 하며, 해당 선박과 관련되는 모든 문서를 선내에 비치하여야 한다.
카. 안전관리체제에 대한 선박소유자의 확인 · 검토 및 평가에 관한 사항(6개국)	1) 안전 및 오염방지활동이 안전관리체제에 적합한지 여부를 확인하기 위하여 정기적인 인증심사 시행 전에 내부심사를 시행하여야 한다. 2) 회사는 안전관리체제와 관련하여 회사의 업무를 위임받은 종사자 등이 이 표에서 규정하는 회사의 책임을 이행하는지를 주기적으로 검증하여야 한다. 3) 1)의 내부심사를 시행한 후 안전관리체제의 효율성에 대하여 정기적으로 평가 및 검토를 하여야 한다. 4) 내부심사와 시정조치는 문서화된 절차에 따라 시행하여야 한다. 5) 내부심사를 실시하는 자는 사업장의 규모 및 특성상 부득이한 경우를 제외하고는 심사를 받는 부서와 독립된 자이어야 한다. 6) 내부심사 결과 및 안전관리체제에 대한 효율성 검토 결과는 관련 부서의 책임 있는 모든 종사원에게 통보되어야 한다. 7) 내부심사 시 발견된 부적합사항에 대하여 책임 있는 자는 그 사항을 적절한 기간 내에 시정조치를 하여야 한다.

1.3.5 인증심사

ISM Code B장은 인증심사 규정이다.

심사는 네 종류가 있으며 ① 최초인증심사로서 최초로 선박 및 사업장의 안전관리체제의 수립·시행에 관한 사항을 확인하기 위하여 처음으로 하는 심사, ② 갱신인증심사로서 매 5년마다 선박안전관리증서 또는 안전관리적합증서의 유효기간이 끝난 때에 하는 심사, ③ 중간인증심사로서 최초인증심사와 갱신인증심사 사이 또는 갱신인증심사와 갱신인증심사 사이에 행하는 심사이며 사업장은 매 1년마다 실시하므로 연차심사라고도 한다. 선박은 2.5년마다 실시한다.[99] ④ 임시인증심사는 새로운 종류의 선박을 추가하거나 신설한 사업장이

---

99) 제47조(인증심사) ① 선박소유자는 제46조제2항에 따라 안전관리체제를 수립·시행하여야 하는 선박이나 사업장에 대하여 다음 각 호의 구분에 따라 해양수산부장관으로부터 안전관리체제에 대한 인증심사(이하 "인증심사"라 한다)를 받아야 한다.
1. 최초인증심사: 안전관리체제의 수립·시행에 관한 사항을 확인하기 위하여 처음으로 하는 심사
2. 갱신인증심사: 선박안전관리증서 또는 안전관리적합증서의 유효기간이 끝난 때에 하는 심사
3. 중간인증심사: 최초인증심사와 갱신인증심사 사이 또는 갱신인증심사와 갱신인증심사 사이에 해양수산부령으로 정하는 시기에 행하는 심사
4. 임시인증심사: 최초인증심사를 받기 전에 임시로 선박을 운항하기 위하여 다음 각 목의 어느 하나에 대하여 하는 심사
가. 새로운 종류의 선박을 추가하거나 신설한 사업장
나. 개조 등으로 선종이 변경되거나 신규로 도입한 선박
5. 수시인증심사: 제1호부터 제4호까지의 인증심사 외에 선박의 해양사고 및 외국항에서의 항행정지 예방 등을 위하여 해양수산부령으로 정하는 경우에 사업장 또는 선박에 대하여 하는 심사

② 선박소유자는 인증심사에 합격하지 아니한 선박을 항행에 사용하여서는 아니 된다. 다만, 천재지변 등으로 인하여 인증심사를 받을 수 없다고 인정되는 등 해양수산부령으로 정하는 경우에는 그러하지 아니하다.
③ 인증심사를 받으려는 자는 해양수산부령으로 정하는 바에 따라 수수료를 내야 한다.
④ 인증심사의 절차와 심사방법 등에 필요한 사항은 해양수산부령으로 정한다.

- 해사안전법 시행규칙 제35조(중간인증심사의 시행시기) 법 제47조제1항제3호에서 "해양수산부령으로 정하는 시기"란 다음 각 호의 구분에 따른 시기를 말한다.
1. 사업장의 경우: 안전관리적합증서의 유효기간 개시일부터 매 1년이 되는 날 전후 3개월 이내
2. 선박의 경우: 선박안전관리증서의 유효기간 개시일부터 2년 6개월이 되는 날 전후 6개월

있거나, 개조 등으로 선종이 변경되거나 신규로 도입한 선박이 있을 때 행하는 심사이다.

「해사안전법」 제47조 제1항 제5호에는 선박의 해양사고 및 외국항에서 항행 정지 예방 등을 위하여 필요한 경우에 실시하기 위해 '수시인증심사'를 별도로 두고 있다.

심사의 방법으로 최초인증심사, 중간인증심사, 갱신인증심사는 선박이 일반적인 운항 상태에서 심사를 하여야 하므로 선거(Dry dock)에 있거나 장기 계선(Laid up) 중이어서는 안 된다. 임시인증심사는 일반적인 운항 상태는 아니더라도 안전승무증서(Safe Manning Certificate) 상의 선원들이 모두 승선하고 있다면 수행할 수 있다.

① 최초인증심사(Initial verification) : 선박에 대한 인증심사는 통상적 운항 상태에서 행하며, 사업장에 대한 최초인증심사는 문서심사를 완료한 후에 시행하되 선박을 포함한 전반적인 안전관리계획에 대해 심사를 진행한다.

② 갱신인증심사(Renewal verification) : 증서의 유효기간이 만료되는 매 5년 마다 행하며, 문서심사는 별도로 하지 않는다.

③ 중간인증심사(Intermediate verification) : 사업장은 매1년, 선박은 매 2.5년 마다 받아야 하는 심사로 최초인증심사 이후 사업장 및 선박에서 안전관리 체제가 적절하게 관리 및 운영되고 있는 지의 여부에 대해 심사한다.

④ 임시인증심사(Interim verification) : 사업장에 대해서는 안전관리체제 적용 이후에 1) 사업장을 신설할 때, 2) 현행 안전관리적합증서에 새로운 선종을 추가할 경우에 시행한다. 선박에 대해서는 1) 신조 선박 인수, 2) 사업장이 처음 관리 책임을 맡은 선박, 3) 선박의 기국 변경이 있을 때가 해당된다. 새로운 종류의 선박이 추가된 경우의 임시인증심사는 사업장에 대한 수시 인증심사가 완료된 후 선박에 대한 임시인증심사를 수행한다.

이내. 다만, 선박소유자의 요청이 있는 경우에는 유효기간 개시일부터 매 1년이 되는 날 전후 3개월 이내에 할 수 있다.

〈표 5-3〉 지방해양항만청의 인증심사 종류

종류	시기
임시인증심사	선종, 선박 추가 시, 사업장 신설하는 경우
최초인증심사	임시 심사 후, 문서심사 포함
중간인증심사	사업장(1년), 선박(2.5년)
갱신인증심사	사업장, 선박(5년)
수시인증심사	선박의 해양사고 및 외국항에서 출항정지 예방 등 필요시

1.3.6 ISM Code의 성과

도입 초기에는 과도한 서류작업에 따라 안전한 항해당직을 저해한다는 비판이 있었으며, 기존 선박검사의 연장선에서 또 하나의 선박검사 증서를 부가한 것으로 인식되기도 하였다. 현재는 시행착오를 거쳐 성공적으로 정착되었으며 해운기업의 안전문화를 증진함으로써 해양안전과 환경보호에 기여하고 있다.

1.4 선박교통관제(VTS)

SOLAS협약 제5장의 항해안전에 관한 부분에서 정부는 교통량이나 위험의 정도에 따라 필요할 경우 선박교통관제(Vessel Traffic Services) 시스템을 설치할 수 있도록 규정하고 있다.

선박교통관제(VTS)는 선박에게 다른 선박의 위치나 교통량, 기상위험 경보 같은 간단한 정보 제공부터 항만이나 진입수로에서 광범위한 교통관리를 위한 영역까지 포함하는 육상에 설치된 시스템이다.

일반적으로 선박이 선박교통 관제구역에 들어갈 때 당국에 무선으로 보고하면 선박교통관제센터에서 선박을 추적하기 시작한다. 선박은 항행경보나 기타 경보를 청취하기 위해 특정 주파수를 청수하여야 한다. 사고의 위험이 있거나, 교통 흐름이 통제되고 있는 지역에서 진행상황에 대한 조언 구하려는 경우에 관제사와 선박이 직접 접촉할 수도 있다.

1.4.1 선박교통관제시스템의 개발

전통적으로 선장은 선박의 진로와 속력에 대한 책임을 담당했으며 필요할 경우에는 도선사의 도움을 받아왔다. 항만에 접근하는 선박은 깃발신호를 이용하여 도착을 알렸다.

19세기 후반에 무선기술의 개발과 함께 무선으로 서로 접촉하는 것이 깃발신호보다 더욱 중요해 졌다. 그리고 제2차 세계대전 중에 레이더의 개발에 따라 선박교통을 정확하게 감시하고 추적하는 것이 가능하게 되었다.

연안 당국은 레이더를 이용하여 선박교통을 지속적으로 추적하고 무선으로 선박과 항해에 관한 내용을 통신하는 시설을 갖출 수 있게 되어 공식적인 선박교통관제 시스템을 구성하게 되었다.

세계 최초의 항만 감시용 레이더는 영국 리버풀에서 1948. 7월에 설치되었다. 그리고 1950. 3월에 미국에서도 처음으로 캘리포니아 롱비치에 레이더 감시 시스템이 설치되었다.

항해안전에 대한 VTS의 가치는 1968년에 채택된 IMO 총회 결의서 제158호 '항만 조력 시스템(Port Advisory Systems)에 관한 권고'에서 처음으로 찾을 수 있다. 그러나 기술이 발전하고 선박교통을 감시하고 추적하는 장비가 더욱 첨단화 됨에 따라 VTS를 설치하기 위한 표준화된 절차에 대한 명확한 지침이 필요하게 되었다. 특히 언제 VTS가 운영되어야 할지 명백히 하고, 선박 운항에 대한 선장의 책임과 충돌할 수 있다는 일부 걱정을 완화해야 할 필요가 드러났다. 이에 따라 IMO는 1985년 제14차 총회에서 'VTS 지침' 결의서 제578호를 채택하였다.

'VTS 지침'에서 VTS는 특히 높은 교통밀도, 유독성 또는 유해성 화물의 이동, 항행상 어려움, 좁은 수로 또는 환경적으로 민감한 구역에 있는 항만의 접근로 및 진입 수로에서 적절하다고 하였으며, 선박의 효과적인 항해와 조선에 관한 결정은 선장에게 있다는 것을 명백히 하였다. 또한 VTS가 시행되고 있는 구역을 통과하는 선박을 위한 보고절차와 도선의 중요성을 강조하였다.

1.4.2 선박교통관제 지침 개정

IMO는 1997. 11월 제20차 IMO 총회 결의서 제857호로 관제사의 모집, 자격 및 훈련에 관한 지침을 포함한 선박교통관제를 위한 지침을 개정하였다.[100)]

개정 지침에서 VTS란 '안전, 환경보호 및 선박교통의 효율성을 담당하는 권한 있는 당국에서 안전 및 선박교통의 효율성을 증진하고 환경보호를 위하여 시행하는 서비스이며, 이 서비스는 운항선박과 상호 작용하고, 관제구역에서 전개되는 교통상황에 대응할 수 있어야 한다.'고 규정하였다[101)]

---

100) IMO A.857(20), 1997, GUIDELINES FOR VESSEL TRAFFIC SERVICES

101) Vessel traffic service (VTS) - a service implemented by a Competent Authority, to improve the safety and efficiency of vessel traffic and to protect the environment.

관제 실무에 관한 세부내용은 IMO에 비정부간국제기구(NGO)로 등록되어 자문을 수행하는 국제항로표지협회(IALA)에서 편람을 제공하고 있다.102)

1.4.3 VTS and SOLAS

1974 SOLAS에는 VTS에 대한 특별한 언급이 없었다. 이후1997. 6월 IMO 해사안전위원회(MSC)에서 SOLAS 제5장에 VTS를 언제 시행할 수 있는지에 대한 규칙을 신설하였다.

개정된 SOLAS 제5장 항해안전 편은 2000. 12월에 채택되었으며 2002. 7. 1일에 시행되었다. 제12규칙에 따르면 VTS는 아래와 같다.

- ○ VTS는 해상교통의 부정적 영향으로부터 해상인명안전, 항해의 안전과 효율, 해양환경, 인접한 해안지역, 작업장 및 해양 시설물을 보호하는데 기여한다.
- ○ 체약국 정부는 교통량이나 위험의 정도에 따라 필요한 경우에 VTS를 설치하여야 한다.
- ○ VTS를 계획하고 시행하려는 체약국 정부는 가능한 한 IMO에서 개발한 지침을 준수하여야 한다. VTS는 오직 연안국의 영해 안에서만 강제적으로 사용할 수 있다.
- ○ 체약국 정부는 자국 깃발을 게양하는 선박에 대해 VTS 규정 준수 및 참여를 보장하기 위해 노력해야 한다.
- ○ IMO에서 채택한 규칙이나 지침의 어느 무엇도 국제법에 따른 정부의 권리와 의무, 국제항해에 사용되는 해협과 군도수역의 교통로에 대한 법적체제를 침해하지 않는다.

The service should have the capability to interact with the traffic and to respond to traffic situations developing in the VTS area.

102) IALA, 2016, VESSEL TRAFFIC SERVICES MANUAL, Edition 6

1.4.4 국내법령의 규정

선박교통관제에 관해서는 「선박의 입항 및 출항 등에 관한 법률」과 「해사안전법」에 규정되어 있었으나 2019. 12. 3일에 「선박교통관제에 관한 법률」이 제정되어 2020. 6. 4일부터 시행됨으로써 상기 법률에서는 삭제되었다.

「선박교통관제에 관한 법률」은 그동안 「해사안전법」과 「선박의 입항 및 출항 등에 관한 법률」로 분산되어 있는 선박교통관제 관련 사항을 통합하여 규정함으로써 선박교통의 안전 및 항만운영의 효율성을 높이고 해양환경을 보호하는 데 이바지하기 위하여 제정된 법률이다.

(1) 해사안전법, 선박의 입항 및 출항 등에 관한 법률

우리나라는 1993년 포항항에 VTS시스템을 최초로 도입한 이후 부산항 및 태안연안 등 전국 20개소에 설치・운영 중이며,[103] 선박교통량이 많은 연안해역으로 관제범위를 확대하고 있다.

VTS에 대한 내용은 「해사안전법」 제2조(정의) 제21호에서 '선박교통관제란 선박교통의 안전 및 효율성을 증진하고 해양환경과 해양시설을 보호하기 위하여 선박의 위치를 탐지하고 선박과 통신할 수 있는 설비를 설치・운영함으로써 선박의 동정을 관찰하며 선박에 대하여 안전에 관한 정보를 제공하는 것을 말한다.'라고 규정하고 있다.

「선박입출항법」 제2조(정의) 제14호에서 '선박교통관제란 무역항의 수상구역 등에서 선박교통의 안전과 효율성 증진 및 환경 보호를 위하여 선박을 탐지하거나 선박과 통신할 수 있는 설비를 설치・운영하고 필요한 조치를 하는 것을 말한다.'

---

103) 포항('93), 여수, 울산('96), 마산, 인천, 평택, 대산, 부산('98), 동해, 군산, 목포, 제주('99), 완도('04), 부산신항('05), 경인항('11), 진도연안('06.07), 여수연안('12.11), 통영연안('14.8), 경인연안('18.4), 태안연안('18.7)

두 법률의 차이점은 「해사안전법」의 정보를 제공하는 업무와[104] 「선박입출항법」의 필요한 조치를 하는 업무로 구분할 수 있다.[105] 「선박입출항법」에 따른 조치가 좀 더 적극적인 개입으로 볼 수 있으나 IMO에서 선장이 선박의 효과적인 항해와 조선에 관한 결정한다고 선언하고 있기 때문에 「선박입출항법」에 따른 개입의 수준 또한 적극적이더라도 조언의 일종으로 보아야 한다. 두 법률의 내용상 차이는 거의 없다.

「해사안전법」 제36조 제2항에서 선박교통관제를 시행하는 구역을 출입·통항하는 선박의 선장은 선박교통관제에 따르도록 규정하고 있으나, 제3항에서 선장은 그 선박의 안전운항에 대한 책임을 면제받지 아니한다고 하여 관제지시의 수용여부는 선장의 책임으로 돌리고 있다.

---

104) 해사안전법 제36조(선박교통관제의 시행 등) ① 해양경찰청장은 선박교통의 안전을 도모하기 위하여 해양수산부령으로 정하는 구역에 대하여 선박교통관제를 시행하여야 한다.
② 제1항에 따라 선박교통관제를 시행하는 구역(이하 "관제구역"이라 한다)을 출입·통항하는 선박의 선장은 선박교통관제에 따라야 한다. 다만, 선박을 안전하게 운항할 수 없는 명백한 사유가 있는 경우에는 선박교통관제에 따르지 아니할 수 있다.
③ 선장은 선박교통관제에도 불구하고 그 선박의 안전운항에 대한 책임을 면제받지 아니한다.
④ 해양수산부령으로 정하는 선박의 선장은 관제구역을 출입하려는 때에 해당 관제구역을 관할하는 선박교통관제관서에 신고하여야 한다.
⑤ 선박은 관제구역을 출입·통항하는 때에는 해양수산부령으로 정하는 무선설비를 갖추고 제36조의2제1항에 따른 선박교통관제사와의 상호 호출응답용 관제통신을 항상 청취·응답하여야 한다.
⑥ 선박교통관제를 시행한 기관과 해양수산부령으로 정하는 선박은 제5항에 따른 관제통신을 녹음하여 보존하여야 한다.
⑦ 제1항부터 제6항까지에서 규정한 사항 외에 선박교통관제의 시행절차와 대상선박 및 시설관리, 신고절차, 관제구역별 관제통신의 제원(諸元), 관제통신 녹음방법과 보존기간 등에 필요한 사항은 해양수산부령으로 정한다.

105) 선박입출항법 제20조(선박교통관제의 운영 등) ① 선박이 선박교통관제구역을 출입·통과하거나 선박교통관제구역에서 이동·정박·계류할 때에는 선박교통관제에 따라야 한다. 다만, 선박을 안전하게 운항할 수 없는 명백한 사유가 있는 경우에는 선박교통관제를 따르지 아니할 수 있다.
② 선장은 선박교통관제에도 불구하고 그 선박의 안전 운항에 대한 책임을 면제받지 아니한다.
③ 선박교통관제를 시행하기 위한 절차와 적용대상 선박, 선박교통관제 시설관리 등에 필요한 사항은 해양수산부령으로 정한다.

마찬가지로 「선박입출항법」 제20조 제1항에서 선박이 선박교통관제구역을 출입·통과하거나 선박교통관제구역에서 이동·정박·계류할 때에는 선박교통관제에 따라야 한다고 하면서도, 제2항에서 선장은 선박교통관제에도 불구하고 그 선박의 안전 운항에 대한 책임을 면제받지 아니한다고 하여 관제지시의 수용여부는 선장의 책임으로 돌리고 있다.

관제대상 선박에 관해서는 IMO에서 정하고 있지는 않지만 「해사안전법」의 위임에 따라 시행규칙과[106] 해양경찰청 고시로[107] 정하고 있다. 시행규칙에서는 ① 국제항해에 종사하는 선박, ② 총톤수 300톤 이상인 선박(내항 어선은 제외한다), ③ 「해사안전법」 제2조제6호에 따른 위험화물운반선, ④ 그 밖에 관할 선박교통관제구역에서 이동하는 선박의 특성 등에 따라 해양경찰청장이 정하여 고시하는 선박으로 정하고 있다.

---

106) 선박교통관제의 시행 등에 관한 규칙 제2조(적용대상 선박) 「선박의 입항 및 출항 등에 관한 법률」(이하 "법"이라 한다) 제20조제3항 및 「해사안전법」 제36조제7항에 따른 선박교통관제 적용대상 선박은 법 제19조제2항 및 「해사안전법」 제36조제1항에 따른 선박교통관제를 시행하는 수역(이하 "선박교통관제구역"이라 한다)에 출입하거나 선박교통관제구역에서 이동하는 선박으로서 다음 각 호의 어느 하나에 해당하는 선박을 말한다.
1. 국제항해에 종사하는 선박
2. 총톤수 300톤 이상인 선박(내항 어선은 제외한다)
3. 「해사안전법」 제2조제6호에 따른 위험화물운반선
4. 그 밖에 관할 선박교통관제구역에서 이동하는 선박의 특성 등에 따라 해양경찰청장이 정하여 고시하는 선박

107) 선박교통관제의 시행 등에 관한 고시 (해양경찰청고시 제2018-7호, 2018. 9. 5., 일부개정)

■ 선박교통관제의 시행 등에 관한 고시 [별표 1]

관제센터별 관제대상선박(제4조 관련)

구분	대상선박
연안 교통 관제 센터	○ 국제항해에 종사하는 선박 ○ 총톤수 300톤 이상의 선박(단, 내항어선은 제외한다) ○ 「해사안전법」 제2조제6호에 따른 위험화물운반선 ○ 부선이나 구조물을 끌거나 밀어서 이동시키는 선박자동식별장치(AIS)를 설치한 예인선 ○ 여객선 ○ 총톤수 2톤 이상의 선박자동식별장치(AIS)를 설치한 유선 ○ 총톤수 300톤 미만의 선박자동식별장치(AIS)를 설치한 다음 어느 하나에 해당하는 선박 - 공사 또는 작업에 종사하는 선박 - 해양조사선·순찰선·표지선·측량선·어업지도선·시험조사선 등 행정목적으로 운영하는 관공선
항만 교통 관제 센터	○ 국제항해에 종사하는 선박 ○ 총톤수 300톤 이상의 선박(단, 내항어선은 제외한다) ○ 「해사안전법」 제2조제6호에 따른 위험화물운반선 ○ 부선이나 구조물을 끌거나 밀어서 이동시키는 선박자동식별장치(AIS)를 설치한 예인선 ○ 여객선 ○ 총톤수 2톤 이상의 선박자동식별장치(AIS)를 설치한 유선 ○ 선박길이 45m 이상의 어선 ○ 총톤수 300톤 미만의 선박자동식별장치(AIS)를 설치한 다음 어느 하나에 해당하는 선박 - 선박입출항법 제2조제4호에 따른 예선 - 선박입출항법 제2조제5호라목에 따른 급수선·급유선·도선선·통선 - 공사 또는 작업에 종사하는 선박 - 해양조사선·순찰선·표지선·측량선·어업지도선·시험조사선 등 행정목적으로 운영하는 관공선

(2) 선박교통관제에 관한 법률

해양수산부 소관법률인 「해사안전법」과 「선박의 입항 및 출항 등에 관한 법률」에 선박교통관제에 필요한 최소 사항만 규정되어 있음에 따라 선박교통관제의 실질적인 운영주체인 해양경찰청의 원활한 업무수행을 위하여 의원입법으로[108] 「선박교통관제에 관한 법률」이 2019. 12. 3일에 제정되었다.

이 법률에서는 ① 해양경찰청장은 선박교통관제 기본계획을 5년 단위로 수립하도록 하였으며(제8조), ② 해양경찰청장은 선박교통의 안전을 위하여 선박교통관제를 시행하도록 하고, 효율적인 선박교통관제를 위하여 선박교통관제관서를 설치·운영할 수 있도록 하였으며(제11조), ③ 국제항해에 취항하는 선박, 총톤수 300톤 이상의 선박, 위험화물운반선 등을 선박교통관제를 실시하는 대상 선박으로 정하였으며(제13조), ④ 관제대상선박의 선장은 선박교통관제에 따르도록 하고, 선박교통관제구역을 출입하려는 때에는 관할 선박교통관제관서에 신고하도록 하였으며(제14조), ⑤ 선박교통관제사는 해양수산령으로 정하는 공무원 중에서 선박교통관제사 교육을 이수하고 평가를 통과한 사람으로 하고, 해양경찰청장은 선박교통관제사를 육성하기 위하여 선박교통관제사 전문교육기관을 지정할 수 있도록 하였으며(제16조 및 제17조), ⑥ 선박교통관제사는 선박교통관제구역 내 해상기상상태, 항로상태, 해상교통량 및 해양사고 등을 고려하여 선박의 입·출항 및 이동시간을 조정할 수 있도록 하였으며(제20조), ⑦ 해양경찰청장은 선박교통관제의 시행을 위하여 레이더, 초단파 무선전화, 선박자동식별장치 등 관제업무를 위한 시설을 설치하도록 하였으며(제21조), ⑧ 선박교통관제에 대한 연구·개발 및 교육훈련 등 행정기관이 위탁하는 업무의 수행을 위하여 한국선박교통관제협회를 설립할 수 있도록 하고 있다(제24조).

---

108) 헌법 제40조에서 입법권은 국회에 속한다면서도 제52조에서 국회의원과 정부는 법률안을 제출할 수 있다고 하여 국회 제출된 법안은 제출처에 따라 의원입법과 정부입법으로 구분된다. 의원이 정부에 제·개정을 요구한 정부입법도 있는 반면, 정부 내 협의과정에서 논란이 우려되는 경우에 정부입법을 거치지 않고 의원입법을 택함으로써 형식상 의원입법인 경우도 있다.

1.4.5 관제사(VTS operator)

IMO의 VTS지침에 따르면 관제사는 선박교통관제 서비스를 수행하는데 하나 이상의 역할을 수행하는 적절히 자격을 갖춘 자이다. 관제사는 주어진 권한에 따라 선박에게 지시하거나 정보를 제공하는 자이며, 자료를 수신하여 어떤 조치를 취해야 할지 결정하는 자이다. 관제사는 관제구역 안에서 특정한 지리적 구역을 맡아 교신할 책임을 지거나 그런 정보나 결정을 적절한 매개수단을 이용해 전달할 수 있다.

「해사안전법」에서 관제사의 업무를 ① 관제구역에서 운항하는 선박에 대한 관찰확인・안전정보제공・조언 및 지시[109], ② 기상특보의 발표나 혼잡한 교통상황의 발생을 예방하기 위한 정보의 제공, ③ 그 밖에 선박교통 안전과 효율성 증진을 위하여 해양수산부령으로 정하는 업무로[110] 정하고 있으며, 「선박입출항법」에서는 ① 선박교통관제구역에서 운항하는 선박에 대한 관찰확인, 안전 확보에

---

109) 관제사는 기본적으로 선박에게 정보제공이나 조언을 위한 역할을 수행하며 선박은 관제지시에 따라야 한다. 그러나 관제사의 지시는 선박 조종에 관해서 도선사와 선장의 관계와 같이, 도선사의 지시가 선장의 지휘권을 대체하지 못하는 것과 같은 경우로 보아야 한다. 따라서 법령에 '지시'라고 한 것은 선박에게 일정한 정박지를 지정하고 그곳에 정박토록 지시하는 등을 의미하는 지시하고 보아야 한다.

- 1910년 브뤼셀에서 채택된 "선박충돌에 관한 일부규정의 통일에 관한 조약(International Convention for the Unification of Certain Rules with respect to Collisions between Vessels, Brussels, 1910)"은 많은 나라에서 채택하고 있으며, 우리 상법에도 도입되어 있다. 일반원칙으로 과실에 인한 충돌은 불법행위 일반원칙에 따라 과실 행위자가 책임을 지며, 도선사와 선장의 관계에 대해 도선사는 선장의 운항에 관한 조언자로 규정하고 있기 때문에 도선사의 과실이라도 당해 선박에 책임이 있다.
- 상법 제880조(도선사의 과실로 인한 충돌) 선박의 충돌이 도선사의 과실로 인하여 발생한 경우에도 선박소유자는 제878조 및 제879조를 준용하여 손해를 배상할 책임이 있다.

110) 선박교통관제의 시행 등에 관한 규칙 제13조(선박교통관제사의 업무 등) ① 「해사안전법」 제36조의2제2항제3호에 따른 선박교통관제사의 업무는 다음 각 호와 같다.
1. 관제업무 관련 법규 준수여부 감시・적발 및 감시・적발 지원
2. 관제구역 내 해양사고 발생 접수 시 관할 기관 등에 사고 발생사실 전파
② 해양경찰청장은 선박교통관제사가 효율적으로 업무를 수행할 수 있도록 지원 및 관리・감독하기 위하여 선임선박교통관제사를 둘 수 있다.
③ 제1항 및 제2항에서 규정한 사항 외에 선박교통관제사 업무 등에 필요한 사항은 해양경찰청장이 정한다.

필요한 정보제공과 조언 및 지시, ② 무역항의 수상구역등에서 항만의 효율적 운영에 필요한 선석·정박지·도선·예선 정보 등 항만운영정보의 제공하는 것으로 규정하고 있다.

「선박입출항법」은 부두나 선석이 있는 수상구역에서 시행하는 관제를 규정하고 있기 때문에 항만운영에 관한 역할을 부가하고 있다.

「선박교통관제에 관한 법률」에서는 「해사안전법」과 「선박입출항법」의 내용을 포괄하고 있다.[111)]

1.4.6 관제사 교육

IMO의 VTS지침에서는 관제사로서 담당해야 하는 역할에 따라 필요한 지식과 기술을 획득하고 유지할 수 있도록 각기 다른 수준의 교육을 제공토록 하고 있다. 교육 이수자에 대하여 자격증을 부여함으로써 관제사의 능력이 관제업무에 적합함을 보장하는 증명제도를 도입할 수 있다.

---

111) 선박교통관제에 관한 법률 제18조(선박교통관제사의 업무) 선박교통관제사는 다음 각 호의 업무를 수행한다.

1. 선박교통관제구역에서 출입하거나 이동하는 선박에 대한 관찰확인, 안전정보의 제공 및 안전에 관한 조언·권고·지시
2. 혼잡한 교통상황의 발생을 예방하기 위한 선박교통정보 및 기상청에서 발표한 기상특보 등의 제공
3. 「선박의 입항 및 출항 등에 관한 법률」 제2조제2호에 따른 무역항의 수상구역등에서 항만의 효율적 운영에 필요한 선박 출입신고·선석(船席)·정박지(碇泊地)·도선(導船)·예선(曳船) 정보 등 항만운영정보의 제공
4. 「선박의 입항 및 출항 등에 관한 법률」 제8조부터 제18조까지의 규정에 따른 무역항 질서 단속에 관한 정보의 제공
5. 「해사안전법」 제38조에 따른 선박 출항통제 관련 정보의 제공
6. 그 밖에 선박교통안전과 효율성 증진을 위하여 해양수산부령으로 정하는 업무

관제사의 자격과 관련하여 「해사안전법」에서는 공무원 중에 관제사 교육을 이수하고 평가를 통과한 자로 본다.112) 「선박입출항법」에서도 교육을 이수하고 평가를 통과한 공무원으로 규정하고 있다.113) 「선박교통관제에 관한 법률」에서는 공무원 중에서 해양경찰청장이 시행하는 선박교통관제사 교육을 이수하고 평가를 통과한 사람으로 규정하고 있다.114)

관제사 교육과 평가를 위하여 「해사안전법」과 「선박입출항법」에서 모두 시행규칙으로 정하도록 하고 있으며 이에 따라 '선박교통관제의 시행 등에 관한 규칙'과115) '선박교통관제사 자격인증 교육 등에 관한 규칙'을116) 두고 있다.

---

112) 해사안전법 제36조의2(선박교통관제사) ① 제36조제1항에 따른 선박교통관제를 담당하는 자(이하 이 조에서 "선박교통관제사"라 한다)는 해양수산부령으로 정하는 공무원 중에서 선박교통관제사 교육을 이수하고 평가를 통과한 사람으로 한다.
② 선박교통관제사는 다음 각 호의 업무를 수행한다.
1. 관제구역에서 운항하는 선박에 대한 관찰확인·안전정보제공·조언 및 지시
2. 기상특보의 발표나 혼잡한 교통상황의 발생을 예방하기 위한 정보의 제공
3. 그 밖에 선박교통 안전과 효율성 증진을 위하여 해양수산부령으로 정하는 업무
③ 선박교통관제사는 직무수행에 필요한 정기적인 교육 및 평가를 받아야 한다.
④ 제1항 및 제3항에 따른 선박교통관제사의 교육 및 평가 등에 필요한 사항은 해양수산부령으로 정한다.

113) 선박입출항법 제21조(선박교통관제사의 자격 및 업무) ① 선박교통관제사는 해양수산부 또는 해양경찰청 소속 공무원 중에서 해양경찰청장이 시행하는 선박교통관제사 교육을 이수하고 평가를 통과한 사람으로 한다.
② 선박교통관제사는 다음 각 호의 업무를 수행한다.
1. 선박교통관제구역에서 운항하는 선박에 대한 관찰확인, 안전 확보에 필요한 정보제공과 조언 및 지시
2. 무역항의 수상구역등에서 항만의 효율적 운영에 필요한 선석·정박지·도선·예선 정보 등 항만운영정보의 제공
③ 제1항에 따른 선박교통관제사의 교육, 평가 등에 필요한 사항은 해양수산부령으로 정한다.

114) 선박교통관제에 관한 법률 제16조(선박교통관제사의 자격 등) ① 관제업무는 선박교통관제사가 수행하여야 한다.
② 선박교통관제사는 해양수산부령으로 정하는 공무원 중에서 해양경찰청장이 시행하는 선박교통관제사 교육을 이수하고 평가를 통과한 사람으로 한다.
③ 선박교통관제사는 직무수행에 필요한 정기적인 교육 및 평가를 받아야 한다.
④ 제2항 및 제3항에 따른 선박교통관제사 교육 및 평가에 필요한 사항은 대통령령으로 정한다.

115) 선박교통관제의 시행 등에 관한 규칙 (해양수산부령 제284호, 2018. 5. 1., 타법개정)
제5조(선박교통관제사 자격인증 기본교육 및 평가 등) ① 법 제21조제3항 및 「해사안전법」

「선박교통관제에 관한 법률」에서는 선박교통관제사는 직무수행에 필요한 정기적인 교육 및 평가를 받도록 하고, 선박교통관제사 교육 및 평가에 필요한 사항은 대통령령으로 정하도록 함에 따라 향후 대통령령의 내용을 확인할 필요가 있다.[117]

제36조의2제4항에 따라 선박교통관제사가 되려는 해양수산부 또는 해양경찰청 소속 공무원은 이론과 실습교육을 포함하여 총 300시간으로 구성된 선박교통관제사 자격인증 기본교육을 이수한 후 평가를 통과하여야 한다.
② 다음 각 호의 어느 하나에 해당하는 선박교통관제사는 실습교육 등으로 구성된 현장직무교육을 이수하여야 선박교통관제업무를 할 수 있다. 이 경우 교육 이수시간은 105시간으로 하되, 제13조제2항에 따른 선임선박교통관제사(이하 "선임선박교통관제사"라 한다)의 교육 이수시간은 총 35시간으로 한다.
1. 제1항에 따른 선박교통관제사 자격인증 기본교육을 수료한 선박교통관제사
2. 새로운 선박교통관제구역으로 전입한 선박교통관제사
3. 2년 이상 선박교통관제업무에 직접 종사하지 않은 선박교통관제사
③ 다음 각 호의 교육을 모두 이수한 선박교통관제사 중 선박교통관제업무경력이 3년 이상인 선박교통관제사는 실습교육 등으로 구성된 선임선박교통관제사 교육을 받을 수 있다. 이 경우 교육 이수시간은 총 60시간으로 한다.
1. 제1항에 따른 선박교통관제사 자격인증 기본교육
2. 제2항에 따른 현장직무교육
④ 선박교통관제사는 다음 각 호의 어느 하나에 해당하는 교육 중 가장 최근에 수료한 교육 수료일부터 5년 6개월 이내에 실습교육 등으로 구성된 선박교통관제사 보수교육을 이수한 후 평가를 통과하여야 한다. 이 경우 교육 이수시간은 총 60시간으로 한다.
1. 선박교통관제사 자격인증 기본교육
2. 선임선박교통관제사 교육
3. 선박교통관제사 보수교육
⑤ 제1항 및 제4항에 따른 평가는 이론과 실습내용에 대한 시험과 교육태도에 의하여 한다. 이 경우 평가를 통과하려면 이론 및 실습 시험의 평가 점수와 교육태도 점수의 평균이 60점 이상이어야 한다.
⑥ 제1항부터 제5항까지에서 규정한 사항 외에 선박교통관제사 자격인증 기본교육 등의 내용이나 평가 등에 필요한 사항은 해양경찰청장이 정한다.

116) 해양경찰청훈령 제77호, 2018. 8. 24., 일부개정

117) 국회에서 법률이 제정되면 대개 공포 후 6개월이나 1년 후를 시행일로 두는데 공포후 시행일까지 기간에 정부에서는 대통령령(시행령) 및 부령(시행규칙)을 제정한다. 「선박교통관제에 관한 법률」은 2019. 12. 3일에 제정되어 6개월 후인 2020. 6. 4일 시행예정이므로 관제사 교육 및 평가에 관해서 정하고 있는 해양수산부령이나 해양경찰청 훈령 등의 내용 일부가 대통령령에 담겨 제정될 것이라고 예상할 수 있다.

항공교통관제사(Air Traffic Controller)의 경우는 국토교통부에서 발행하는 항공교통관제사 자격증을 취득한 자들[118] 중에서 관제사를 고용한다.[119] 반면에 선박교통관제사는 공무원으로 취업한 후에 일정 기간의 직무교육 및 평가를 거치고 있다.

향후 선박교통 관제수요가 늘어날 경우에는 자격증을 먼저 취득한 자에 한하여 관제를 위한 공무원으로 응시하거나 민간 기관에 취업할 수 있도록 변화될 가능성이 있다.

118) 항공안전법 제76조(승무원 등의 탑승 등) ② 운항승무원 또는 항공교통관제사가 항공업무를 수행하는 경우에는 국토교통부령으로 정하는 바에 따라 자격증명서 및 항공신체검사증명서를 소지하여야 하며, 운항승무원 또는 항공교통관제사가 아닌 항공종사자가 항공업무를 수행하는 경우에는 국토교통부령으로 정하는 바에 따라 자격증명서를 소지하여야 한다.

119) 항공교통관제사가 되려면 항공교통관제사 면장이 있어야 한다. 면장을 취득하기 위해서는 ① 국토교통부장관이 지정한 전문교육기관에서 항공교통관제에 필요한 교육과정 이수한 사람으로 3개월 또는 90시간 이상의 관제실무를 수행한 경험, ② 자격증명이 있는 사람의 지휘 · 감독하에 9개월 이상의 관제실무를 행한 경력이 있거나 민간항공에 사용되는 군의 관제시설에서 9개월 또는 270시간 이상의 관제실무를 수행한 경력, ③ 항공교통관제사 학과시험의 범위를 포함하는 각 과목을 이수한 사람으로 6개월 또는 180시간 이상의 관제 실무경력, ④ 외국정부가 발행한 항공교통관제사의 자격증명 소지자여야 한다. 실무적으로는 대학(한국항공대, 한서대)에서 관련학문을 전공하거나, 고졸 이상이면 입과 가능한 한국공항공사 항공기술훈련원 관제사 교육과정(4~5주)을 이수하거나, 군(해군/공군)에 지원하여 항공교통관제교육원 과정(16주)을 수료하고 임관하는 방법이 있다.

- 관제사 대부분은 국토교통부 소속의 기술직 8급 특채로 선발되어 각 공항의 관제탑, 접근관제소, 항공교통본부(ACC) 등에서 근무하거나, 각 군 소속의 부사관으로 군공항 관제사로 근무한다. 이외에도 인천국제공항공사 소속으로 계류장 관제소에서 근무할 수 있으며, 한국항공대학교, 한서대학교, 정석비행장 및 울진비행훈련원 소속으로 근무할 수 있다.

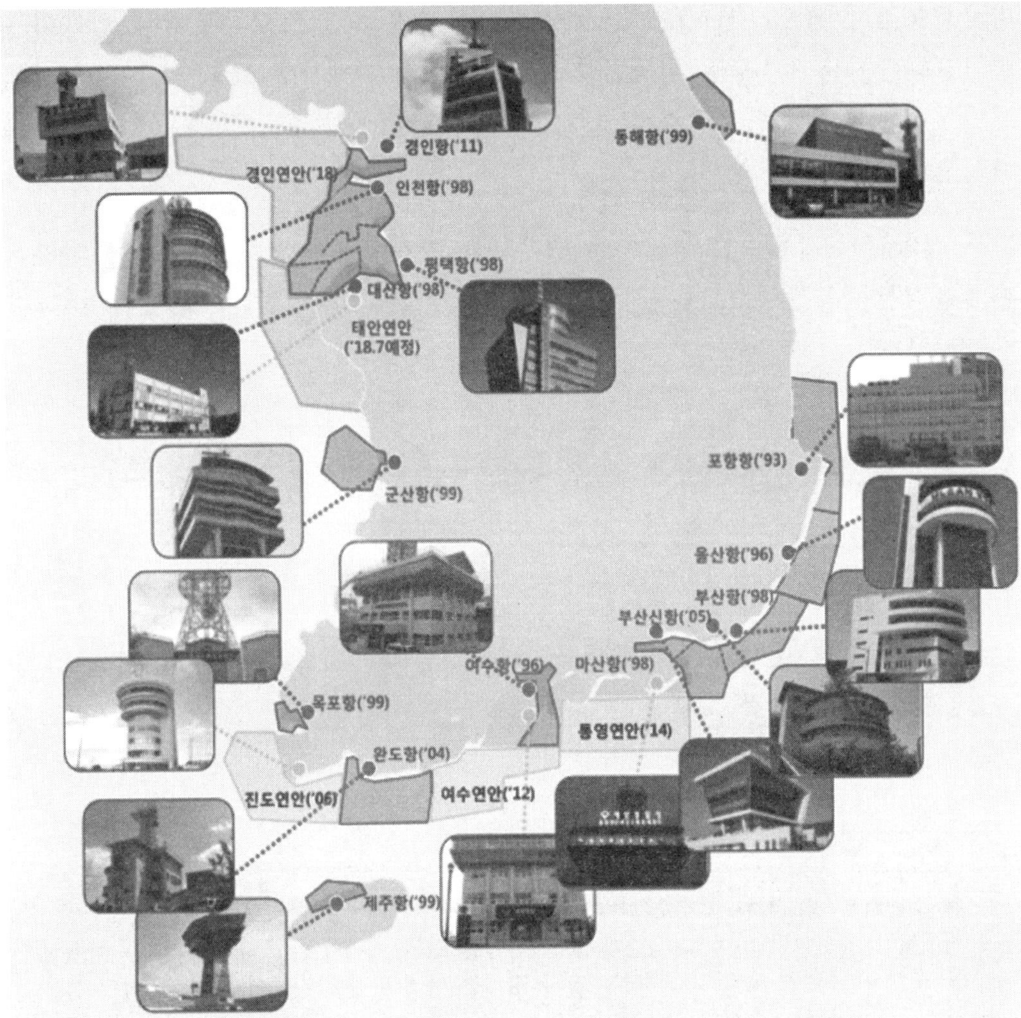

[그림 5-5] 전국 VTS 센터 및 관할해역

1.5 항행장애물 제거(Wreck removal)

2007년 케냐의 수도 나이로비에서 난파물 제거를 위한 국제협약(WRC: Wreck Removal Convention)120) 채택을 위한 외교회의가 개최되었다.

난파물제거협약(WRC)은 발효요건인 15개국이 비준함에 따라 2015. 4. 14일에 발효되었다. 유럽위원회(EC)는 피난처(Places of Refuge)를 필요로 하는 조난선과 난파물제거협약(WRC)의 관계에 대해 지적하면서 협약 발효를 축하하는 성명을 발표한 바 있다. 우리나라는 비준을 검토중에 있다.

이 협약은 ① 난파물이 발생하면 가까운 연안국에 위치를 보고하고 인근 선박에게도 통보하며, ② 난파물이 선박의 항행이나 환경에 해를 미치는지 판단하기 위한 기준을 제시하고, ③ 선주에게 난파물 제거 의무를 부여하고, ④ 필요시 연안국이 개입하여 난파물 제거를 촉진토록 하며, ⑤ 선주에게 난파물의 위치를 찾고 표시하고 제거하는데 필요한 비용 부담의무 부여하고, ⑥ 이를 담보하기 위하여 보험에 가입토록 하며, ⑦ 분쟁의 조정에 관한 내용으로 구성되어 있다.121) 기본적으로 난파물제거협약(WRC)은 배타적 경제수역(EEZ)에서 항해안전이나 환경에 유해한 난파물을 신속히 제거하기 위해 채택되었다.

IMO에서 채택한 다른 책임 협약들(IMO Liability Conventions)에는 총톤수 300톤 이상 선박에 대해 사고 발생시 선박측이 책임을 질 능력이 있다는 증서를 국가에서 발급토록 하는 강제요건이 있는데, 난파물제거협약(WRC) 제12조에도 이와 유사한 강제책임보험에 대한 내용이 포함되어 있다.122)

---

120) Nairobi International Convention on the Removal of Wrecks

121) 해양수산부, 2018, 해양구조·구난산업 육성방안 연구 보고서, p. 77

122) 난파물제거협약(WRC) 제12조(강제보험 또는 재정보증의 증명)

1. 체약국의 국기를 게양하는 총톤수 300톤 이상인 선박의 등록 선주는 1976년 해사채권 책임제한협약의 제6조제1(b)항과 그 개정규정에 의거하여 산정된 선박의 책임제한액과 동일한 금액을 이 협약에 따른 책임을 담보하기 위해 보험 또는 은행이나 유사 기관의 보증 등 기타 재정보증을 유지하여야 한다.
2. 보험 또는 기타 재정보증이 이 협약의 규정에 따른 유효한 것임을 입증하는 증명서는 총톤수 300톤 이상인 각 선박에 대하여 선적국의 책임당국에 의해 선박이 제1항의 요건과 합치되는지 여부를 확인한 후 발급되어야 한다. 체약국에 등록된 선박의 경우, 해당 증

명서는 선적국의 책임당국에 의해 발급되어야 하며, 체약국에 등록되지 않은 선박의 경우 증명서는 모든 체약국의 책임당국에 의해 발급될 수 있다. 이 증명서는 부속서의 첨부 양식에 따라야 하고 다음 사항을 포함하여야 한다.

(a) 선박의 명칭, 식별 번호나 문자 및 선적항

(b) 선박의 총톤수

(c) 등록 선주의 이름 및 주사업소

(d) 기구 선박식별번호

(e) 보증의 종류 및 유효기간

(f) 보험업자 또는 보증을 제공한 기타 자의 성명 및 주사업소, 그리고 적절한 경우 보험 또는 보증이 설정되어 있는 사업장소

(g) 증명서의 유효기간, 다만, 보험 또는 기타 보증의 유효기간보다 길어서는 아니 된다.

3. (a) 체약국은 제2항에서 언급된 증명서의 발급업무를 수행할 수 있다고 인정되는 기관이나 단체에게 증명서 발급업무를 위임할 수 있다. 그러한 기관 또는 단체는 체약국에게 모든 증명서의 발급사항을 통보하여야 한다. 어떠한 경우에도 체약국은 위임 기관 또는 단체에 의해 발급된 증명서의 유효성과 정확성을 전적으로 보장해야 하며 이러한 의무를 충족시키기 위한 필요한 제도를 확실하게 갖추어야 한다.

(b) 체약국은 사무총장에게 다음의 사항을 통지하여야 한다.

(i) 체약국에 의해 인정된 기관 또는 기구에 위임된 구체적인 책임과 권한사항

(ii) 위임된 권한의 철회

(iii) 위임된 권한이나 권한의 철회가 효력을 발생한 일자. 위임된 권한은 사무총장에게 해당 효력이 통지된 일자로부터 3개월이 경과하기 이전에는 효력을 발생하지 않는다.

(c) 이 조항에 따라 증명서를 발급할 권한을 가진 기관이나 단체에게는 최소한 그들이 발행하였던 증명서가 발급 당시의 조건을 유지하지 못한 경우에 해당 증명서를 철회할 수 있도록 권한이 주어져야 한다. 어떠한 경우에서 위임된 기관 또는 단체는 증명서 발급을 위임받았던 체약국에게 증명서를 철회한 사항을 보고하여야 한다.

4. 증명서는 발급국가의 단일 또는 복수의 공용어로 작성되어야 한다. 사용된 언어가 영어, 불어 또는 스페인어가 아닌 경우에는 본문은 이들 언어중 하나의 언어로 번역문을 포함하여야 한다. 만일 발급국가가 자국의 공용어의 표기를 생략하기로 결정한 경우에는 증명서에서 해당 국가의 공용어는 생략할 수 있다.

5. 증명서는 선박 내에 비치되어야 하며, 그 사본 1부는 선박의 등록 기록을 보관하고 있는 책임당국에게 기탁되거나 선박이 체약국에 등록되지 않은 경우에는 증명서를 발급 또는 인증한 책임당국에게 기탁되어야 한다.

6. 보험 또는 기타 재정보증서는 제2항에 따른 증명서에 명시된 보험 또는 기타 재정보증의 유효기간 만료 이외의 사유로 인하여 제5항에서 언급된 책임당국에게 이의 종료통고를 행한 일자로부터 3개월이 경과하기 이전에 정지될 수 있는 경우에는 전술한 기간 내에 그 증명서를 해당 책임당국에 제출하거나 또는 새로운 증명서가 발급되지 아니하는 한, 이 조의 요건을 충족하지 않는다. 전술한 규정은 보험 또는 보증으로 하여금 이 조의 요건을 더 이상 충족하지 못하게 하는 결과를 가져오는 여하한 수정에도 동일하게 적용한다.

7. 선적국은 이 조항의 규정을 따르고 기구가 채택한 등록 선주의 재정보증책임에 관한 일

난파물제거협약(WRC)에 따라 총톤수 300톤 이상 선박은 협약 수역에서 난파물 제거에 필요한 재정적 능력을 증명하는데 필요한 사항으로 강제보험요건을

체의 지침을 고려할 것을 조건으로, 증명서의 발급조건 및 효력을 결정하여야 한다.

8. 이 협약에서 어떠한 조항도 어떠한 체약국이 이 협약의 목적상 보험 또는 재정보증서의 제공자의 재정적 지위와 관련하여 다른 국가나 기구 또는 다른 국제기구로부터 얻은 정보에 의존하는 것을 방해하는 것으로 해석되지 않는다. 그와 같은 경우, 그 같은 정보에 의존하는 체약국은 제2항에서 요구되는 증명서를 발급하는 국가로서 자신의 책임이 면제되지 않는다.
9. 체약국의 권한에 따라 발급되고 인증된 증명서는 이 협약의 목적상 다른 체약국에 의하여 수락되어져야 하며, 비록 그러한 증명서가 체약국에 등록되지 않은 선박에게 발급되고 인증되었다 할지라도 다른 체약국은 자국이 발급하거나 인증한 증명서와 동일한 효력을 가지는 것으로 간주하여야 한다. 체약국은 증명서에 기명된 보험업자 또는 보증인이 이 협약에 의해 부과된 의무를 이행할 재정적 능력이 없다고 인정하는 경우에 언제든지 증명서를 발급하거나 인증한 국가와 협의를 요청할 수 있다.
10. 이 협약에 의해 발생한 일체의 배상의 청구는 등록 선주의 책임을 대신하여 보험업자 또는 재정보증을 제공하고 있는 기타의 자을 상대로 직접 제기될 수 있다. 이와 같은 경우 피소인은 등록 선주의 파산 또는 청산의 경우를 제외하고 적용가능한 모든 국내 또는 국제 규정에 따라 책임제한을 포함한 항변권을 원용할 수 있다. 또한, 등록 선주가 또한 책임제한의 자격이 없다할지라도 피소인은 제1항에 따른 유지를 위해 요구되는 보험 또는 기타 재정보증의 총액과 동등한 금액까지 책임을 제한할 수 있다. 그밖에 피소인은 해양사고가 선주 자신의 고의적 위법행위에 기인하였다고 항변을 원용할 수 있으나 등록 선주가 그를 상대로 제기한 소송절차에 원용할 수 있을 기타의 항변을 주장할 수 없다. 피소인은 어떠한 경우에도 등록 선주에게 소송절차에 참여하도록 요구할 권리를 가진다.
11. 체약국은 자국의 국기를 게양할 자격이 있는 모든 선박에 대하여, 제2항 또는 제14항에 의해 증명서를 발급받지 아니한 경우에는 이 조를 적용하여 운항하는 것을 허가하여서는 아니 된다.
12. 이 조를 따를 것을 조건으로 각 체약국은 선박이 어디에 등록되어 있는지를 불문하고 자국 영역 내에 있는 항구에 입출항하거나 영해 내에 있는 해양시설에 출입하는 총톤수 300 이상인 모든 선박에 대하여 제1항에 따른 범위의 보험 또는 기타 재정보증이 유효하게 적용되도록 그의 국내법령에 의하여 보장하여야 한다.
13. 제5항의 규정에도 불구하고, 제3항에 따라 증명서를 발급한 체약국이 모든 체약국들에게 증명서의 존재를 입증하고 제12항에 의한 체약국의 의무이행을 면제할 수 있는 접근 가능한 전자식 형태로 기록을 유지하였음을 사무총장에게 통지하였다면 체약국은 선박이 자국의 영역 내에 있는 항구에 입항 또는 출항하거나 해양시설에 도착 또는 출항한 때에 제12항의 목적상 선박이 제2항에 따른 증명서를 선내 비치하거나 제시하지 않아도 됨을 사무총장에게 통지할 수 있다.
14. 체약국이 소유하고 있는 선박에 대하여 보험 또는 기타 재정보증이 유지되고 있지 않는 경우에는 이 조가 적용되지 아니한다. 그러나 그 선박은 해당 체약국이 소유하고 있고 선박의 책임이 제1항에서 규정된 한도 내에서 담보한다는 것을 나타내는 등록국의 책임당국에 의해 발급된 증명서를 소지하여야 한다.

준수하고 있다는 증서를 선박에 보관해야 한다. 체약국은 국제선주상호보험협회(International Group P&I Clubs)에서[123] 발급하는 '블루카드'를[124] 확인하고 증서를 발급하고 있다. 이 증서는 협약 당사국인 국가에서만 발생하므로 기국이 체약국이 아닌 경우에는 선주가 외국선박에도 증서를 발급하는 체약국을 찾아야 한다. 따라서 우리나라도 난파물제거협약(WRC)에 가입하여 직접 증서를 발급함으로써 선박의 원활한 항행을 지원해야 할 것이다.

우리나라는 2011년에 「해사안전법」을 개정하여 국가에서 선박소유자에게 난파물 제거를 명할 수 있는 공법적 사항을 반영하고 있다. 그러나 난파물 제거비용 담보를 위한 계약증서의 인정이나 이를 확인하기 위한 사법적 사항에 관해서는 규정하고 있지 않다.[125]

---

123) 국제선주상호보험협회는 13개 선주상호보험사(P&I)로 구성되어 있으며 세계 국제항해선박의 약 90%가 가입하고 있다. (출처 : https://www.igpandi.org)
- P&I (Protection & Indemnity)의 개념
  - 선박 운항 시 발생한 해난사고로 인하여 제3자가 입은 피해에 대한 선주의 배상책임을 선주상호간에 담보하는 보험
  - 세계 최초의 P&I는 Britannia Club으로 영국에서 185년 설립
  - 당시 해상보험에서 보상되지 않던 충돌배상책임과 인명에 대한 배상책임을 선주 스스로 담보하기 위하여 시작되어 1870년 이후에는 화물의 손상에 대한 배상책임도 담보
  - 선주의 충돌배상책임 및 인명에 대한 배상책임 담보(Protection cover)와 화물손상에 대한 배상책임 담보(Indemnity cover)를 합쳐 P&I라고 함
  - 이후 선주의 배상책임 강화와 위험의 다양화에 따라 P&I Club의 위험 담보범위 확대

124) 블루카드는 재정보증책임자인 P&I club이 발행하는 증서로 선박소유자가 유류오염손해 또는 난파물 제거와 관련하여 CLC협약, Bunker협약 및 WRC협약에서 요구하는 책임제한 기준액만큼 배상할 수 있는 보험(Insurance)이나 재정보증능력(Financial Security)을 갖고 있음을 증명하는 문서이다. (출처 : http://www.kpiclub.or.kr/Services/underwriting_04.html)

125) '91년에 개정된 우리 「상법」에서는 '76 해사채권책임제한협약(LLMC)의 일부를 도입하여 책임제한채권의 범위에서 난파물제거채권(제2조 제1항 d호), 적하의 무해조치에 관한 채권(제2조 제1항 e호)을 제외하고 그 내용을 수용하였다.(법 제773조 제4호)

1.5.1 국내 수용현황

난파물제거협약(WRC)에서 정의하고 있는 난파물과 관련 있는 법률은 「해사안전법」의 항행장애물, 「선박입출항법」의 장애물, 「해양환경관리법」의 침몰선박과[126] 「공유수면 관리 및 매립에 관한 법률」의 방치선박[127] 등이 있다.

「해사안전법」과 「선박입출항법」에서는 선박 항행에 지장을 초래하는 것을 제거하기 위한 내용이지만 「해양환경관리법」과 「공유수면 관리 및 매립에 관한 법률」은 선박 항행과 일부 관련이 있다고 하더라도[128] 기본적으로는 해양오염방지와 해역관리에 관한 규정이므로 선박 항해에 방해가 되지 않도록 조치하기 위해서는 발생해역에 따라 「해사안전법」이나 「선박입출항법」을 적용하는 것이 적절하다.

---

126) 해양환경관리법 제83조의2(침몰선박 관리) ① 해양수산부장관은 「해양사고의 조사 및 심판에 관한 법률」 제2조제1호의 해양사고로 해양에서 침몰된 선박(이하 이 조에서 “침몰선박”이라 한다)으로 인하여 발생할 수 있는 추가적인 해양오염사고를 예방하기 위하여 다음 각 호의 조치를 하여야 한다.
1. 침몰선박에 대한 정보의 체계적인 관리
2. 침몰선박의 해양오염사고 유발 가능성에 대한 위해도(危害度) 평가
3. 침몰선박에 대한 위해도 저감대책의 실행
② 해양수산부장관은 필요한 경우 해양경찰청 소속 공무원이 업무 수행 중 알게 된 침몰선박에 관한 정보를 해양수산부령으로 정하는 바에 따라 해양경찰청장에게 요청할 수 있다.
③ 제1항제3호에 따른 조치에 드는 비용은 대통령령으로 정하는 바에 따라 침몰선박의 소유자가 부담한다. 다만, 그 소유자를 알 수 없는 경우에는 대통령령으로 정하는 바에 따라 해당 침몰선박을 처분하여 비용에 충당할 수 있다.
④ 제1항제2호의 위해도 평가방법, 같은 항 제3호에 따른 위해도 저감대책의 구체적 방법 및 절차, 제3항에 따른 비용의 산정 방법 및 납부 절차 등에 필요한 사항은 해양수산부령으로 정한다.

127) 공유수면법 제6조(방치된 선박 등의 제거) ① 해양수산부장관, 특별자치시장·특별자치도지사·시장·군수·구청장(이하 “공유수면관리청”이라 한다)은 전복·침몰·방치 또는 계류된 선박, 방치된 폐자재, 그 밖의 물건(이하 “방치선박등”이라 한다)이 다음 각 호의 어느 하나에 해당하는 경우에는 해양수산부령으로 정하는 바에 따라 그 소유자 또는 점유자에게 제거를 명할 수 있다.
1. 공유수면의 효율적 이용을 저해하는 것으로 인정되는 경우
2. 수질오염을 발생시킬 우려가 있다고 인정되는 경우
② ~ ⑦ (내용 생략)

128) 해양환경관리법에서 침몰선박을 관리하기 위해 위해도 평가를 실시할 때 오염물질 유출 여부뿐만 아니라 선박의 항행에 장애가 되는지도 평가하고 있다(해양환경관리법 시행규칙 제47조의2)

(1) 항행장애물(해사안전법)

「해사안전법」에서 항행장애물(航行障碍物)은 선박으로부터 떨어진 물건, 침몰·좌초된 선박 또는 이로부터 유실된 물건 등 해양수산부령으로 정하는 것으로서 선박항행에 장애가 되는 물건을 말한다.129) 따라서 난파물제거협약(WRC)에서 정하고 있는 항해에 장애가 되는 경우는 포함되나 환경오염 피해를 일으키는 것은 제외되어 있다.130)

「해사안전법」 제28조에 따라 항행장애물 제거책임자는 항행장애물을 제거하여야 하며, 항행장애물 제거책임자가 항행장애물을 제거하지 아니하는 때에는 해양수산부장관이 그 항행장애물 제거책임자에게 항행장애물을 제거하도록 명할 수 있다.

---

129) 해사안전법 제2조(정의) 17. "항행장애물"(航行障碍物)이란 선박으로부터 떨어진 물건, 침몰·좌초된 선박 또는 이로부터 유실(遺失)된 물건 등 해양수산부령으로 정하는 것으로서 선박항행에 장애가 되는 물건을 말한다.

130) 난파물제거협약(WRC) 제1조(정의) 이 협약의 목적을 위하여 다음과 같이 정의한다.
1. "협약영역"이란 국제법에 의해 정해진 체약국의 배타적 경제수역을 말한다. 다만, 체약국이 그러한 배타적 경제수역을 설정하고 있지 않은 경우에는 국제법에 따라 해당국가에 의해 정해진 영해와 인접한 영해 밖의 영역으로서 영해의 폭이 측정되어지는 기선으로부터 200해리 이내의 영역을 말한다.
2. "선박"이란 수중익선, 공기부양선, 잠수정, 부양선 및 부양식 해상구조물을 포함한 모든 형태의 해항선을 말한다. 다만, 부양식 해상구조물이 해저광물자원의 탐사, 개발 및 생산에 종사중일 경우에는 제외한다.
3. "해양사고"란 선박의 충돌, 좌초 그 밖의 항행상의 사고 또는 선박 내 혹은 선박 외의 그 밖의 사고로서, 선박 혹은 선박에 적재된 화물에 중대한 피해를 주거나 중대한 피해를 초래할 급박한 위협이 있는 것을 말한다.
4. "난파물"이란 해양사고 중 다음에 해당되는 경우를 말한다.
   (a) 침몰 또는 좌초된 선박; 또는
   (b) 침몰 또는 좌초된 선박 내에 있거나 있었던 모든 물체를 포함한 해당 선박의 어떠한 일부분 ; 또는
   (c) 선박으로부터 해양에 멸실되고 해양에서 좌초, 침몰 또는 표류하는 모든 물체, 또는
   (d) 위험에 처한 선박 또는 일체의 재산을 지원하기 위한 효과적인 조치가 더 이상 주어지지 않는 경우로서 침몰 또는 좌초하고 있거나 침몰 또는 좌초가 합리적으로 예상되는 선박
5. "위태"이란 다음 경우의 상태나 위협을 말한다.
   (a) 항해에 위험이나 장애를 야기하는 경우 ; 또는
   (b) 해양환경에 매우 해로운 결과를 일으키거나 1개국 또는 그 이상 국가의 해안선이나 관련 이익에 피해를 발생 시키는 것이 합리적으로 예상되는 경우

만약, 항행장애물 제거책임자가 이 명령을 불이행하거나 항행장애물이 선박의 항행안전이나 해양환경에 중대한 영향을 끼치는 경우 해양수산부장관이 직접 항행장애물을 제거할 수 있다.

항행장애물의 표시·제거에 쓰인 비용은 법 제29조에 따라 항행장애물 제거책임자의 부담으로 하되, 항행장애물 제거책임자를 알 수 없는 경우에는 그 항행장애물 또는 항행장애물을 발생시킨 선박을 공매(公賣) 등의 방법으로 처분하여 비용에 충당할 수 있다.

(2) 장애물(선박의 입항 및 출항 등에 관한 법률)

「해사안전법」보다 적용범위가 좁은 「선박입출항법」에서도 장애물 처리에 관한 규정이 있으며 항만의 원활한 운영을 추구하고 있으므로 난파물제거협약(WRC)이 채택되기 전부터 시행되고 있었다.

「선박입출항법」 제40조에 따라 해양수산부장관은 무역항의 수상구역등이나[131] 무역항의 수상구역 부근에서 선박의 항행을 방해하거나 방해할 우려가 있는 장애물을 발견한 경우에는 그 장애물의 소유자 또는 점유자에게 제거를 명할

---

131) 선박입출항법 제2조(정의) 2. "무역항의 수상구역등"이란 무역항의 수상구역과 「항만법」 제2조제5호가목(1)의 수역시설 중 수상구역 밖의 수역시설로서 해양수산부장관이 지정·고시한 것을 말한다.

- 항만법 제2조(정의) 5. "항만시설"이란 다음 각 목의 어느 하나에 해당하는 항만구역 안의 시설과, 다음 각 목의 어느 하나에 해당하는 항만구역 밖의 시설로서 해양수산부장관이 지정·고시한 것을 말한다.

  가. 기본시설

  (1) 항로·정박지·선유장(船留場)·선회장(旋回場) 등 수역시설(水域施設)

  (2) 방파제·방사제(防砂堤)·파제제(波除堤)·방조제·도류제(導流堤)·갑문·호안 등 외곽시설

  (3) 도로·교량·철도·궤도·운하 등 임항교통시설(臨港交通施設)

  (4) 안벽(岸壁)·물양장(物揚場)·잔교(棧橋)·부잔교(浮棧橋)·돌핀·선착장·램프(ramp) 등 계류시설(繫留施設)

수 있으며, 해양수산부장관은 장애물의 소유자 또는 점유자가 이 명령을 이행하지 아니하는 경우에는 「행정대집행법」 제3조 제1항 및 제2항에 따라 대집행(代執行)을 할 수 있도록 하고 있다.

해양수산부장관은 ① 장애물의 소유자 또는 점유자를 알 수 없는 경우, ② 수역시설을 반복적, 상습적으로 불법 점용하는 경우, ③ 그 밖에 선박의 항행을 방해하거나 방해할 우려가 있어 신속하게 장애물을 제거하여야 할 필요가 있는 경우에는 대집행 절차를 거치지 아니하고 장애물을 제거하는 등 필요한 조치를 할 수 있다.

이 경우 장애물을 제거하는 데 들어간 비용은 그 물건의 소유자 또는 점유자가 부담하되, 소유자 또는 점유자를 알 수 없는 경우에는 공매(公賣) 등의 방법으로 그 물건을 처분하여 비용에 충당한다.

해양수산부장관은 제거된 장애물을 직접보관 및 처리하거나 한국자산관리공사에게 장애물의 처리를 대행하도록 할 수 있으며 이때 해양수산부령으로 정하는 바에 따라 수수료를 지급할 수 있다.

1.5.2 해사안전법에 따른 항행장애물 처리절차

난파물제거협약(WRC)에 따른 일반적 제거절차는 아래와 같다.

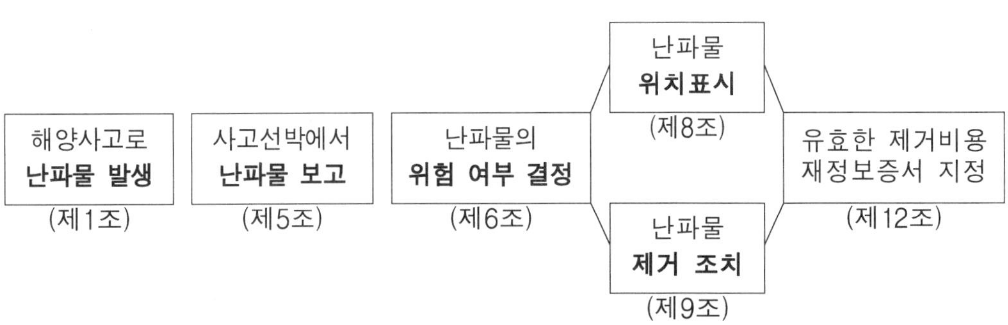

[그림 5-6] 난파물제거협약(WRC)에 따른 난파물 처리절차

난파물제거협약(WRC)의 목적은 배타적 경제수역(EEZ)에서 항해안전이나 환경에 유해한 난파물을 신속히 제거하기 위해 채택되었다. 이를 위해 정부는 난파물을 직접 제거하고 보험자에게 난파물 제거비용을 직접 청구할 수 있도록 하고 있다. 선박은 난파물 제거비용을 담보한다는 증서를 휴대하여야 한다.

「해사안전법」은 시행범위를 배타적 경제수역(EEZ)뿐만 아니라 영해까지 확장하고 있으며, 처리절차는 난파물제거협약(WRC)의 절차를 준용하고 있다.

1.5.3 향후 과제

우리나라는 난파물 제거명령 등 공법적 사항은 「해사안전법」과 기타 법률에 포함되어 있다고 볼 수 있다.

그러나 난파물 제거에 필요한 비용 징수를 위하여 비용지불 담보증서의 제출을 요구할 수 있으나[132] 제거비용 담보를 위해 어떤 증서를 어떻게 인정할 것인지에 대한 증서의 인정 방법이나 확인 절차에 관한 규정이 미비하고, 체약국이 아니므로 난파물 제거비용 담보를 위한 선주와 보험자의 계약을 인정하는 증서를 발급할 수 없다.

이는 「해사안전법」이 해사안전 확보를 위한 공법적 성격에 따라 사적인 계약 등에 관한 내용을 배제하고 오염사고를 제외한 난파물 제거를 위해 필요하다면 국가에서 개입하기 위한 내용으로 구성되었기 때문이라고 볼 수 있다.

따라서 난파물제거협약(WRC)을 비준함으로써 「유류오염손해배상 보장법」에서 정한 보험·보증·공제 사업자와 계약 서류를 난파물제거협약(WRC)의 서류로 인정하여 증서를 발급하는 사법적 사항에 대한 보완이 필요하다.

---

132) 해사안전법 제29조(비용징수 등) ① 해양수산부장관은 제26조제3항 및 제28조제3항에 따른 항행장애물의 표시·제거에 드는 비용의 징수에 대비하여 필요한 경우에는 선박소유자에게 비용 지불을 보증하는 서류의 제출을 요구할 수 있다.

항로표지법 상 항행장애물에 표시하여야 하는 항로표지로서 고립장해표지는 그림 5-7과 같은 형상이며, 흑색 바탕에 하나의 넓은 홍색 횡대를 두르고 있다. 신위험물 표지는 그림 5-8과 같으며, 치수가 동일한 청색과 황색의 수직 줄무늬이다.133)

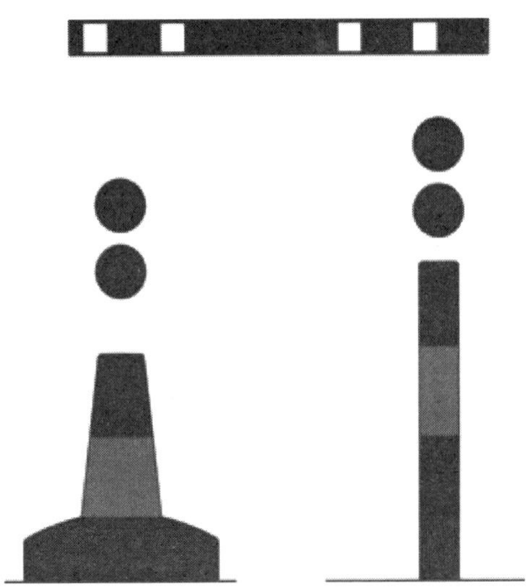

[그림 5-7] 고립장해표지 형상

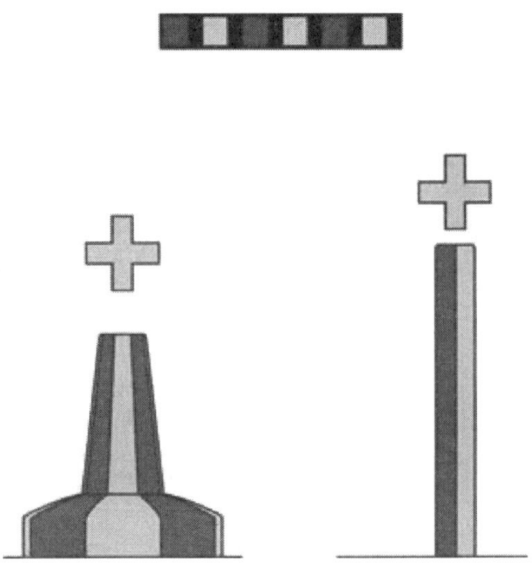

[그림 5-8] 신 위험물 표지 형상

133) 「항로표지의 기능 및 규격에 관한 기준」 제16조(신위험물표지의 설치기준) ① 신 위험물은 측방표지, 방위표지, 고립장해표지 또는 비상침선표지를 사용해서 적절히 표시해야 하며 청장은 해양사고 위험이 특히 높다고 생각되면 적어도 위에서 열거한 표지들 중 한 종류를 한쌍으로 설치해야 한다.
② ~ ⑦ (생략)

2. 국내 행정실무

「해사안전법」에는 사회적 파장이 큰 여객선 사고예방을 위해 해사안전감독관 제도를 두거나, 영해에서 안전한 해상교통로 확보를 위한 수역안전관리 제도 등 국내 고유의 여러 특징적인 행정행위를 위한 근거가 있다. UN해양법협약(UNCLOS)을 준용하여 배타적 경제수역(EEZ)에 해양시설 보호수역을 설정할 수 있는 근거도 제공하고 있다.

UN해양법협약에서는 영해의 범위를 기선에서부터 12해리까지 지정할 수 있도록 규정하고 있다.[134)]기선은 대축척해도에 표시된 해안의 저조선인 통상기선(Normal baseline)과 해안선이 매우 불안정한 곳에서는 섬과 섬 등을 연결한 직선기선(Straight baselines)이 있다.[135)]직선기선을 설정함에 따라 발생한 직선기선 안쪽 바다는 내수(Internal waters)라 한다.[136)]

---

134) UNCLOS 제3조(영해의 폭) 모든 국가는 이 협약에 따라 결정된 기선으로부터 12해리를 넘지 아니하는 범위에서 영해의 폭을 설정할 권리를 가진다.

135) UNCLOS 제5조(통상기선) 영해의 폭을 측정하기 위한 통상기선은 이 협약에 달리 규정된 경우를 제외하고는 연안국이 공인한 대축척해도에 표시된 해안의 저조선으로 한다.

UNCLOS 제7조(직선기선) 1. 해안선이 깊게 굴곡이 지거나 잘려 들어간 지역, 또는 해안을 따라 아주 가까이 섬이 흩어져 있는 지역에서는 영해기선을 설정함에 있어서 적절한 지점을 연결하는 직선기선의 방법이 사용될 수 있다.

2. 삼각주가 있거나 그 밖의 자연조건으로 인하여 해안선이 매우 불안정한 곳에서는, 바다쪽 가장 바깥 저조선을 따라 적절한 지점을 선택할 수 있으며, 그 후 저조선이 후퇴하더라도 직선기선은 이 협약에 따라 연안국에 의하여 수정될 때까지 유효하다.

3. 직선기선은 해안의 일반적 방향으로부터 현저히 벗어나게 설정할 수 없으며, 직선기선 안에 있는 해역은 내수제도에 의하여 규율될 수 있을 만큼 육지와 충분히 밀접하게 관련되어야 한다.

4. 직선기선은 간조 노출지까지 또는 간조노출지로부터 설정할 수 없다. 다만, 영구적으로 해면위에 있는 등대나 이와 유사한 시설이 간조노출지에 세워진 경우 또는 간조 노출지 사이의 기선설정이 일반적으로 국제적인 승인을 받은 경우에는 그러하지 아니하다.

5. 제1항의 직선기선의 방법을 적용하는 경우, 특정한 기선을 결정함에 있어서 그 지역에 특유한 경제적 이익이 있다는 사실과 그 중요성이 오랜 관행에 의하여 명백히 증명된 경우 그 경제적 이익을 고려할 수 있다.

6. 어떠한 국가도 다른 국가의 영해를 공해나 배타적 경제수역으로부터 격리시키는 방식으로 직선기선제도를 적용할 수 없다.

136) UNCLOS 제8조(내수) 1. 제4부에 규정된 경우를 제외하고는 영해기선의 육지쪽 수역은 그

주권국가는 자국의 영해를 영토와 같이 전적으로 자국법이 적용되는 영역으로 관리하고 있다. 다만 모든 국가의 선박은 UN해양법협약에 따라 모든 나라의 영해에서 무해통항(innocent passage) 할 수 있다.[137] 직선기선을 설정함에 따라 내수로 바뀐 수역에서도 무해통항권이 보장된다.

무해통항은 영해를 통과하는 통항의 한 종류로서[138] 연안국의 평화, 공공질서 또는 안전을 해치지 아니하는 한 무해한 통항으로 본다.[139] 연안국이 항해안전

국가의 내수의 일부를 구성한다.

2. 제7조에 규정된 방법에 따라 직선기선을 설정함으로써 종전에 내수가 아니었던 수역이 내수에 포함되는 경우, 이 협약에 규정된 무해통항권이 그 수역에서 계속 인정된다.

137) UNCLOS 제17조(무해통항권) 연안국이거나 내륙국이거나 관계없이 모든 국가의 선박은 이 협약에 따라, 영해에서 무해통항권을 향유한다.

138) UNCLOS 제18조(통항의 의미) 1. 통항이라 함은 다음의 목적을 위하여 영해를 지나서 항행함을 말한다.

(a) 내수에 들어가지 아니하거나 내수 밖의 정박지나 항구시설에 기항하지 아니하고 영해를 횡단하는 것; 또는

(b) 내수를 향하여 또는 내수로부터 항진하거나 또는 이러한 정박지나 항구시설에 기항하는 것

2. 통항은 계속적이고 신속하여야 한다. 다만, 정선이나 닻을 내리는 행위가 통상적인 항행에 부수되는 경우, 불가항력이나 조난으로 인하여 필요한 경우, 또는 위험하거나 조난상태에 있는 인명·선박 또는 항공기를 구조하기 위한 경우에는 통항에 포함된다.

139) UNCLOS 제19조(무해통항의 의미) 1. 통항은 연안국의 평화, 공공질서 또는 안전을 해치지 아니하는 한 무해하다. 이러한 통항은 이 협약과 그 밖의 국제법규칙에 따라 이루어진다.

2. 외국선박이 영해에서 다음의 어느 활동에 종사하는 경우, 외국선박의 통항은 연안국의 평화, 공공질서 또는 안전을 해치는 것으로 본다.

(a) 연안국의 주권, 영토보전 또는 정치적 독립에 반하거나, 또는 국제연합헌장에 구현된 국제법의 원칙에 위반되는 그 밖의 방식에 의한 무력의 위협이나 무력의 행사

(b) 무기를 사용하는 훈련이나 연습

(c) 연안국의 국방이나 안전에 해가 되는 정보 수집을 목적으로 하는 행위

(d) 연안국의 국방이나 안전에 해로운 영향을 미칠 것을 목적으로 하는 선전행위

(e) 항공기의 선상 발진·착륙 또는 탑재

(f) 군사기기의 선상 발진·착륙 또는 탑재

(g) 연안국의 관세·재정·출입국관리 또는 위생에 관한 법령에 위반되는 물품이나 통화를 싣고 내리는 행위 또는 사람의 승선이나 하선

(h) 이 협약에 위배되는 고의적이고도 중대한 오염행위

(i) 어로활동

(j) 조사활동이나 측량활동의 수행

(k) 연안국의 통신체계 또는 그 밖의 설비·시설물에 대한 방해를 목적으로 하는 행위

(l) 통항과 직접 관련이 없는 그 밖의 활동

등을 위해 무해통항에 관한 법령을 제정할 수도 있다.[140)]

우리나라는 국내법과 UN해양법협약에 따라 영해 또는 배타적 경제수역(EEZ)에서 ① 해양시설 보호수역, ② 교통안전 특정해역, ③ 유조선 통항금지해역, ④ 시운전 금지해역 ⑤ 항로의 지정 등과 같은 수역 안전관리제도를 운영하고 있다.[141)] 특히 유조선 통항금지해역은 거의 전 연안을 따라 설정되어 있는 우리나라 고유의 대표적인 해양환경 보호시책 중의 하나이다.

수역의 관리주체는 「공유수면법」에 따라 기본적으로 배타적 경제수역(EEZ)과 항만구역은 해양수산부 장관이며, 영해 등 그 외 수역은 지방자치단체의 장이 맡고 있으나[142)] 개별 법령에 따라 해상교통안전 또는 해양환경보호를 이유로

---

140) UNCLOS 제21조(무해통항에 관한 연안국의 법령) 1. 연안국은 이 협약의 규정과 그 밖의 국제법규칙에 따라 다음 각호의 전부 또는 일부에 대하여 영해에서 무해통항에 관한 법령을 제정할 수 있다.
(a) 항행의 안전과 해상교통의 규제
(b) 항행보조수단과 설비 및 그 밖의 설비나 시설의 보호
(c) 해저전선과 관선의 보호
(d) 해양생물자원의 보존
(e) 연안국의 어업법령 위반방지
(f) 연안국의 환경보전과 연안국 환경오염의 방지, 경감 및 통제
(g) 해양과학조사와 수로측량
(h) 연안국의 관세・재정・출입국관리 또는 위생에 관한 법령의 위반방지
2. 이러한 법령이 일반적으로 수락된 국제규칙이나 기준을 시행하는 것이 아닌 한 외국선박의 설계, 구조, 인원배치 또는 장비에 대하여 적용하지 아니한다.
3. 연안국은 이러한 모든 법령을 적절히 공표하여야 한다.
4. 외국선박이 영해에서 무해통항권을 행사하는 경우, 이러한 모든 법령과 해상충돌방지에 관하여 일반적으로 수락된 모든 국제규칙을 준수하여야 한다.

141) 해사안전법 제68조에 따른 통항분리제도 등도 있으나 국제해상충돌예방규칙협약에 따른 것이므로 본 서에서는 제외하였다.

142) 공유수면법 제4조(공유수면의 관리) ① 공유수면을 관리하는 국가나 지방자치단체는 공유수면을 보전하고 지속적으로 이용할 수 있도록 환경친화적으로 관리하여야 한다.
② 다음 각 호의 어느 하나에 해당하는 공유수면은 해양수산부장관이 관리하고, 그 밖의 공유수면은 특별자치시장・특별자치도지사・시장・군수・구청장(자치구의 구청장을 말한다. 이하 같다)이 관리한다.
1. 「배타적 경제수역 및 대륙붕에 관한 법률」 제2조에 따른 배타적 경제수역
2. 그 밖에 대통령령으로 정하는 공유수면
- 공유수면법 시행령 제2조(해양수산부장관이 관리하는 공유수면) 「공유수면 관리 및 매립

해양수산부 장관이 영해의 여러 부분을 지정하여 관장하고 있다.

2.1 해사안전감독관

2014. 4. 16일 오전에 한반도 남서해안의 맹골수도에서 발생한 여객선 세월호 전복사고에 따른 후속대책의 하나로 정부는 해사안전감독관 제도를 도입하였다.143)

에 관한 법률」(이하 "법"이라 한다) 제4조제2항제2호에서 "대통령령으로 정하는 공유수면"이란 다음 각 호의 어느 하나에 해당하는 공유수면을 말한다.

1. 「항만법」 제3조제1항제1호에 따른 무역항의 항만구역 안의 공유수면
2. 「항만법」 제3조제1항제2호에 따른 연안항의 항만구역 안의 공유수면

143) 「해사안전법」 제58조(지도 · 감독) ① 해양수산부장관은 해양사고가 발생할 우려가 있거나 해사안전관리의 적정한 시행 여부를 확인하기 위하여 필요한 경우 등 해양수산부령으로 정하는 경우에는 제2항에 따른 해사안전감독관으로 하여금 정기 또는 수시로 다음 각 호의 조치를 하게 할 수 있다. 다만, 「수상레저안전법」에 따른 수상레저기구와 선착장 등 수상레저시설, 「유선 및 도선 사업법」에 따른 유 · 도선, 유 · 도선장에 대해서는 그러하지 아니하다. <개정 2013. 3. 23., 2014. 5. 14.>

1. 선장, 선박소유자, 안전진단대행업자, 안전관리대행업자, 그 밖의 관계인에게 출석 또는 진술을 하게 하는 것
2. 선박이나 사업장에 출입하여 관계 서류를 검사하게 하거나 선박이나 사업장의 해사안전관리 상태를 확인 · 조사 또는 점검하게 하는 것
3. 선장, 선박소유자, 안전진단대행업자, 안전관리대행업자, 그 밖의 관계인에게 관계 서류를 제출하게 하거나 그 밖에 해사안전관리에 관한 업무를 보고하게 하는 것

② 제1항에 따른 지도 · 감독 업무를 수행하기 위하여 해양수산부에 해사안전감독관을 둔다. 다만, 제99조제1항에 따라 해양수산부장관의 지도 · 감독 권한의 일부를 위임하는 경우에는 그 권한을 위임받은 기관의 장이 소속된 기관에 해사안전감독관을 둔다. <신설 2014. 5. 14.>

③ 제1항제1호 또는 제2호의 조치(이하 "지도 · 감독"이라 한다)를 실시하려는 해사안전감독관은 지도 · 감독 실시일 7일 전까지 지도 · 감독의 목적, 내용, 날짜 및 시간 등을 서면으로 해당 지도 · 감독의 대상이 되는 자에게 알려야 한다. 다만, 긴급한 경우 또는 사전에 지도 · 감독의 실시를 알리면 증거 인멸 등으로 해당 지도 · 감독의 목적을 달성할 수 없다고 인정되는 경우에는 그러하지 아니할 수 있다. <개정 2014. 5. 14.>

④ 제1항에 따라 지도 · 감독을 실시하는 해사안전감독관은 그 권한을 표시하는 증표를 지니고 이를 관계인에게 내보여야 한다. <개정 2014. 5. 14.>

⑤ 제1항에 따라 지도 · 감독을 실시한 해사안전감독관은 그 결과를 서면으로 해당 지도 · 감독의 대상이 되는 자에게 알려야 한다. <개정 2014. 5. 14.>

⑥ 제2항에 따른 해사안전감독관의 자격 · 임면 및 직무범위에 관하여 필요한 사항은 대통령령으로 정한다. <신설 2014. 5. 14.>

⑦ 제1항부터 제5항까지에서 규정한 사항 외에 지도 · 감독에 필요한 사항은 해양수산부령

해사안전감독관은 수상레저기구와 선착장 등 수상레저시설, 유·도선과 유·도선장을 제외한 국적선박이나 사업장에 대한 안전관리를 강화하고자 임기제로 고용된다. 해사안전감독관이 되려는 자는 1급 항해사나 기관사 면허를 소지하고 일정기간 해사분야에 근무하였거나, 선급 기관에서 선박검사원으로 일정기간 근무한 경력 등을 갖추어야 한다.144) 따라서 관제사나 항만국통제관보다 더 엄격한 자격요건을 갖추어야 한다.

전문분야별로 선박의 운항 및 여객안전과 관련된 업무를 담당하는 운항감독관과, 선체·기관의 정비상태 등 선박의 감항성 관련 업무를 맡는 감항감독관이 있으며, 담당 선박별로는 여객선감독관, 화물선감독관 및 원양어선감독관으로 구분된다. 실무에서는 전국의 지방해양항만청에 배치되어 주로 내항 여객선의 안전관리를 담당하고 있다.

해사안전감독관은 해사안전법령과 해운법령에 따라 정기적으로 또는 수시로 선박, 선사 및 여객선 운항관리자 등에 대한 지도·감독을 수행하며 개선이나 시정을 요청할 수 있다. 선박 시설의 보완이나 대체가 필요한 긴급한 사항이 발견된 경우에는 선박의 항행정지를 명할 수도 있다. 구체적인 직무에 대해서는 해양수산부 훈령인 '해사안전감독관 업무규정' 제9조에서 다음과 같이 정하고 있다.

1. 「해사안전법」 제58조 제1항에 따른 정기 또는 수시 지도·감독
2. 「해사안전법」 제59조 제1항에 따른 개선명령
3. 「해사안전법」 제59조 제2항에 따른 항행정지명령의 집행 및 이행 확인
4. 해운법령 및 「여객선안전관리지침」에 따른 다음 각 목의 업무(여객선 감독관에 한한다)

   가. 여객선 특별점검

으로 정한다.

144) 해사안전법 시행령 [별표 4의2]

나. 운항관리자(「해운법」 제22조 제2항에 따른 운항관리자를 말한다, 이하 같다)의 보고 접수

다. 운항관리규정 심사·변경요구

라. 운항관리규정 이행상태 보고 접수

마. 운항관리자에 대한 지도·감독

바. 종선 운항 지도·감독

사. 그 밖에 해운법령에 따라 여객선 안전관리에 필요한 지도·감독 업무

5. 「원양산업발전법」 및 원양어선안전관리지침에 따른 다음 각 목의 업무(원양어선감독관에 한한다)

가. 원양어선 특별 점검

나. 원양어선 안전관리지침 자율이행의 보고 접수·점검 및 지도

다. 원양어선 안전관리지침 규정 개정요소 식별·변경 요구

라. 표준 안전관리매뉴얼의 이행 점검

마. 자격있는 법정 승무정원의 승선여부 현장점검

바. 출항전 선박 안전 점검

사. 그 밖에 원양어선 안전관리에 필요한 지도·감독 업무

6. 해양사고 예방 및 적정한 해사안전관리 시행 여부의 확인을 위하여 장관이 지시하는 업무

2.2 해양시설 보호수역

이어도의 해양과학기지나 동해 가스전은 배타적 경제수역(EEZ)에 설치된 해양시설이며, 해안을 따라 영해 내에 설치된 풍력단지 등도 해양시설이다.145)

「해사안전법」 제8조에 따라 이를 보호하기 위한 수역을 설정할 수 있다.146) 수역의 범위는 UN해양법협약에 따라 500 미터를 넘을 수 없으며,147) 「해사

145) 해사안전법 제2조(정의) 15. "해양시설"이란 자원의 탐사・개발, 해양과학조사, 선박의 계류(繫留)・수리・하역, 해상주거・관광・레저 등의 목적으로 해저(海底)에 고착된 교량・터널・케이블・인공섬・시설물이거나 해상부유 구조물로서 선박이 아닌 것을 말한다.

146) 해사안전법 제8조(보호수역의 설정 및 입역허가) ① 해양수산부장관은 해양시설 부근 해역에서 선박의 안전항행과 해양시설의 보호를 위한 수역(이하 "보호수역"이라 한다)을 설정할 수 있다.
② 누구든지 보호수역에 입역(入域)하기 위하여는 해양수산부장관의 허가를 받아야 하며, 해양수산부장관은 해양시설의 안전 확보에 지장이 없다고 인정하거나 공익상 필요하다고 인정하는 경우 보호수역의 입역을 허가할 수 있다. <개정 2013. 3. 23.>
③ 해양수산부장관은 제2항에 따른 입역허가에 필요한 조건을 달 수 있다. <개정 2013. 3. 23.>
④ 해양수산부장관은 제2항에 따른 입역허가에 관하여 필요하면 관계 행정기관의 장과 협의하여야 한다. <개정 2013. 3. 23.>
⑤ 보호수역의 범위는 대통령령으로 정하고, 보호수역 입역허가 등에 필요한 사항은 해양수산부령으로 정한다. <개정 2013. 3. 23.>

147) UNCLOS 제60조(배타적 경제수역에서 인공섬, 시설 및 구조물) 1. 배타적 경제수역에서 연안국은 다음을 건설하고, 이에 관한 건설・운용 및 사용을 허가하고 규제하는 배타적 권리를 가진다.
(a) 인공섬
(b) 제56조에 규정된 목적과 그 밖의 경제적 목적을 위한 시설과 구조물
(c) 배타적 경제수역에서 연안국의 권리행사를 방해할 수 있는 시설과 구조물
2. 연안국은 이러한 인공섬, 시설 및 구조물에 대하여 관세・재정・위생・안전 및 출입국관리 법령에 관한 관할권을 포함한 배타적 관할권을 가진다.
3. 이러한 인공섬・시설 또는 구조물의 건설은 적절히 공시하고, 이러한 것이 있다는 사실을 경고하기 위한 영구적 수단을 유지한다. 버려졌거나 사용되지 아니하는 시설이나 구조물은 항행의 안전을 보장하기 위하여 제거하며, 이 경우 이와 관련하여 권한 있는 국제기구에 의하여 수립되어 일반적으로 수락된 국제기준을 고려한다. 이러한 제거작업을 수행함에 있어서 어로・해양환경 보호 및 다른 국가의 권리와 의무를 적절히 고려한다. 완전히 제거되지 아니한 시설 또는 구조물의 깊이, 위치 및 규모는 적절히 공표한다.
4. 연안국은 필요한 경우 항행의 안전과 인공섬・시설 및 구조물의 안전을 보장하기 위하여 이러한 인공섬・시설 및 구조물의 주위에 적절한 조치를 취할 수 있는 합리적인 안전수역을 설치할 수 있다.
5. 연안국은 적용가능한 국제기준을 고려하여 안전수역의 폭을 결정한다. 이러한 수역은 인공섬・시설 또는 구조물의 성격 및 기능과 합리적으로 연관되도록 설정되고, 일반적으로 수락된 국제기준에 의하여 허용되거나 권한있는 국제기구가 권고한 경우를 제외하

안전법」에서도 해역의 선박교통량 및 국제적인 기준을 고려하여 정하도록 함에 따라 500미터를 넘을 수 없다.148)

유럽 북해 등의 해상 석유시추시설의 경우에도 부근 500미터 이내로 선박이 접근하지 못하도록 안전수역(Safety zone)을 설정하고 있다.149)

해양수산부장관은 해양시설 부근 해역에서 선박의 안전항행과 해양시설의 보호를 위한 수역을 설정하고, 위임규정에 따라 지방해양수산청장은 입역하려는 선박에 대해 허가 할 수 있도록 하고 있다.

예외적으로 허가가 필요하지 않은 경우는 제9조에 따라 ① 선박의 고장이나 그 밖의 사유로 선박 조종이 불가능한 경우, ② 해양사고를 피하기 위하여 부득이한 사유가 있는 경우, ③ 인명을 구조하거나 또는 급박한 위험이 있는 선박을 구조하는 경우, ④ 관계 행정기관의 장이 해상에서 안전 확보를 위한 업무를 하는 경우, ⑤ 해양시설을 운영하거나 관리하는 기관이 그 해양시설의 보호수역에 들어가려고 하는 경우로 제한하고 있다.150)

고는 그 바깥쪽 끝의 각 점으로부터 측정하여 500미터를 넘을 수 없다. 안전수역의 범위는 적절히 공시한다.

6. 모든 선박은 이러한 안전수역을 존중하며 인공섬·시설·구조물 및 안전수역 주변에서 일반적으로 수락된 항행에 관한 국제기준을 준수한다.
7. 인공섬·시설·구조물 및 그 주위의 안전수역은 승인된 국제항행에 필수적인 항로대 이용을 방해할 수 있는 곳에 설치할 수 없다.
8. 인공섬·시설 및 구조물은 섬의 지위를 가지지 아니한다. 이들은 자체의 영해를 가지지 아니하며 이들의 존재가 영해, 배타적 경제수역 또는 대륙붕의 경계획정에 영향을 미치지 아니한다.

148) 해사안전법 시행령 제5조(보호수역의 고시 등) ① 해양수산부장관은 법 제8조제1항에 따라 보호수역을 설정하는 경우에는 해당 보호수역의 위치 및 범위를 고시하고 해도(海圖)에 표시하여야 한다. 보호수역을 변경하거나 폐지하는 경우에도 또한 같다.
② 법 제8조제5항에 따른 보호수역의 범위는 법 제3조제1항제4호에 따른 해양시설 부근 해역의 선박교통량 및 「해양법에 관한 국제연합 협약」에 따른 국제적인 기준을 고려하여 정한다.

149) 영국은 UN해양법협약(UNCLOS)의 안전수역(Safety zones)에 근거하여 제정한 1987년 석유법(Petroleum Act) 제23조(안전수역 : 위반)에 따라 특별한 경우가 아니고는 안전수역 입역을 금지하고 있다. 대다수의 EU 국가에서 유사한 법률을 갖추고 있다.

150) 해사안전법 제9조(보호수역의 입역) ① 제8조제2항에도 불구하고 다음 각 호의 어느 하나에 해당하면 해양수산부장관의 허가를 받지 아니하고 보호수역에 입역할 수 있다. <개정 2013. 3. 23.>
1. 선박의 고장이나 그 밖의 사유로 선박 조종이 불가능한 경우
2. 해양사고를 피하기 위하여 부득이한 사유가 있는 경우

현재는 사안별로 개별적 입역허가를 받도록 규정하고 있으나 향후에 대규모 해상 풍력단지 등이 설치되고 단지 안에서 조업 등을 위해 어선의 빈번한 출입이 필요할 경우에는 포괄적 허가에 관한 사항을 수용하기 위한 법 개정이 필요하다.

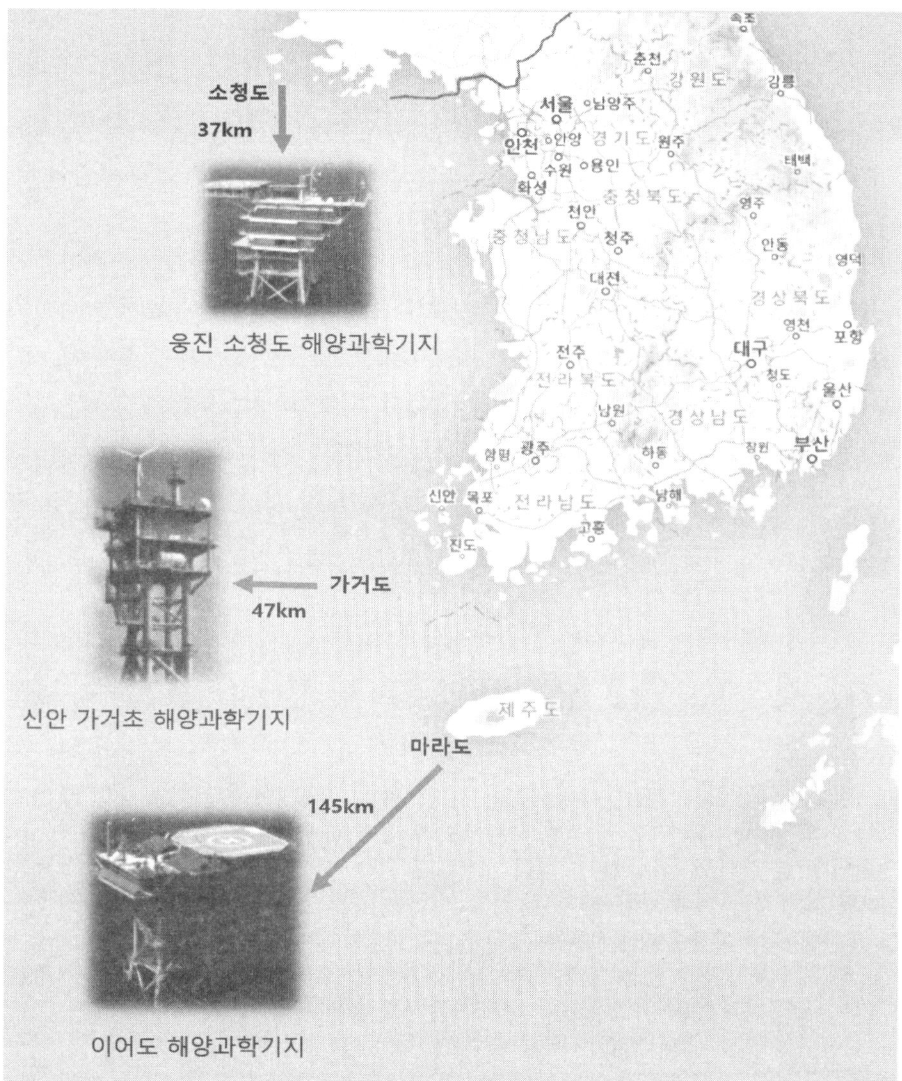

[그림 5-9] 해양과학기지 위치

---

3. 인명을 구조하거나 또는 급박한 위험이 있는 선박을 구조하는 경우
4. 관계 행정기관의 장이 해상에서 안전 확보를 위한 업무를 하는 경우
5. 해양시설을 운영하거나 관리하는 기관이 그 해양시설의 보호수역에 들어가려고 하는 경우

② 제1항에 따른 입역 등에 필요한 사항은 해양수산부령으로 정한다. <개정 2013. 3. 23.>

2.3 교통안전 특정해역

교통량이 아주 많거나 거대선, 위험화물운반선, 고속여객선 등의 통항이 잦은 해역으로서 해양사고가 발생할 우려가 있는 해역을 교통안전 특정해역으로 정하고 있다.[151]

특정해역은 항만의 수상구역과 연결되어 있으며, 현재 ① 인천구역, ② 부산구역, ③ 울산구역, ④ 포항구역 및 ⑤ 여수구역이 교통안전 특정해역으로 지정되어 관리되고 있다.[152]

이 해역은 「해사안전법」으로 전부개정되기 전의 법률인 「해상교통안전법」 및 같은 법 시행령에 따라 1988년에 최초로 지정되었으며, 「개항질서법」에 따른 수상구역등에서 규제하고 있는 교통에 방해가 되는 어구 설치나 어로의 제한, 공사 허가 등에 관한 규제가 특정해역에서도 유사하게 실시됨으로써 선박운항의 안전 및 질서 유지를 우선시하는 수역을 항만구역 밖으로 확장한 효과가 있다고 볼 수 있다.

교통안전 특정해역에서도 「선박입출항법」에 따른 항로와[153] 같이 항로를 지정하고 있다. 인천구역, 부산구역, 여수구역은 지정항로를 운영하고 있으므로

---

151) 해사안전법 제10조(교통안전특정해역의 설정 등) ① 해양수산부장관은 다음 각 호의 어느 하나에 해당하는 해역으로서 대형 해양사고가 발생할 우려가 있는 해역(이하 "교통안전특정해역"이라 한다)을 설정할 수 있다.
1. 해상교통량이 아주 많은 해역
2. 거대선, 위험화물운반선, 고속여객선 등의 통항이 잦은 해역
② 해양수산부장관은 관계 행정기관의 장의 의견을 들어 해양수산부령으로 정하는 바에 따라 교통안전특정해역 안에서의 항로지정제도를 시행할 수 있다.
③ 교통안전특정해역의 범위는 대통령령으로 정한다.

152) 부산 앞바다는 「영해 및 접속수역법 제1조(영해의 범위)」에 따라 영해는 3마일로 제한되고, 그 밖의 수역은 공해이자 국제해협이다. 그러나 부산 앞바다의 특정해역은 영해 한계선 밖까지 확장되어 있다.

153) 선박입출항법 제2조(정의) 11. "항로"란 선박의 출입 통로로 이용하기 위하여 제10조에 따라 지정·고시한 수로를 말한다.
- 해사안전법 제2조(정의) 20. "항로지정제도"란 선박이 통항하는 항로, 속력 및 그 밖에 선박 운항에 관한 사항을 지정하는 제도를 말한다.

해당 특정해역에서 ① 해양경비・해양오염방제 및 항로표지의 설치 등을 위하여 긴급히 항행할 필요가 있는 경우, ② 해양사고를 피하거나 인명이나 선박을 구조하기 위하여 부득이한 경우, ③ 교통안전 특정해역과 접속된 항구에 입・출항하지 아니하는 경우가 아니고는 지정항로를 이용하여 항행하여야 한다.

〈표 5-4〉 교통안전특정해역 현황

구역	면적 (km^2)	길이 (해리)	폭 (해리)	지정항로 폭 (km)	속력제한 (Knots)
인천구역	137.3	동: 19, 서: 22	1	1.2~1.8	-
부산구역	215	12	6	0.5~1.4	10
여수구역	130.2	18	1~4	0.7~2.2	14 (위험물 운반선: 12)
울산구역	298	12	11	-	-
포항구역	709	35	24	-	-

특정해역의 부산항 출입항로는 대수속력 10노트, 광양항 출입항로는 14노트, 위험화물운반선은 12노트 이상 속력으로 통항하여서는 아니 되며[154], 인천항 출입항로, 부산항 출입항로 및 광양만 출입항로는 일반적인 항법은 물론 별도 지정된 항법을 준수하여야 한다.

154) 해사안전법 시행규칙 [별표 3]

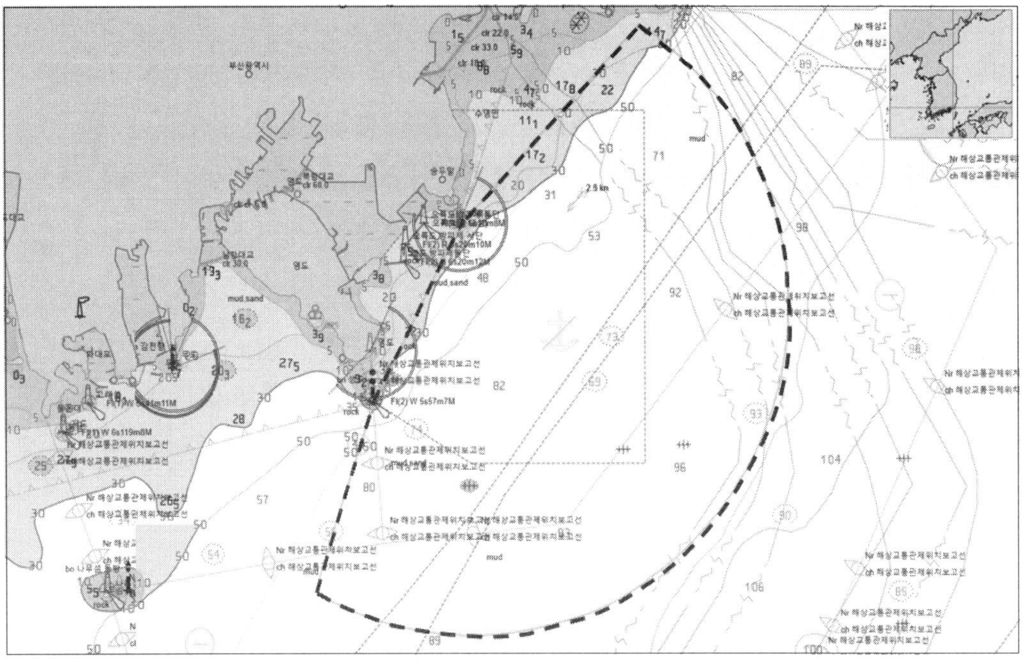

[그림 5-10] 부산구역 교통안전 특정해역

또한, 교통안전 특정해역에서는 항로지정제도에 따르는 선박의 통항에 지장을 주는 어로작업, 어망 · 어구설치 또는 양식어업을 하여서는 아니 되며155), 허가받지 않은 해저전선 · 해저파이프라인의 부설, 준설, 측량 등 선박의 항행에 지장을

155) 해사안전법 제12조(어업의 제한 등) ① 교통안전특정해역에서 어로 작업에 종사하는 선박은 항로지정제도에 따라 그 교통안전특정해역을 항행하는 다른 선박의 통항에 지장을 주어서는 아니 된다.
② 교통안전특정해역에서는 어망 또는 그 밖에 선박의 통항에 영향을 주는 어구 등을 설치하거나 양식어업을 하여서는 아니 된다.
③ 교통안전특정해역으로 정하여지기 전에 그 해역에서 면허를 받은 어업권을 행사하는 경우에는 해당 어업면허의 유효기간이 끝나는 날까지 제2항을 적용하지 아니한다.
④ 특별자치도지사 · 시장 · 군수 · 구청장(자치구의 구청장을 말한다)이 교통안전특정해역에서 어업면허를 허가(어업면허의 유효기간 연장허가를 포함한다)하려는 경우에는 미리 해양경찰청장과 협의하여야 한다.
- 선박입출항법 제44조(어로의 제한) 누구든지 무역항의 수상구역등에서 선박교통에 방해가 될 우려가 있는 장소 또는 항로에서는 어로(漁撈)(어구 등의 설치를 포함한다)를 하여서는 아니 된다.

줄 우려가 있는 공사 또는 작업을 하여서는 아니 된다.156)

교통안전 특정해역에서 해저전선·해저파이프라인의 부설, 준설, 측량 등 선박의 항행에 지장을 줄 우려가 있는 공사나 작업을 하려면 관할 해양경찰서장의 허가를 받아야 한다.

공사 또는 작업의 허가 신청은 허가신청서에 허가신청의 적합성을 검토하기 위하여 필요한 서류를 첨부하여 긴급할 때를 제외하고는 공사 또는 작업 개시 30일전까지 관할 해양경찰서장에게 제출하여야 한다.

---

156) 해사안전법 제13조(공사 또는 작업) ① 교통안전특정해역에서 해저전선이나 해저파이프라인의 부설, 준설, 측량, 침몰선 인양작업 또는 그 밖에 선박의 항행에 지장을 줄 우려가 있는 공사나 작업을 하려는 자는 해양경찰청장의 허가를 받아야 한다. 다만, 관계 법령에 따라 국가가 시행하는 항로표지 설치, 수로 측량 등 해사안전에 관한 업무의 경우에는 그러하지 아니하다.
② 해양경찰청장은 제1항에 따른 허가를 하면 그 사실을 해양수산부장관에게 보고하여야 하며, 해양수산부장관은 이를 고시하여야 한다.
③ 해양경찰청장은 제1항에 따라 공사 또는 작업의 허가를 받은 자가 다음 각 호의 어느 하나에 해당하면 그 허가를 취소하거나 6개월의 범위에서 공사나 작업의 전부 또는 일부의 정지를 명할 수 있다. 다만, 제1호 또는 제4호에 해당하는 경우에는 그 허가를 취소하여야 한다.
1. 거짓이나 그 밖의 부정한 방법으로 제1항에 따른 허가를 받은 경우
2. 공사나 작업이 부진하여 이를 계속할 능력이 없다고 인정되는 경우
3. 제1항에 따라 허가를 할 때 붙인 허가조건 또는 허가사항을 위반한 경우
4. 정지명령을 위반하여 정지기간 중에 공사 또는 작업을 계속한 경우
④ 제1항에 따라 허가를 받은 자는 해당 허가기간이 끝나거나 허가가 취소되었을 때에는 해당 구조물을 제거하고 원래 상태로 복구하여야 한다.
⑤ 제1항에 따른 공사나 작업의 허가, 제3항에 따른 행정처분의 세부기준과 절차, 그 밖에 필요한 사항은 해양수산부령으로 정한다.

- 선박입출항법 제41조(공사 등의 허가) ① 무역항의 수상구역등이나 무역항의 수상구역 부근에서 대통령령으로 정하는 공사 또는 작업을 하려는 자는 해양수산부령으로 정하는 바에 따라 해양수산부장관의 허가를 받아야 한다.
② 해양수산부장관이 제1항에 따른 허가를 할 때에는 선박교통의 안전과 화물의 보전 및 무역항의 안전에 필요한 조치를 명할 수 있다.

[그림 5-11] 교통안전 특정해역의 위치

■ 해사안전법 시행규칙 [별표 4]

교통안전특정해역 지정항로에서의 항법(제7조제1항제3호 관련)

항로명	항법
인천항 출입항로	1. 선박이 인천항에 입항하고자 하는 경우에는 별표 2에 따른 인천항 출입항로의 입항항로(제1항로, 동수도항로)로 항행하여야 하고, 출항하고자 하는 경우에는 출항항로(제2항로, 서수도항로)로 항행하여야 한다. 2. 제1호에도 불구하고 길이 30미터 미만의 선박 또는 범선은 입항항로 및 출항항로의 바깥해역을 이용하여 출항하거나 입항할 수 있으며, 덕적도 서북쪽 해역에서 인천항으로 항행하는 선박은 출항항로의 바깥해역을 안전하게 항행할 수 있는 경우에는 출항항로의 바깥해역을 항행할 수 있으나 입항항로 또는 출항항로를 따라 항행하는 다른 선박의 안전한 통항을 방해하여서는 아니 된다. 3. 제2호에 따라 덕적도 서북쪽 해역에서 인천항으로 항행하고자 하는 선박은 낮에는 제1대표기 밑에 엔(N)기를 게양하여야 하며, 밤에는 음향신호, 발광신호 또는 무선전화 등을 이용하여 항로를 정상적으로 항행하고 있는 다른 선박이 충분히 식별할 수 있도록 적절한 조치를 취하여야 한다.
부산항 출입항로	1. 선박이 부산항에 입항하고자 하는 경우에는 별표 2에 따른 부산항 출입항로의 입항항로로 항행하여야 하고, 출항하고자 하는 경우에는 출항항로로 항행하여야 한다. 2. 제1호에도 불구하고 길이 20미터 미만의 선박 또는 범선은 부산항 출입항로의 바깥해역을 이용하여 입항하거나 출항할 수 있으나, 입항항로 또는 출항항로를 따라 항행하는 다른 선박의 안전한 통항을 방해하여서는 아니 된다.
광양만 출입항로	1. 선박이 별표 2에 따른 광양만 출입항로를 항행하고자 하는 경우에는 입항선박은 입항항로로 항행하여야 하고, 출항선박은 출항항로로 항행하여야 한다. 2. 제1호에도 불구하고 길이 20미터 미만의 선박 또는 범선은 광양만 출입항로의 바깥해역을 이용하여 입항하거나 출항할 수 있으

항로명	항법
	나. 입항항로 또는 출항항로를 따라 항행하는 다른 선박의 안전한 통항을 방해하여서는 아니 된다. 3. 흘수제약선은 깊은수심항로가 설정된 수역에서는 동 항로를 따라 항행하여야 하고 항로 안에서 마주칠 우려가 있는 경우에는 깊은 수심항로의 오른편으로 항행하여야 한다. 다만, 흘수제약을 받지 아니하는 선박은 급박한 위험을 피하기 위한 경우를 제외하고는 깊은수심항로를 항행하여서는 아니 된다.
	4. 제1호에 따라 항로지정방식에 따라 항행하는 선박이 서로 충돌의 위험이 있을 경우에는 흘수제약을 받지 아니하는 선박이 흘수제약선의 진로를 피하여야 한다. 5. 주의해역에서 항행하는 모든 선박은 충돌을 회피하기 위한 최상의 조종 준비상태를 유지하여야 하고, 통상적인 통항흐름에 따라 항행하여야 한다.

※ 비고

위 표에서 정한 항법 외의 사항에 대하여는 법 제68조에 따른 통항분리수역에서의 항법에 따른다. 이 경우, 법 제68조제4항 및 제10항에 따른 선박에는 길이 30미터 미만의 선박을 포함한다.

교통안전 특정해역에서는 어로작업이 제한됨에 따라 수시로 특정해역을 폐지해 달라는 어업인들의 민원이 발생하고 있다. 그러나 교통안전 특정해역은 위험물 운반선의 출입이 잦거나 해상 교통량이 폭주하는 해역이며, 항만구역과 연결되어 있는 특별관리해역으로서 대형 해양사고를 예방하는 중요한 역할을 담당해 오고 있다.

현재까지 유지해 온 특정해역을 축소하거나 폐지하기 보다는 유효한 어업권을 국가에서 사들이거나 보상하는 방안이 오히려 장기적으로 국익에 부합할 것이다.

2.4 유조선 통항금지해역

1995. 7. 23일14시 20분경 전남 여천시 소리도 앞바다에서 총톤수 144,567톤의 초대형 유조선 '씨 프린스호'가 피항 중 좌초하여 대형 해양오염사고가 발생하였다. 그리고 같은 해 9월 21일 04시 55분경 울산항에서 광양항으로 항행중이던 총톤수 1,591톤의 유조선 제1유일호가 부산항 남형제도 앞바다에서 좌초하였으며 피예인 중이던 같은 날 12시경 침몰하였다.

이에 따라 정부는 유조선의 안전운항을 확보하고 해양사고로 인한 해양오염 피해를 저감하기 위하여 일정 규모 이상의 기름이나 유해액체물질을 싣고 다니는 선박이 항행하여서는 아니 되는 해역을 '유조선 통항금지해역'으로 정하게 되었다.

1997. 12. 17일 일부개정된 「해상교통안전법」에 '유조선 안전항로'라는 명칭으로 도입되었으며[157] 당시 적용대상 선박은 ① 경유 또는 중유를 1천500킬로미터 이상 싣고 운반하는 선박, ② 해양오염방지법 제2조제3호의 규정에 의한 유해액체물질을 1천500톤 이상 싣고 운반하는 선박으로 규정되어 있었으므로 원유운반선은 포함되지 아니하였다.

2002. 12. 26일 일부개정된 법에서 유조선 안전항로를 유조선 통항금지해역으로 명칭을 변경하였으며, 2011. 6. 15일 「해사안전법」으로 전부개정되면서 기존에 규제되고 있던 경유나 중유 외에 원유나 이에 준하는 탄화수소유를 운반하는 선박도 유조선통항금지구역 진입을 금지하였다. 이는 유조선 통항금지구역을 지정할 당시는 연안 가까이 항해하는 원유운반선이 없었으므로 제외되어 있었으나 이후에 대형 유조선의 원유를 이적하여 연안을 따라 운항하는 선박이 출현함에 따라 원유도 포함되었다.[158]

---

157) 법률 제5469호, 1997. 12. 17., 일부개정, 1998. 6. 18., 시행

158) 제14조(유조선의 통항제한) ① 다음 각 호의 어느 하나에 해당하는 석유 또는 유해액체물질을 운송하는 선박(이하 "유조선"이라 한다)의 선장이나 항해당직을 수행하는 항해사는 유조선의 안전운항을 확보하고 해양사고로 인한 해양오염을 방지하기 위하여 유조선의 통항을 금지한 해역(이하 "유조선통항금지해역"이라 한다)에서 항행하여서는 아니 된다.
1. 원유, 중유, 경유 또는 이에 준하는 「석유 및 석유대체연료 사업법」 제2조제2호가목에 따른 탄화수소유, 같은 조 제10호에 따른 가짜석유제품, 같은 조 제11호에 따른 석유대

유조선이 유조선 통항금지해역을 항행할 수 있는 예외적인 경우는 ① 기상상황의 악화로 선박의 안전에 현저한 위험이 발생할 우려가 있는 경우, ② 인명이나 선박을 구조하여야 하는 경우, ③ 응급환자가 생긴 경우, ④ 항만을 입항・출항하는 경우이며, 이 경우 유조선은 출입해역의 기상 및 수심, 그 밖의 해상상황 등 항행여건을 충분히 헤아려 유조선 통항금지해역의 바깥쪽 해역에서부터 항구까지의 거리가 가장 가까운 항로를 이용하여 입출항하여야 한다.

유조선 통항금지해역은 영해 안쪽이며, 서해안 태안반도 옹도에서 동해항 앞 해상을 잇는 약 472마일의 선 안의 해역이다. 개략적으로 서해안이나 남해안은 연안에서 약 10~25마일, 동해안은 연안에서 약 3마일까지 이격한 선의 안쪽 해역이다.

체연료 중 원유・중유・경유에 준하는 것으로 해양수산부령으로 정하는 기름 1천500킬로리터 이상을 화물로 싣고 운반하는 선박

2. 「해양환경관리법」 제2조제7호에 따른 유해액체물질을 1천500톤 이상 싣고 운반하는 선박

② 유조선통항금지해역의 범위는 대통령령으로 정한다.

③ 유조선은 다음 각 호의 어느 하나에 해당하면 제1항에도 불구하고 유조선통항금지해역에서 항행할 수 있다.

1. 기상상황의 악화로 선박의 안전에 현저한 위험이 발생할 우려가 있는 경우
2. 인명이나 선박을 구조하여야 하는 경우
3. 응급환자가 생긴 경우
4. 항만을 입항・출항하는 경우. 이 경우 유조선은 출입해역의 기상 및 수심, 그 밖의 해상상황 등 항행여건을 충분히 헤아려 유조선통항금지해역의 바깥쪽 해역에서부터 항구까지의 거리가 가장 가까운 항로를 이용하여 입항・출항하여야 한다.

[그림 5-12] 유조선 통항금지 해역도

2.5 시운전 금지해역

시운전 금지해역이란 대형 신조선박이 시험운항 중에 다른 선박의 안전한 항해를 저해할 우려가 있어 시운전을 금지하는 해역을 말한다.159)

2014년 조사에 따르면 연간 400여척이 연안에서 시운전을 하고 있었고, 시운전 중에는 고속·저속 운항, 급선회 등 일반 선박과는 다른 운항 특성을 보이기 때문에 주변 선박이 시운전 선박의 운항의도를 파악하기 곤란하여 해양사고의 위험이 높았다.

따라서 해양수산부는 2014. 12월부터 시범적으로 지방청별로 민관협의체를 구성하고 자체 시운전 금지해역을 지정하였으나 법적근거 없는 합의로 운영되었다.

2017년에 교통량이 많은 연안 인근에 시운전 금지해역을 설정하고, 금지해역에서 길이 100미터 이상 시운전 선박의 조종성능 시험을 제한함으로써 시운전 선박의 충돌 등 해양사고 예방을 도모하고자 「해사안전법」 일부개정 법률안이 발의되었으며, 2018. 10. 18일부터 시행됨에 따라 시운전 금지해역의 설정에 관한 법적 근거를 갖추게 되었다.

---

159) 제14조의2(시운전금지해역의 설정) ① 누구든지 충돌 등 해양사고를 방지하기 위하여 시운전(조선소 등에서 선박을 건조·개조·수리 후 인도 전까지 또는 건조·개조·수리 중 시험운전하는 것을 말한다. 이하 이 조 및 제106조제5호의2에서 같다)을 금지한 해역(이하 "시운전금지해역"이라 한다)에서 길이 100미터 이상의 선박에 대하여 해양수산부령으로 정하는 시운전을 하여서는 아니 된다.
② 제1항에 따른 시운전금지해역의 범위는 대통령령으로 정한다.

시운전 금지해역은 시운전으로 인한 해양사고를 예방하기 위하여 연안 교통량의 약 90%가 집중되는 통항밀집 해역에 설정되었으며, 선회(旋回) 성능시험, 지그재그로 항해하는 운항성능 시험, 전속・후진・급정지 등 기관성능 시험, 비상조타 시운전 등 시운전 행위를 금지하고 있다.160)

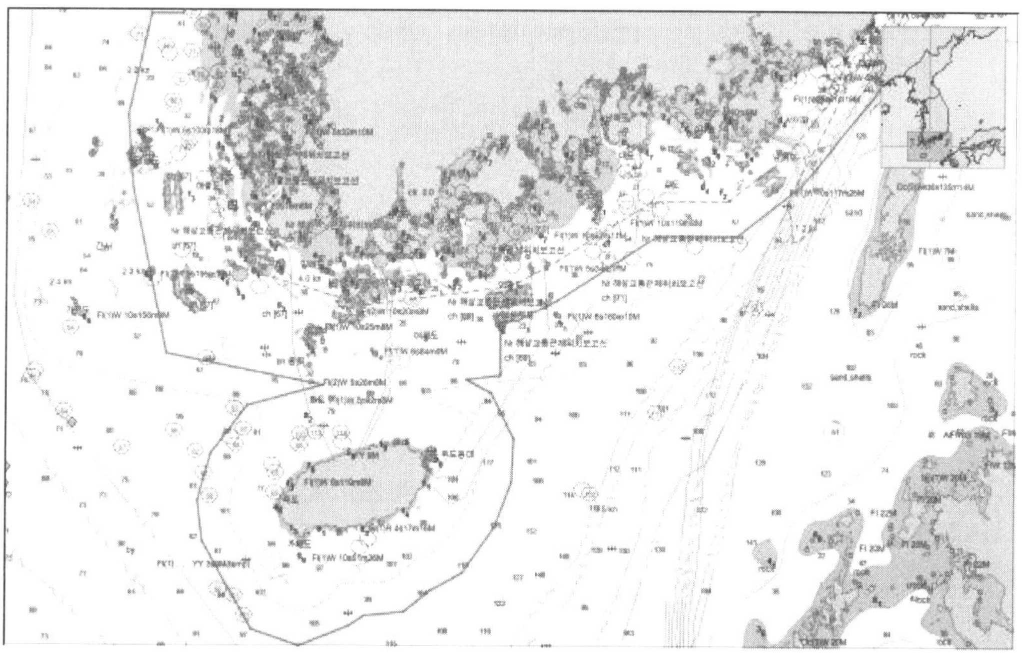

[그림 5-13] 시운전 금지해역도

160) 해사안전법 시행규칙 제10조의2(시운전금지해역에서 금지되는 시운전) 법 제14조의2 제1항에서 "해양수산부령으로 정하는 시운전"이란 다음 각 호의 시운전을 말한다.

1. 선박의 선회권(旋回圈) 등 선회 성능을 확인하기 위한 시운전
2. 선박의 침로(針路)를 좌・우로 바꿔 지그재그로 항해하는 등 선박의 운항 성능을 확인하기 위한 시운전
3. 전속력 또는 후진(後進)으로 항해하거나 급정지하는 등 선박의 기관 성능을 확인하기 위한 시운전
4. 비상조타 기능 등 선박의 조타 성능을 확인하기 위한 시운전
5. 그 밖에 선박의 침로나 속력의 급격한 변경 등으로 인하여 다른 선박의 항행안전을 저해할 우려가 있는 시운전

2.6 항로의 지정

항로지정(Ships' Routeing)은 해상인명안전협약(SOLAS) 제5장 제10규칙에 근거를 두고 있다.161)

161) SOLAS 2018 Consolidated Edition, 제5장 제10규칙(선박의 항로)

1. 선박의 항로 시스템은 해상에서 인명 안전, 항해의 안전 및 효율, 그리고/또는 해양환경의 보호에 기여한다. 선박의 항로 시스템이 기구가 개발한 지침과 기준에 따라 채택되고 시행될 때, 모든 선박, 특정부류의 선박 또는 특정 화물을 운송하는 선박에 대하여 이 시스템의 사용을 권고하고 강제화할 수 있다.
2. 기구는 선박의 항로 시스템의 국제적 수준에서 지침, 기준 및 규칙을 개발하는 유일한 기구로 인정된다. 당사국 정부는 선박의 항로 시스템의 채택에 대한 제안을 기구에 조회하여야 한다. 기구는 채택된 선박 항로 시스템에 관한 모든 관련 정보를 대조하고 당사국 정부에 배부할 것이다.
3. 선박의 항로 시스템 설립을 위한 조치의 시작은 관련 정부의 권한이다. 기구의 채택을 위한 이러한 시스템 개발 시에, 기구가 개발한 지침 및 기준을 고려하여야 한다.
4. 선박 항로 시스템은 채택을 위하여 기구에 제출되어야 한다. 그러나 채택하기 위하여 기구에 제출할 의도가 없거나 기구에서 채택되지 아니한 선박 항로 시스템을 시행하는 정부도 가능한 한 기구에 의하여 개발된 지침 및 기준을 고려할 것을 권고한다.
5. 두 나라 이상의 정부가 특정 구역에서 공동 이해관계를 가지는 경우, 그들 정부간의 협정문을 근간으로 항로 시스템의 묘사와 이용에 대한 공동 제안를 공식화하여야 한다. 이러한 제안서를 접수하면 채택을 위하여 심의를 시작하기 전에 기구는 제안된 선박 항로 시스템 부근의 나라를 포함하여 그 지역에서 공동 이해관계를 갖는 정부에 상세한 제안이 배포되도록 하여야 한다.
6. 당사국 정부는 선박 항로와 관련하여 기구가 채택한 조치를 준수하여야 한다. 당사국 정부는 채택된 선박 항로 시스템의 안전하고 효과적인 사용에 필요한 모든 정보를 공표하여야 한다. 관련 정부는 그들 선박 항로 시스템의 교통 상황을 감시할 수 있다. 당사국 정부는 기구에 의하여 채택된 선박 항로 시스템의 적절한 사용을 보장하기 위하여 그들이 할 수 있는 모든 조치를 취하여야 한다.
7. 선박은 그 선박의 종류 또는 운송되는 화물에 대하여 요구되는 발효된 관련 규정에 따라 그리고 현행 관련 규정에 따라 기구가 채택한 강제적 선박 항로 시스템을 이용하여야 한다. 다만 특정 선박 항로 시스템을 사용할 수 없는 부득이 한 경우 이에 따르지 아니할 수 있으나 이러한 경우 그 사유를 항해일지에 기록하여야 한다.
8. 강제적 선박 항로 시스템은 기구가 개발한 지침, 기준에 따라 계약 당사국 또는 관련 당사국 정부에 의하여 검토되어야 한다.
9. 채택된 모든 선박 항로 시스템과 이 시스템을 시행하기 위하여 취한 조치는 해양법에 관한 1982 UN 협약의 관련 규정을 포함한 국제법과 일치되어야 한다.
10. 이 규칙 및 이와 관련된 지침 또는 기준의 어떠한 것도 국제법에 따른 정부 또는 국제항해 및 도서 해로에 이용되는 해협의 국제법 또는 법적인 권한 내에서 그 정부의 권리 및 의무를 침해하지 아니 하여야 한다.

국내에서는 「해사안전법」 제10조 제2항[162], 제31조 제1항[163], 제68조에[164]

162) 해사안전법 제10조(교통안전특정해역의 설정 등) ② 해양수산부장관은 관계 행정기관의 장의 의견을 들어 해양수산부령으로 정하는 바에 따라 교통안전특정해역 안에서의 항로지정제도를 시행할 수 있다.

163) 해사안전법 제31조(항로의 지정 등) ① 해양수산부장관은 선박이 통항하는 수역의 지형·조류, 그 밖에 자연적 조건 또는 선박 교통량 등으로 해양사고가 일어날 우려가 있다고 인정하면 관계 행정기관의 장의 의견을 들어 그 수역의 범위, 선박의 항로 및 속력 등 선박의 항행안전에 필요한 사항을 해양수산부령으로 정하는 바에 따라 고시할 수 있다.

164) 해사안전법 제68조(통항분리제도) ① 이 조는 다음 각 호의 수역(이하 "통항분리수역"이라 한다)에 대하여 적용한다.

1. 국제해사기구가 채택하여 통항분리제도가 적용되는 수역
2. 해상교통량이 아주 많아 충돌사고 발생의 위험성이 있어 통항분리제도를 적용할 필요성이 있는 수역으로서 해양수산부령으로 정하는 수역

② 선박이 통항분리수역을 항행하는 경우에는 다음 각 호의 사항을 준수하여야 한다.

1. 통항로 안에서는 정하여진 진행방향으로 항행할 것
2. 분리선이나 분리대에서 될 수 있으면 떨어져서 항행할 것
3. 통항로의 출입구를 통하여 출입하는 것을 원칙으로 하되, 통항로의 옆쪽으로 출입하는 경우에는 그 통항로에 대하여 정하여진 선박의 진행방향에 대하여 될 수 있으면 작은 각도로 출입할 것

③ 선박은 통항로를 횡단하여서는 아니 된다. 다만, 부득이한 사유로 그 통항로를 횡단하여야 하는 경우에는 그 통항로와 선수방향(船首方向)이 직각에 가까운 각도로 횡단하여야 한다.

④ 선박은 연안통항대에 인접한 통항분리수역의 통항로를 안전하게 통과할 수 있는 경우에는 연안통항대를 따라 항행하여서는 아니 된다. 다만, 다음 각 호의 선박의 경우에는 연안통항대를 따라 항행할 수 있다.

1. 길이 20미터 미만의 선박
2. 범선
3. 어로에 종사하고 있는 선박
4. 인접한 항구로 입항·출항하는 선박
5. 연안통항대 안에 있는 해양시설 또는 도선사의 승하선(乘下船) 장소에 출입하는 선박
6. 급박한 위험을 피하기 위한 선박

⑤ 통항로를 횡단하거나 통항로에 출입하는 선박 외의 선박은 급박한 위험을 피하기 위한 경우나 분리대 안에서 어로에 종사하고 있는 경우 외에는 분리대에 들어가거나 분리선을 횡단하여서는 아니 된다.

⑥ 통항분리수역에서 어로에 종사하고 있는 선박은 통항로를 따라 항행하는 다른 선박의 항행을 방해하여서는 아니 된다.

⑦ 모든 선박은 통항분리수역의 출입구 부근에서는 특히 주의하여 항행하여야 한다.

⑧ 선박은 통항분리수역과 그 출입구 부근에 정박(정박하고 있는 선박에 매어 있는 것을 포함한다)하여서는 아니 된다. 다만, 해양사고를 피하거나 인명이나 선박을 구조하기 위하여 부득이하다고 인정되는 사유가 있는 경우에는 그러하지 아니하다.

⑨ 통항분리수역을 이용하지 아니하는 선박은 될 수 있으면 통항분리수역에서 멀리 떨어져

근거를 두고 있다.

우리나라에는 교통안전특정해역 5개소 중 부산구역, 인천구역, 여수구역에 특정해역항로 3개소, 보길도, 거문도, 홍도의 통항분리항로 3개소, 지방청에서 고시한 항로 26개소 등 총 32곳의 지정항로가 있다.

지방청 고시항로 26개소는 표 5-5와 같이 17개 고시에 따라 항로와 항법 등이 지정되어 있다.

〈표 5-5〉 지방해양수산청 고시항로 현황

관할	고시명	항로(구역)명	구분	속력 제한	통항 제한	비고
인천	경인아라뱃길 선박통항규칙	1. 경인아라 뱃길 항로	지정	O	O	(통항제한) 예부선 등
	장안서 부근해역 항행안전에 관한 고시	2. 장안서 인천항 입항항로	지정	X	X	(통항제한) 총톤수 200톤 이상 선박 등
	중수도 항로 항행안전에 관한 고시	3. 중수도 항로	추천	X	O	
평택	풍도 추천 고시	4. 풍도 추천	추천	X	X	
	장안서 부근해역 항행안전에 관한 고시	5. 장안서 평택항 출입항로	지정	X	X	

서 항행하여야 한다.

⑩ 길이 20미터 미만의 선박이나 범선은 통항로를 따라 항행하고 있는 다른 선박의 항행을 방해하여서는 아니 된다.

⑪ 통항분리수역 안에서 해저전선을 부설·보수 및 인양하는 작업을 하거나 항행안전을 유지하기 위한 작업을 하는 중이어서 조종능력이 제한되고 있는 선박은 그 작업을 하는 데에 필요한 범위에서 제1항부터 제10항까지의 규정을 적용하지 아니한다.

<table>
<tr><th>관할</th><th>고시명</th><th>항로(구역)명</th><th>구분</th><th>속력 제한</th><th>통항 제한</th><th>비고</th></tr>
<tr><td>대산</td><td>(옹도항로) 항행안전에 관한 고시</td><td>6. 옹도 항로</td><td>지정</td><td>X</td><td>X</td><td></td></tr>
<tr><td rowspan="11">목포</td><td rowspan="2">(목포 인근해역) 항행안전에 관한 고시</td><td>7. 목포구/시아해/정등해 항로</td><td>지정</td><td>X</td><td>O</td><td rowspan="2">시계제한시 흘수제약선 등의 교차 항행 금지</td></tr>
<tr><td>8. 깊은 수심 항로</td><td>지정</td><td>X</td><td>O</td></tr>
<tr><td rowspan="2">(매물수도 등) 항행안전에 관한 고시</td><td>9. 북매물수도 항로</td><td>지정</td><td>O</td><td>X</td><td rowspan="2"></td></tr>
<tr><td>10. 남매물수도 항로</td><td>지정</td><td>O</td><td>X</td></tr>
<tr><td rowspan="4">(홍도 및 흑상도 해역) 항행안전에 관한 고시</td><td>11. 홍도 제1 항로</td><td>지정</td><td>X</td><td>X</td><td rowspan="4"></td></tr>
<tr><td>12. 홍도 제2 항로</td><td>지정</td><td>X</td><td>X</td></tr>
<tr><td>13. 흑산 항로</td><td>지정</td><td>X</td><td>X</td></tr>
<tr><td>14. 흑산/홍도 항로</td><td>지정</td><td>X</td><td>X</td></tr>
<tr><td>(완도항) 항행안전에 관한 고시</td><td>15. 완도항 출입 및 횡단항로</td><td>지정</td><td>X</td><td>X</td><td></td></tr>
<tr><td rowspan="2">(완도항 인근해역) 항행안전에 관한 고시</td><td>16. 횡간수도 항로</td><td>추천</td><td>X</td><td>X</td><td rowspan="2">흑일도 부근 및 횡간도 부근 경계해역 지정</td></tr>
<tr><td>17. 소덕우도 항로</td><td>추천</td><td>X</td><td>X</td></tr>
</table>

관할	고시명	항로(구역)명	구분	속력제한	통항제한	비고
마산	진해만 및 부근수역의 항행안전에 관한 고시	18. 마산항로	지정	O	X	속력제한 구역 및 주의 해역 등 포함 (안정항로) LNG운반선 반경 1km 이내 접근 제한 등
		19. 통영항로	지정	O	X	
		20. 진해항로	지정	O	X	
		21. 안정항로	지정	O	O	
	고성조선산업특구 내산지구 부근 해역의 항행안전에 관한 고시	22. 내산항로	지정	X	X	
	고성군 장좌지구 부근해역의 항행안전에 관한 고시	23. 장좌항로	지정	X	X	일부 정박금지 구역 지정
	(거제-삼천포 내해수로) 항행안전에 관한 고시	24. 거제-삼천포 내해수로	추천	X	X	유조선 등 통항 자제 권고 및 주의해역 설정 등
부산	신항 항로지정 및 항행안전에 관한 고시	25. 신항출입항로 및 주의해역	지정	O	X	주의항로 속력제한
포항	(호미곶 끝단) 선박 항행안전에 관한 고시	26. 호미곶 추천	추천	X	X	총톤수 1,000톤 이상 선박에 적용

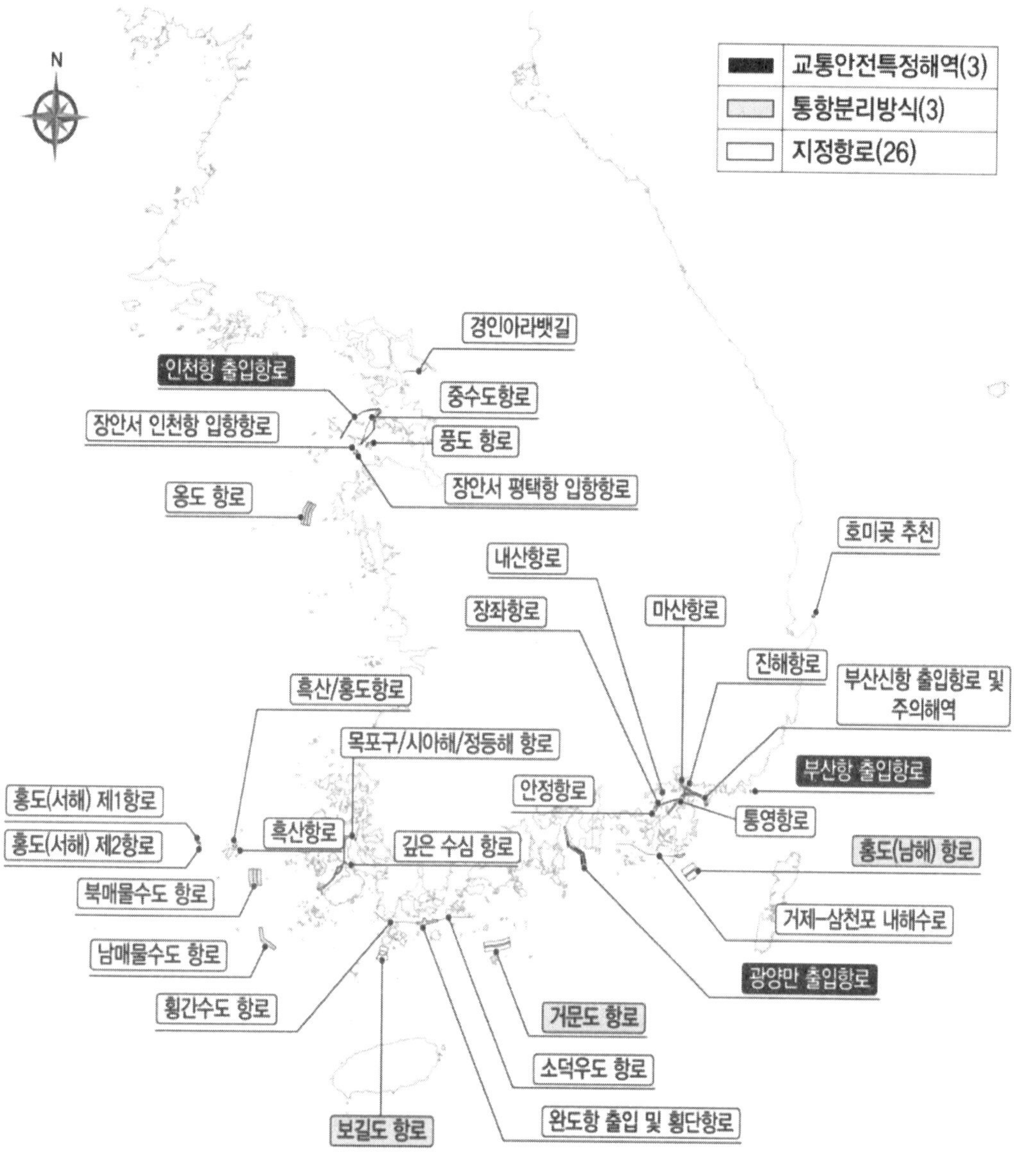

[그림 5-14] 지정항로 등 위치

3. 이의신청

3.1 이의신청과 행정심판의 의의

행정기관의 위법·부당한 처분 등으로 권익을 침해당한 자가 처분청에 대하여 그 재심사를 구하는 절차를 이의신청이라 한다. 이의신청은 처분청에 직접 제기되며 개별법의 규정에 의하여 일정한 처분 등에 대해서만 인정된다는 점에서 행정심판과 구별된다. 실무에서는 불복신청, 재심사청구 등의 용어도 사용되고 있으나 모두 이의신청을 뜻하는 용어이다.

행정처분에 대한 불복절차로서 이의신청과 같은 의의를 갖는 행정심판은 원칙적으로 처분청의 직근 상급 행정청인 재결청에 제기된다. 행정심판은 준사법적인 절차가 보장되어 있는 반면에, 이의신청은 상대적으로 이러한 절차의 보장이 미흡하다는 차이를 들 수도 있다.

따라서 이의신청과 행정심판은 그 대상기관, 허용범위 면에서 차이가 있으며 행정부에서 이루어지는 절차이다.165) 반면 행정소송이란 행정부가 아닌 법원이 행정상의 법률관계에 관한 분쟁에 대하여 당사자의 소의 제기에 의하여 이를 심리·판결하는 정식의 쟁송절차를 말한다.166)

---

165) (행정심판과 진정) 진정이란 널리 법정의 형식과 절차에 의하지 아니하고 행정청에 대하여 어떠한 희망을 진술하는 것을 말한다. 행정심판과 진정은 모두 국민의 권익구제를 목적으로 하는 행정구제제도의 일종이라 하겠으나, 진정은 권리행사가 아니므로 법적 구속력이나 효과를 발생하지 않는 사실행위에 불과하다. 따라서 진정에 대한 회답은 법적 의미를 가지지 못한다는 점에서 재결에 기속력이 인정되는 행정심판과는 다르다.

판례도 행정기관이 진정을 거부하는 통지를 하였다고 하더라도 이로써 진정인의 권리·의무 또는 법률관계에 하등의 영향을 미치는 것이 아니라고 하고 있다. 그러나 진정의 형식인 경우에도 그 내용이 행정심판을 청구하는 것이면 행정심판으로 처리하여야 하며, 판례도 같은 입장입니다. (출처 : 정의방, 2006, 알기 쉬운 행정심판)

166) (행정심판과 행정소송의 차이) 행정심판은 행정조직 내부에 있어서 행정의 적정한 운영을 위한 행정감독적 기능이 중시되는 반면에, 행정소송은 행정작용에 의하여 침해된 국민의 권익구제를 위하여 독립된 사법권에 의한 권리구제적 기능이 보다 강조된다. 즉, 행정심판은 행정감독적 기능을 통하여 국민의 권리구제를 달성하려는 제도임에 반하여 행정소송은 국민의 권리구제를 통하여 적정한 행정이 이루어지도록 하려는데 그 목적이 있다. (출처 : 정의방, 2006, 알기 쉬운 행정심판)

3.2 이의신청 실무

「해사안전법」에는 세 가지 이의신청 제도를 운영하고 있다.

우선, 사업자가 사업 인허가 기관을 경유하여 제출한 해상교통안전진단서를 제출받은 해양수산부장관이 진단서에 대한 검토의견을 진단서를 제출한 자에게 통보하는데, 이에 대해 이의가 있는 사업자는 30일 이내에 이의신청을 할 수 있다. 해양수산부 장관은 20일 이내에 이의신청에 대한 검토결과를 통보하여야 하며, 부득이한 경우에는 10일의 범위에서 통보기간을 연장할 수 있다.[167)]

둘째, 선박 및 사업장의 안전관리제도에서 인증심사에 불복하는 자는 30일 이내 이의신청을 할 수 있으며, 이의신청과 관계없이 「행정심판법」에 따른 행정심판을 청구하거나 「행정소송법」에 따른 행정소송을 제기할 수 있다.[168)]

셋째, 외국선박에 대한 항만국통제 및 대한민국 선박이 외국에서 항만국통제를 받거나 받을 것에 대비한 국적선박 점검에 따른 출항정지 또는 시정·보완 명령에 대해서 이의신청 절차를 두고 있으며 처분을 받은 날로부터 90일 이내에 이의신청을 할 수 있다. 해양수산부 장관은 60일 이내에 검토한 결과를 통보하며, 부득이한 경우에는 30일 이내에서 통보시한을 연장할 수 있다. 이 경우에 이의

---

167) 해사안전법 제17조(검토의견에 대한 이의신청) ① 검토의견에 이의가 있는 사업자는 처분기관을 경유하여 해양수산부장관에게 이의신청을 할 수 있다. 이 경우 사업자는 검토의견을 통보받은 날부터 30일 이내에 처분기관에 이의신청서를 제출하여야 한다. 다만, 천재지변 등 부득이한 사정이 있을 때에는 그 기간을 제출기간에 산입하지 아니한다. <개정 2013. 3. 23.>
② 해양수산부장관은 제1항에 따른 이의신청 내용의 타당성을 검토하여 그 결과(이하 "검토결과"라 한다)를 해양수산부령으로 정하는 바에 따라 20일 이내에 처분기관을 거쳐 이의신청을 한 자에게 통보하여야 한다. 다만, 천재지변 등 부득이한 사정이 있을 때에는 10일의 범위에서 통보기간을 연장할 수 있다. <개정 2013. 3. 23.>
③ 제1항에 따른 이의신청의 방법, 절차 등에 필요한 사항은 해양수산부령으로 정한다.

168) 해사안전법 제50조(인증심사에 대한 이의신청) ① 인증심사에 불복하는 자는 심사결과를 통지받은 날부터 30일 이내에 그 사유를 적어 해양수산부장관이 정하는 바에 따라 이의신청을 할 수 있다. <개정 2013. 3. 23.>
② 인증심사에 관하여 이의가 있는 자는 제1항에 따른 이의신청 여부와 관계없이 「행정심판법」에 따른 행정심판청구 또는 「행정소송법」에 따른 행정소송을 제기할 수 있다.

신청 여부와 관계없이 「행정심판법」에 따른 행정심판을 청구하거나 「행정소송법」에 따른 행정소송을 제기할 수 있도록 하고 있다.[169)]

항만국통제의 근거 법률 중에 하나인 「선박안전법」에서는 항만국통제관의 조치에 대해 이의가 있는 경우에 「해사안전법」과 같이 90일 이내에 이의신청을 할 수 있도록 규정하고 있으며, 해양수산부 장관은 60일 이내에 검토한 결과를 통보한다. 다만 부득이한 경우에는 30일 이내에서 통보시한을 연장할 수 있도록 하고 있어 같은 내용으로 볼 수 있다. 다만 「선박안전법」에서는 이의신청 절차를 거치지 아니하고는 행정소송을 제기할 수 없도록 규정하고 있는 점에서 차이가 있다.

또한 대한민국 선박이 외국에서 항만국통제를 받거나 받을 것에 대비한 국적선박 점검에 따른 출항정지 또는 시정・보완 명령에 대한 불복절차가 「선박안전법」에는 마련되어 있지 않아 「해사안전법」과 차이를 보이고 있다.[170)]

---

169) 해사안전법 제60조(이의신청) ① 제55조제2항에 따른 항행정지명령 또는 제56조제3항에 따른 시정・보완 명령, 항행정지명령에 불복하는 선박소유자는 명령을 받은 날부터 90일 이내에 그 불복 사유를 적어 해양수산부장관에게 이의신청을 할 수 있다. <개정 2013. 3. 23.>
② 제1항에 따라 이의신청을 받은 해양수산부장관은 이의신청에 대하여 검토한 결과를 60일 이내에 신청인에게 통보하여야 한다. 다만, 부득이한 사정이 있을 때에는 30일 이내의 범위에서 통보시한을 연장할 수 있다. <개정 2013. 3. 23.>
③ 제1항 및 제2항에 따른 이의신청, 검토 및 결과 통보 등에 필요한 사항은 대통령령으로 정한다.
④ 제55조제2항에 따른 항행정지명령 또는 제56조제3항에 따른 시정・보완 명령, 항행정지명령에 이의가 있는 자는 제1항에 따른 이의신청여부와 관계없이 「행정심판법」에 따른 행정심판청구 또는 「행정소송법」에 따른 행정소송을 제기할 수 있다.

170) 선박안전법 제68조(항만국통제) ⑤ 외국선박의 소유자는 제3항 및 제4항에 따른 시정조치 명령 또는 출항정지명령에 불복하는 경우에는 해당명령을 받은 날부터 90일 이내에 그 불복사유를 기재하여 해양수산부장관에게 이의신청을 할 수 있다. <개정 2008. 2. 29., 2013. 3. 23.>
⑥ 제5항의 규정에 따라 이의신청을 받은 해양수산부장관은 소속 공무원으로 하여금 당해 시정조치명령 또는 출항정지명령의 위법・부당 여부를 직접 조사하게 하고 그 결과를 신청인에게 60일 이내에 통보하여야 한다. 다만, 부득이한 사정이 있는 때에는 30일 이내의 범위에서 통보시한을 연장할 수 있다. <개정 2008. 2. 29., 2013. 3. 23.>
⑦ 시정조치명령 또는 출항정지명령에 대하여 불복이 있는 자는 제5항 및 제6항의 규정에 따른 이의신청의 절차를 거치지 아니하고는 행정소송을 제기할 수 없다. 다만, 「행정소송

1998. 3. 1일부터 시행된 「행정소송법」에 따르면 종전에 필수적이었던 행정심판 필수전치주의가 폐지되어 행정심판을 거치지 않고 바로 법원에 행정소송을 제기할 수 있게 되었다. 그러나 개별 법률에서 행정심판의 재결을 거치지 않으면 행정소송을 제기할 수 없도록 규정한 경우에는 그에 따르도록 하고 있으므로,[171] 행정소송 전에 반드시 행정심판을 거치도록 할 필요가 있으면 개별 법률에 그 근거를 두어야 한다.

선박에 대한 불이익 처분은 모든 선박에 대해 행정의 통일성을 기할 필요가 있으므로 불복절차로 이의신청 제도를 운영할 필요가 있다. 따라서 항만국통제 제도와 관련하여 「해사안전법」과 「선박안전법」에서 따로 정하고 있는 부분을 통일할 필요가 있다.

항만통제의 경우에는 일반적으로 처분을 한 항만당국에 대한 이의신청 절차가 국내법에 마련되어 있으나 법원에 행정소송을 제기하는 과정에 대해 「선박안전법」은 이의신청 선행주의를 취하고 있고 「해사안전법」은 취하고 있지 않기에 통일 시키기 위한 검토가 필요하다.

외국선박의 이의신청에 대해 실무에서는 아시아 · 태평양항만국통제단(Tokyo MOU) 사무국에 항만당국의 처분에 대해 재심(Review)을 요청할 수 있으므로 선박측의 권익을 보호하기 위한 장치가 일부 마련되어 있다고 볼 수 있다.

이의신청이 국민의 권리 또는 이익을 구제하기 위한 제도의 하나라는 측면에서 볼 때, 대한민국 선박이 외국에서 항만국통제를 받거나 받을 것에 대비한 국적 선박 점검에 따른 출항정지 또는 시정 · 보완 명령에 대한 불복절차로 「선박안전법」에 이의신청 제도를 둘 필요가 있다.

법」 제18조제2항 및 제3항의 규정에 해당되는 경우에는 그러하지 아니하다.
⑧ 제3항 내지 제7항의 규정에 따른 외국선박에 대한 조치 및 이의신청 등에 관하여 필요한 사항은 대통령령으로 정한다.

171) 행정소송법 제18조(행정심판과의 관계) ① 취소소송은 법령의 규정에 의하여 당해 처분에 대한 행정심판을 제기할 수 있는 경우에도 이를 거치지 아니하고 제기할 수 있다. 다만, 다른 법률에 당해 처분에 대한 행정심판의 재결을 거치지 아니하면 취소소송을 제기할 수 없다는 규정이 있는 때에는 그러하지 아니하다.

불복절차가 없는 해사안전감독관의 지도·감독에 따른 국적선박에 대한 처분에 대해서도 「해사안전법」에 이의신청 제도를 마련함으로써 선박측의 권익이 침해당하지 않도록 하는 것이 바람직하다.

❑ 저자 약력

김인철

목포해양대학교 항해정보시스템학부 교수
목포해양대학교 해양안전시스템공학 전공 졸업(공학박사)
스웨덴 World Maritime University 해사안전 · 환경행정 전공 졸업
한국방송통신대학교 법학과 졸업
한국해양대학교 항해학과 졸업

조익순

한국해양대학교 해사글로벌학부 교수
일본 고베대학 대학원 해상운송시스템과학 전공 졸업(공학박사)
한국해양대학교 대학원 해사정보공학 전공 졸업
한국해양대학교 해사수송과학과 졸업

해사안전행정론

초 판 1쇄 발행 —— 2020년 1월 10일
초 판 2쇄 발행 —— 2020년 8월 20일
지은이 —— 김 인 철 · 조 익 순
펴낸이 —— 전 두 표
펴낸곳 —— 도서출판 두남
서울시 강동구 성내로6길 34-16 두남빌딩
신 고 : 제25100-1988-9호
TEL : 02) 478-2065~7, 2311
FAX : 02) 478-2068
E-mail : dunam1@unitel.co.kr
http://www.dunam.co.kr

정가 24,000원

ISBN 978-89-6414-870-9 93350